21世纪高等学校计算机基础实用规划教材

# 计算机组装与维护技术实训教程（第2版）

李恬 张绪玉 主编

韩芳 袁宇宾 周宏 王柯柯 副主编

陈涛 高羽舒 邱小平 白灵 编著

清华大学出版社

北京

## 内 容 简 介

本书从计算机组装与维护的实训出发,结合计算机系统最新发展动态,讲解了计算机硬件组成、硬件选购和组装、BIOS 设置、硬盘分区、软件系统安装、移动网络组建、系统安全维护与故障处理、数据备份与恢复等技术细节,虚拟化技术的概念及虚拟机 VMWare Workstation 的安装、设置及使用方法,为实现各种操作系统、应用软件和工具软件的安装和设置提供了一个良好的实验环境,为读者更广泛、深入地应用计算机奠定坚实的基础。

本书适合作为高等院校理工科各专业计算机组装与维护课程的教材,也可供从事相关工作的技术人员以及对计算机组装与维护技术感兴趣的普通读者参考。

**图书在版编目(CIP)数据**

计算机组装与维护技术实训教程/李恬等编著.--2 版.--北京:清华大学出版社,2013(2022.7重印)
21 世纪高等学校计算机基础实用规划教材
ISBN 978-7-302-34071-3

Ⅰ.①计… Ⅱ.①李… Ⅲ.①电子计算机-组装-教材 ②计算机维护-教材 Ⅳ.①TP30

中国版本图书馆 CIP 数据核字(2013)第 238083 号

责任编辑:付弘宇 薛 阳
封面设计:何凤霞
责任校对:焦丽丽
责任印制:丛怀宇

出版发行:清华大学出版社
  网  址:http://www.tup.com.cn,http://www.wqbook.com
  地  址:北京清华大学学研大厦 A 座    邮  编:100084
  社 总 机:010-83470000      邮  购:010-62786544
  投稿与读者服务:010-62776969,c-service@tup.tsinghua.edu.cn
  质量反馈:010-62772015,zhiliang@tup.tsinghua.edu.cn
  课件下载:http://www.tup.com.cn,010-83470236
印 装 者:三河市铭诚印务有限公司
经  销:全国新华书店
开  本:185mm×260mm   印 张:20.75   字  数:502 千字
版  次:2009 年 1 月第 1 版  2013 年 12 月第 2 版  印  次:2022 年 7 月第 7 次印刷
印  数:9001～9500
定  价:49.00 元

产品编号:052642-03

# 出 版 说 明

随着我国改革开放的进一步深化,高等教育也得到了快速发展,各地高校紧密结合地方经济建设发展需要,科学运用市场调节机制,加大了使用信息科学等现代科学技术提升、改造传统学科专业的投入力度,通过教育改革合理调整和配置了教育资源,优化了传统学科专业,积极为地方经济建设输送人才,为我国经济社会的快速、健康和可持续发展以及高等教育自身的改革发展做出了巨大贡献。但是,高等教育质量还需要进一步提高以适应经济社会发展的需要,不少高校的专业设置和结构不尽合理,教师队伍整体素质亟待提高,人才培养模式、教学内容和方法需要进一步转变,学生的实践能力和创新精神亟待加强。

教育部一直十分重视高等教育质量工作。2007 年 1 月,教育部下发了《关于实施高等学校本科教学质量与教学改革工程的意见》,计划实施"高等学校本科教学质量与教学改革工程(简称'质量工程')",通过专业结构调整、课程教材建设、实践教学改革、教学团队建设等多项内容,进一步深化高等学校教学改革,提高人才培养的能力和水平,更好地满足经济社会发展对高素质人才的需要。在贯彻和落实教育部"质量工程"的过程中,各地高校发挥师资力量强、办学经验丰富、教学资源充裕等优势,对其特色专业及特色课程(群)加以规划、整理和总结,更新教学内容、改革课程体系,建设了一大批内容新、体系新、方法新、手段新的特色课程。在此基础上,经教育部相关教学指导委员会专家的指导和建议,清华大学出版社在多个领域精选各高校的特色课程,分别规划出版系列教材,以配合"质量工程"的实施,满足各高校教学质量和教学改革的需要。

本系列教材立足于计算机公共课程领域,以公共基础课为主、专业基础课为辅,横向满足高校多层次教学的需要。在规划过程中体现了如下一些基本原则和特点。

(1)面向多层次、多学科专业,强调计算机在各专业中的应用。教材内容坚持基本理论适度,反映各层次对基本理论和原理的需求,同时加强实践和应用环节。

(2)反映教学需要,促进教学发展。教材要适应多样化的教学需要,正确把握教学内容和课程体系的改革方向,在选择教材内容和编写体系时注意体现素质教育、创新能力与实践能力的培养,为学生的知识、能力、素质协调发展创造条件。

(3)实施精品战略,突出重点,保证质量。规划教材把重点放在公共基础课和专业基础课的教材建设上;特别注意选择并安排一部分原来基础比较好的优秀教材或讲义修订再版,逐步形成精品教材;提倡并鼓励编写体现教学质量和教学改革成果的教材。

(4)主张一纲多本,合理配套。基础课和专业基础课教材配套,同一门课程可以有针对不同层次、面向不同专业的多本具有各自内容特点的教材。处理好教材统一性与多样化,基本教材与辅助教材、教学参考书,文字教材与软件教材的关系,实现教材系列资源配套。

　　(5) 依靠专家,择优选用。在制定教材规划时依靠各课程专家在调查研究本课程教材建设现状的基础上提出规划选题。在落实主编人选时,要引入竞争机制,通过申报、评审确定主题。书稿完成后要认真实行审稿程序,确保出书质量。

　　繁荣教材出版事业,提高教材质量的关键是教师。建立一支高水平教材编写梯队才能保证教材的编写质量和建设力度,希望有志于教材建设的教师能够加入到我们的编写队伍中来。

21 世纪高等学校计算机基础实用规划教材

联系人:魏江江 weijj@tup.tsinghua.edu.cn

# 前　言

随着信息技术的发展,计算机的应用已经深入到人们工作、生活和学习等方方面面。计算机应用范围越来越宽,使用频率越来越高,出现故障的概率也越来越大。因此,怎样管理和维护好计算机,怎样充分发挥计算机资源的作用是人们必须要掌握的一种基本技能。本书从计算机组装与维护的实训出发,结合计算机系统最新发展动态,介绍并讲解了计算机硬件组成、硬件选购和组装、BIOS 设置、硬盘分区、软件系统安装、移动网络组建、系统安全维护与故障处理、数据备份与恢复等技术细节;在本书的最后介绍了虚拟化技术的概念及虚拟机 VMWare Workstation 的安装、设置及使用方法,为实现各种操作系统、应用软件和工具软件的安装和设置提供了一个良好的实验环境,为读者更广泛、深入地应用计算机奠定坚实的基础。

本书有以下特点:

- 结构严谨,突出能力培养,实用性强,结合网络教学实例循序渐进地引导读者学习,充分体现"教、学、做一体化"的思想。
- 针对性强,切合职业教育目标,重点培训职业能力,侧重技能传授。
- 实用性强,大量的经典真实案例,实训内容具体详细,与就业市场紧密结合。
- 突出网络教学,教学网站 http://jsjzx.cqut.edu.cn/web/main.htm 汇集了教师多年积累的丰富教学资料,包括授课视频、教学大纲、课外资源等,学生通过网站可以自主学习。
- 强调知识的渐进性、兼顾知识的系统性,结构逻辑性强,针对高职高专学生的知识结构特点安排教学内容。
- 书中配套形式多样的思考题,网上提供完备的电子教案,提供相应的素材、程序代码、习题参考答案等教学资源,完全适合教学需要。
- 适应性强,适合于三年制和两年制高职高专,适用作大专院校计算机系统维护和维修课程的教材,也可作为从事计算维修和计算机技术支持的专业人员的自学参考书,同时还供广大计算机爱好者参考使用。

本书由重庆理工大学计算机科学与工程学院多位教学一线的骨干教师共同完成编写,其中第 1 章由袁宇宾和陈涛编写,第 2 章由韩芳编写,第 3 章由李恬编写,第 4 章由高羽舒编写,第 5 章和第 6 章由张绪玉、王柯柯编写,第 7 章由周宏编写,第 8 章由白灵编写,第 9 章由邱小平编写。全书由李恬和张绪玉统稿、定稿。

　　本书的配套课件等相关资源可以从清华大学出版社网站 www.tup.com.cn 下载,如果在本书或课件的使用中遇到问题,请联系 fuhy@tup.tsinghua.edu.cn。

　　由于时间仓促,加之编者的水平有限,书中难免存在疏漏之处,恳请各位读者批评指正。

编　者

2013 年 8 月

# 目　录

第1章　微型计算机发展历史和硬件组成 ……………………………………………… 1

  1.1　实训预备知识 ……………………………………………………………………… 1

    1.1.1　计算机的发展历史 ……………………………………………………… 1

    1.1.2　主板 …………………………………………………………………………… 3

    1.1.3　中央处理器 …………………………………………………………………… 7

    1.1.4　内存 ………………………………………………………………………… 11

    1.1.5　硬盘 ………………………………………………………………………… 14

    1.1.6　光驱 ………………………………………………………………………… 16

    1.1.7　显示卡 ……………………………………………………………………… 17

    1.1.8　显示器 ……………………………………………………………………… 19

    1.1.9　声卡 ………………………………………………………………………… 20

    1.1.10　音箱 ………………………………………………………………………… 22

    1.1.11　键盘和鼠标 ………………………………………………………………… 22

    1.1.12　机箱和电源 ………………………………………………………………… 23

    1.1.13　其他设备 …………………………………………………………………… 25

  1.2　实训内容 …………………………………………………………………………… 32

  1.3　相关资源 …………………………………………………………………………… 32

  1.4　练习与思考 ………………………………………………………………………… 32

第2章　计算机硬件选购与组装 ………………………………………………………… 34

  2.1　实训预备知识 ……………………………………………………………………… 34

    2.1.1　计算机选购原则 …………………………………………………………… 34

    2.1.2　计算机硬件选购 …………………………………………………………… 36

    2.1.3　计算机硬件组装 …………………………………………………………… 41

    2.1.4　计算机的拆装 ……………………………………………………………… 46

  2.2　实训内容 …………………………………………………………………………… 46

    2.2.1　实训项目一：模拟攒机 …………………………………………………… 46

    2.2.2　实训项目二：拆卸计算机 ………………………………………………… 47

    2.2.3　实训项目三：组装计算机 ………………………………………………… 47

  2.3　相关资源 …………………………………………………………………………… 47

  2.4　练习与思考 ………………………………………………………………………… 47

第 3 章　BIOS 基础及 CMOS 设置 ················································ 49

3.1　实训预备知识 ·················································· 49
　3.1.1　BIOS 基础 ················································· 49
　3.1.2　常用 Award BIOS 详解 ································· 60
　3.1.3　最新 AMI BIOS 详解 ·································· 71
　3.1.4　BIOS 疑难解析与故障排除 ···························· 78
　3.1.5　BIOS 备份与升级 ········································ 79
3.2　实训内容 ···················································· 84
　3.2.1　实训项目一：BIOS 基础和 CMOS 参数设置 ··········· 84
　3.2.2　实训项目二：BIOS 自检与故障排查 ··················· 84
　3.2.3　实训项目三：BIOS 升级与备份 ······················ 85
3.3　相关资源 ···················································· 85
3.4　练习与思考 ·················································· 85

第 4 章　硬盘分区与系统软件安装 ················································ 88

4.1　实训预备知识 ·················································· 88
　4.1.1　硬盘分区原理 ············································ 88
　4.1.2　传统安装操作系统 ········································ 89
　4.1.3　驱动程序原理 ············································ 100
　4.1.4　实用快捷安装操作系统 ·································· 105
4.2　实训内容 ···················································· 110
　4.2.1　实训项目一：硬盘分区实战演练 ······················ 110
　4.2.2　实训项目二：Windows 7 操作系统安装 ··············· 119
　4.2.3　实训项目三：轻松玩转系统驱动 ······················ 120
　4.2.4　实训项目四：实用快捷安装操作系统的几种方法 ········· 120
4.3　相关资源 ···················································· 121
4.4　练习与思考 ·················································· 121

第 5 章　计算机性能测试与优化 ················································ 122

5.1　实训预备知识 ·················································· 122
　5.1.1　整机性能测试软件 ········································ 122
　5.1.2　系统性能优化 ············································ 129
　5.1.3　软件系统维护 ············································ 146
　5.1.4　常用工具软件 ············································ 153
5.2　实训内容 ···················································· 160
　5.2.1　实训项目一：系统性能测试 ···························· 160
　5.2.2　实训项目二：使用 360 安全卫士维护系统 ············· 161
　5.2.3　实训项目三：使用注册表 ······························ 162
5.3　相关资源 ···················································· 162

5.4　练习与思考 ················································································· 162

**第6章　计算机硬件系统维护与故障处理** ·················································· 164

6.1　实训预备知识 ················································································· 164

6.1.1　计算机的工作环境 ·································································· 164

6.1.2　微机硬件故障及分类 ······························································ 165

6.1.3　硬件故障的检测维修原则 ························································ 166

6.1.4　主板的维护与故障维修 ··························································· 169

6.1.5　CPU 的维护及故障检测 ·························································· 173

6.1.6　内存故障维护及维修 ······························································ 176

6.1.7　显卡维护及故障维修 ······························································ 178

6.1.8　硬盘的维护及故障维修 ··························································· 179

6.1.9　光驱的维护及故障维修 ··························································· 186

6.1.10　移动存储器的维护及故障维修 ················································· 187

6.1.11　键盘的维护及故障维修 ·························································· 189

6.1.12　鼠标的维护及故障维修 ·························································· 191

6.1.13　显示器的维护及故障维修 ······················································ 194

6.1.14　打印机的维护及故障维修 ······················································ 195

6.2　实训内容 ······················································································· 201

6.2.1　实训项目一：硬盘维护常用软件 ··············································· 201

6.2.2　实训项目二：虚拟光驱 Alcohol 120％的使用 ······························· 203

6.2.3　实训项目三：系统测试软件应用 ··············································· 204

6.3　相关资源 ······················································································· 205

6.4　思考与练习 ···················································································· 205

**第7章　计算机软件系统的故障处理及维护** ·············································· 206

7.1　实训预备知识 ················································································· 206

7.1.1　软件故障处理 ······································································· 206

7.1.2　软件系统维护 ······································································· 224

7.2　实训内容 ······················································································· 255

7.2.1　实训项目一：分析及查杀计算机流行病毒 ···································· 255

7.2.2　实训项目二：系统恢复与数据恢复实验 ······································ 257

7.3　相关资源 ······················································································· 257

7.4　练习与思考 ···················································································· 257

**第8章　计算机网络基础及故障处理** ······················································ 259

8.1　实训预备知识 ················································································· 259

8.1.1　计算机网络的概述 ·································································· 259

8.1.2　计算机网络的拓扑结构 ··························································· 262

8.1.3　网络传输介质 ······································································· 263

VII

8.1.4 计算机网络模型 ······················································ 265

8.1.5 计算机网络的通信协议 ·········································· 266

8.1.6 计算机局域网的组建 ·············································· 268

8.1.7 家庭无线局域网的组建 ·········································· 276

8.1.8 Wi-Fi 热点的建立 ·················································· 280

8.1.9 Windows 2003 服务器搭建 ····································· 283

8.2 实训内容 ······································································· 291

8.2.1 实训项目一：双绞线的制作与测试 ······················ 291

8.2.2 实训项目二：网络常用命令 ································· 291

8.2.3 实训项目三：建立 Wi-Fi 热点 ····························· 292

8.2.4 实训项目四：Windows 2003 服务器的搭建 ·········· 292

8.3 相关资源 ······································································· 292

8.4 练习与思考 ··································································· 293

第 9 章　虚拟化技术 ······························································ 294

9.1 实训预备知识 ································································· 294

9.1.1 虚拟机的概念 ······················································ 294

9.1.2 Windows 桌面虚拟化软件 ···································· 295

9.1.3 Java 虚拟机与桌面虚拟化的区别 ·························· 296

9.1.4 芯片虚拟化技术 ·················································· 297

9.1.5 服务器虚拟化 ······················································ 299

9.1.6 VMWare 虚拟机系统硬件 ····································· 307

9.1.7 VMWare 虚拟机的网络结构 ································· 308

9.2 实训内容 ······································································· 312

9.2.1 实训项目一：Virtual PC 使用 ······························ 312

9.2.2 实训项目二：VMWare Workstation 的使用 ········· 314

9.3 相关资源 ······································································· 316

9.4 练习与思考 ··································································· 317

参考文献 ··················································································· 318

# 第 1 章 微型计算机发展历史和硬件组成

## 1.1 实训预备知识

### 1.1.1 计算机的发展历史

人们通常所说的计算机,是指电子数字计算机。而世界上第一台数字式电子计算机诞生于 1946 年 2 月,它是美国宾夕法尼亚大学物理学家莫克利(J. Mauchly)和工程师埃克特(J. P. Eckert)等人共同开发的电子数值积分计算机(Electronic Numerical Integrator And Calculator,ENIAC),如图 1-1 所示是工作人员正在操作 ENIAC。

图 1-1　第一台电子计算机 ENIAC

ENIAC 是一个庞然大物,其占地面积为 170m² ,总重量达 30t。机器中约有 18 800 只电子管、1500 个继电器、70 000 只电阻以及其他各种电气元件,每小时耗电量约为 140kW。这样一台"巨大"的计算机每秒钟可以进行 5000 次加减运算,相当于手工计算的 20 万倍,机电式计算机的 1000 倍。

ENIAC 虽是第一台正式投入运行的电子计算机,但并不具备现代计算机"存储程序"的思想。1946 年 6 月,由冯·诺依曼博士发表了"电子计算机装置逻辑结构初探"论文,设计出了第一台"存储程序"的离散变量自动电子计算机(The Electronic Discrete Variable Automatic Computer,EDVAC),1952 年正式投入运行,其运算速度是 ENIAC 的 240 倍。冯·诺依曼提出的 EDVAC 计算机结构为人们普遍接受,此计算机结构又称冯·诺依曼型计算机。

冯·诺依曼提出了重大的改进理论,主要有两点。其一是电子计算机应该以二进制为运算基础;其二是电子计算机应采用"存储程序"方式工作,并且进一步明确指出了整个计算机的结构应由 5 个部分组成:运算器、控制器、存储器、输入装置和输出装置。冯·诺依曼的这些理论的提出,解决了计算机运算自动化和速度配合问题,对后来计算机的发展起到了决定性的作用。直至今天,绝大部分的计算机还是采用冯·诺依曼方式工作。

**1. 计算机系统构成及应用领域**

下面介绍各代计算机系统构成,及应用领域,如表 1-1 所示。

表 1-1　计算机发展历程

| 时　代 | 年　份 | 器　件 | 应　用　领　域 |
|---|---|---|---|
| 第一代 | 1946—1958 | 电子管 | 科学计算 |
| 第二代 | 1958—1964 | 晶体管 | 数据处理,实时过程控制 |
| 第三代 | 1964—1971 | 中、小规模的集成电路 | 文字处理、图形处理和辅助设计等 |
| 第四代 | 1971 年至今 | 大规模、超大规模的集成电路 | 信息处理、图像处理、语音识别、数据库管理等各个领域 |

表 1-1 所示是计算机各个时代传统的划分方法,根据计算机发展阶段宏观的划分方法,又可以划分为以下几个阶段。

(1) 大型主机阶段:20 世纪 40—50 年代,是第一代电子管计算机。经历了电子管数字计算机、晶体管数字计算机、集成电路数字计算机和大规模集成电路数字计算机的发展历程,计算机技术逐渐走向成熟。

(2) 小型计算机阶段:20 世纪 60—70 年代,是对大型主机进行的第一次"缩小化",可以满足中小企业事业单位的信息处理要求,成本较低,价格可被接受。

(3) 微型计算机阶段:20 世纪 70—80 年代,是对大型主机进行的第二次"缩小化",1976 年美国苹果公司成立,1977 年就推出了 Apple Ⅱ计算机,大获成功。1981 年 IBM 推出 IBM-PC,此后它经历了若干代的演进,占领了个人计算机市场,使得个人计算机得到了很大的普及。

(4) 客户机/服务器:即 C/S 阶段。1964 年 IBM 与美国航空公司建立了第一个全球联机订票系统,把美国当时 2000 多个订票的终端用电话线连接在了一起,这标志着计算机进入了客户机/服务器阶段,这种模式至今仍在大量使用。在客户机/服务器网络中,服务器是网络的核心,而客户机是网络的基础,客户机依靠服务器获得所需要的网络资源,而服务器为客户机提供网络必需的资源。C/S 结构的优点是能充分发挥客户端 PC 的处理能力,很多工作可以在客户端处理后再提交给服务器,大大减轻了服务器的压力。

(5) Internet 阶段:也称互联网、因特网、网际网阶段。互联网即广域网、局域网及单机按照一定的通信协议组成的国际计算机网络。互联网始于 1969 年,是在 ARPA(美国国防部研究计划署)制定的协定下将美国西南部的大学(UCLA(加利福尼亚大学洛杉矶分校)、Stanford Research Institute(斯坦福大学研究学院)、UCSB(加利福尼亚大学)和 University of Utah(犹他州大学))的 4 台主要的计算机连接起来。此后经历了文本到图片,到现在的语音、视频等阶段,宽带越来越快,功能越来越强。互联网的特征是:全球性、海量性、匿名性、交互性、成长性、扁平性、即时性、多媒体性、成瘾性、喧哗性。互联网的意义不应低估。它是人类迈向地球村坚实的一步。

(6) 云计算时代:从 2008 年起,云计算(Cloud Computing)概念逐渐流行起来,它正在成为一个通俗和大众化(Popular)的词语。云计算被视为"革命性的计算模型",因为它使得超级计算能力通过互联网自由流通成为了可能。企业与个人用户无须再投入昂贵的硬件购置成本,只需要通过互联网来购买租赁计算力,用户只用为自己需要的功能付钱,同时消除传统软件在硬件、软件、专业技能方面的花费。云计算让用户脱离技术与部署上的复杂性而获得应用。云计算囊括了开发、架构、负载平衡和商业模式等,是软件业的未来模式。它基于 Web 的服务，也是以互联网为中心。

**2. 计算机的分类**

计算机种类很多，可以从不同的角度对计算机进行分类。按照计算机原理分类，可分为数字式电子计算机、模拟式电子计算机和混合式电子计算机。按照计算机用途分类，可分为通用计算机和专用计算机。按照计算机性能分类，可分为巨型机、小巨型机、大型机、小型机、工作站和个人计算机 6 大类。

**3. 计算机的发展趋势**

在研制的新一代计算机，如量子计算机、光子计算机、生物计算机、纳米计算机，将是微电子技术、光学技术、超导技术和电子仿生技术等各种技术相结合的产物。

而现在的计算机如摩尔定律说当价格不变时，集成电路上可容纳的晶体管数目，约每隔 18 个月便会增加一倍，性能也将提升一倍。换言之，每一美元所能买到的电脑性能，将每隔 18 个月翻两倍以上。现在 CPU 的发展，以及更精密的工艺制程，让 CPU 芯片在面积上变得更加小巧。显卡也是如此。可以推断出到极小纳米工艺时代时电脑整机体积将会变得很小。届时板卡集成度将会变高、芯片体积会变小，许多原来单独的硬件将整合在一起，最终使电脑轻薄微小，颠覆现在的笔记本，现在出来的平板电脑就是个趋势。只要性能持续增强，以后相对体积较大的台式机将会失去市场。

据预测，未来多数公司、甚至家庭都将使用云端服务，云计算给用户带来了更多新体验。例如：家里只需要有一个联网的液晶显示器，显示器内置 ARM 芯片。通过网络云端系统，软件数据的运算可以通过云端主机来代替传统家用机的运算。英特尔与各行业用户一致认为，2015 年的数据中心只有具备互通、自动化以及客户端自适应的特性，才能更好地满足当时乃至之后的云计算发展。不久的将来，计算机会发展到一个更高更先进的水平，未来电脑发展趋势可用轻、薄、微、云来形容。

## 1.1.2 主板

主板又叫主机板（Main Board）、系统板（System Board）或母板（Mother Board），主板既是连接各个部件的物理通路，也是各部件之间数据传输的逻辑通路，几乎所有的部件都连接到主板上。总之，主板在整个微机系统中扮演着举足轻重的角色。可以说，主板的类型和档次决定着整个微机系统的类型和档次；主板的性能影响着整个微机系统的性能。

生产主板时都必须遵循行业规定的技术结构标准，以保证主板在实际安装时的兼容性和互换性。主板根据板型可以分为 AT、Baby-AT、ATX、Micro ATX、LPX、NLX、Flex ATX、EATX、WATX 以及 BTX 等结构。其中，AT 和 Baby-AT 是多年前的老主板结构，现在已经淘汰；而 LPX、NLX、Flex ATX 则是 ATX 的变种，多见于国外的品牌机，国内尚不多见；EATX 和 WATX 则多用于服务器/工作站主板；ATX 是目前市场上最常见的主板结构，扩展插槽较多，PCI 插槽数量为 4～6 个，大多数主板都采用此结构；Micro ATX 又称 Mini ATX，是 ATX 结构的简化版，就是常说的"小板"，扩展插槽较少，PCI 插槽数量在 3 个或 3 个以下，多用于品牌机并配备小型机箱；而 BTX 则是英特尔制定的最新一代主板结构。

下面以图 1-2 所示的主板为例，介绍主板上主要的组成部分。

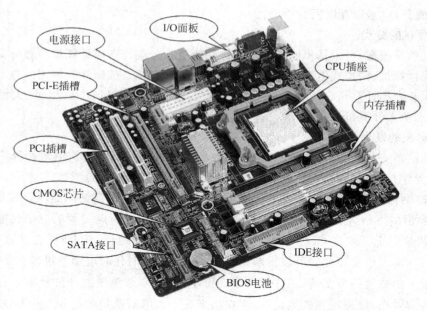

图 1-2　主板结构

PCB 基板：PCB(Printed Circuit Board,印制电路板)基板由多层 PCB 构成,一般采用四层板或六层板。相对而言,为节省成本,低档主板多为四层板:主信号层、接地层、电源层、次信号层,而六层板则增加了辅助电源层和中信号层,因此,六层 PCB 的主板抗电磁干扰能力更强,主板也更加稳定。

CPU 插座：CPU 经过这么多年的发展,采用的接口方式有引脚式、卡式、触点式、针脚式等。而目前 CPU 的接口都是针脚式接口,对应到主板上就有相应的插槽类型。不同类型的 CPU 具有不同的 CPU 插槽,因此选择 CPU,就必须选择带有与之对应插槽类型的主板。主板 CPU 插槽类型不同,在插孔数、体积、形状上都有所变化,所以不能互相兼容。

早期,大部分 CPU 插座使用 PGA(Pin Grid Array),即针脚全位于处理器上,安装时要将处理器的针脚插到插座上,通常插座为 ZIF(Zero Insertion Force,零插拔)设计以便安装。现在,Intel 全线的处理器是使用 LGA(Land Grid Array),即针脚位于主板上,而不位于处理器上。而 CPU 插槽则是将处理器固定在一个类似扩充槽的插槽上,而 LGA 通常用扣罩住 CPU。Socket 370、Socket A (462)、Socket 478、Socket 939、Socket AM3(AMD 公司)等架构的 CPU 针脚插座采用 ZIF 标准；Socket T、Socket F(AMD 公司)、Socket P 等架构的 CPU 针脚插座采用 LGA 标准,Socket P 架构插座如图 1-3 所示。

主板芯片组：芯片组(Chipset)是保证系统正常工作的重要控制模块。芯片组有单片、两片和多片结构。芯片组多数为两部分,靠近 CPU 插槽的一般称为北桥芯片,这片芯片上面覆盖着一块

图 1-3　Intel LGA 1155 CPU 插座(Socket P)

散热片,它主要负责控制 CPU、内存和显卡的工作。一般靠近 PCI 插槽的称为南桥芯片,主要负责控制系统的输入输出等功能。其中北桥芯片起着主导性的作用,也称为主桥(Host Bridge)。对于主板而言,芯片组几乎决定了这块主板的功能,进而影响到整个电脑系统性能的发挥,芯片组是主板的灵魂。芯片组性能的优劣,决定了主板性能的好坏与级别的高低。芯片组和 CPU 是对应关系,相互匹配。目前 CPU 的型号与种类繁多、功能特点不一,如果芯片组不能与 CPU 良好地协同工作,将严重地影响计算机的整体性能甚至不能正常工作。图 1-4 所示是国内知名网站 2013 年芯片组受欢迎程度排行榜。

| Intel主板芯片组排行榜 | | | | AMD主板芯片组排行榜 | | | |
|---|---|---|---|---|---|---|---|
| 排名 | 产品型号 | 价格 | 本周热度 | 排名 | 产品型号 | 价格 | 本周热度 |
| 1 | Intel B75 | 暂无报价 | | 1 | AMD 760G | 暂无报价 | |
| 2 | Intel Q77 | 暂无报价 | | 2 | AMD A75 | 暂无报价 | |
| 3 | Intel H77 | 暂无报价 | | 3 | AMD 990FX | 暂无报价 | |
| 4 | Intel Q75 | 暂无报价 | | 4 | AMD 770 | 暂无报价 | |
| 5 | Intel G41 | 暂无报价 | | 5 | AMD A85X | 暂无报价 | |
| 6 | Intel H61 | 暂无报价 | | 6 | AMD A55 | 暂无报价 | |
| 7 | Intel Z77 | 暂无报价 | | 7 | AMD A75(FM2) | 暂无报价 | |

图 1-4　2013 年 Intel 和 AMD 主板芯片组排行榜

生产主板芯片组的厂家虽然只有 Intel、AMD、NVIDIA、VIA、ALi、ATi 等几家,但生产主板的厂家却很多,市场上常见的主板品牌有:英特(Intel)、华硕(ASUS)、微星(MSI)、磐正(EPoX)、升技(Abit)、佰钰(Acorp)、建碁(Aopen)、硕泰克(Soltek)、映泰(BIOSTAR)、捷波(Jetway)、技嘉(Gigabyte)等。

CMOS 芯片:CMOS 是 Complementary Metal Oxide Semiconductor(互补金属氧化物半导体)的缩写,它是指制造大规模集成电路芯片用的一种技术或用这种技术制造出来的芯片。是电脑主板上的一块可读写的 RAM 芯片。因为可读写的特性,所以在主板上用来保存 BIOS(Basic Input Output System,基本输入输出系统)设置完电脑硬件参数后的数据。CMOS 芯片可由主板专门的纽扣电池供电,即使主机掉电,信息也不会丢失。图 1-5 所示是主板的 CMOS 芯片,芯片左边是供电的纽扣电池。

图 1-5　主板 CMOS 芯片

板载声卡、网卡控制芯片:早期的主板没有集成声卡芯片,都是靠独立声卡来发出声音,但随着整合主板技术的不断提高以及 CPU 性能的逐渐强大,同时为了降低厂商成本和减少消费者购买成本,现在几乎都采用板载声卡。规格也由过去的 Audio Codec '97 全面升级为 HD Audio 高保真声卡,声道也从原来的单声道、双声道提升到四声道、5.1 声道和 8.1 声道等。也有少部分针对发烧玩家的高端主板采用附送独立声卡,而非板载音频芯片。音

微型计算机发展历史和硬件组成

频芯片除了 Realtek 的 ALC 系列之外,有的还用美国模拟器件公司(Analog Devices Inc.，ADI),以及创新的 X-Fi,其中 ALC 系列应用是最广泛的,因为它的 HD 规格最多,性价比高,能满足各种群体需求。

在使用相同网卡芯片的情况下,板载网卡与独立网卡在性能上没有什么差异,而且相对于独立网卡,板载网卡具有独特的优势:首先是降低了用户的采购成本,而不需单独采购网卡;其次,可以节约系统扩展资源,不占用独立网卡需要占用的 PCI 插槽;再次,能够实现良好的兼容性和稳定性,不容易出现独立网卡与主板兼容不好或与其他设备资源冲突的问题。现在的集成网卡都为千兆网卡,不少中高端主板提供双网卡。

总线插槽:用于扩展 PC 功能的插槽通常称为 I/O 插槽,大部分主板都有 1 到 8 个扩展槽。扩展槽(Slot)又称插槽,它既是总线的延伸,也是总线的物理体现,可以插入标准选件,如显示卡、声卡、网卡等。ISA 是 IBM 公司在 PC 中最早推出的一种总线标准。PCI 总线是一种不依附于某个具体处理器的局部总线。为了提高 3D 图形的处理能力,Intel 公司开发了 AGP(Accelerated Graphics Port,加速图形接口)标准。AGP 不是一种总线,因为它是点对点连接,即连接控制芯片和 AGP 显示卡。PCI Express(PCIe 或 PCI-E)总线与传统 PCI 以及更早期的共享并行架构相比,PCI Express 采用设备间的点对点串行连接(Serial Interface),即允许每个设备都有自己的专用连接,不需要向整个总线请求带宽,同时利用串行的连接特点使传输速度提到一个很高的频率。各种总线插槽的功能介绍如表 1-2 所示。

表 1-2　各种总线插槽功能与用途

| 名　　称 | 简　　介 | 用　　途 |
| --- | --- | --- |
| ISA | Industry Standard Architecture(工业标准结构) | 老式的 ISA 网卡、ISA 声卡、Modem、显卡等 |
| EISA | Extended Industry Standard Architecture(扩展工业标准结构) | 在 PCI 未出现之前,主要用于服务器接口卡的插槽,如 EISA 网卡等 |
| PCI | Peripheral Controlled Interface(外围控制器接口) | 取代 ISA。主要有网卡、声卡等 |
| AGP | Accelerated Graphics Port(加速图形端口) | 只用于显卡 |
| PCI-E | PCI Express,实现 X1(250MB/s),X2,X4,X8,X12,X16 和 X32 通道规格 | 显卡、视频卡、固态硬盘 |

内存插槽:作用是安装内存条,主板所支持的内存种类和容量都由内存插槽决定。目前市场上的内存条有 DDR2 SDRAM 和 DDR3 SDRAM,相应的内存插槽也有 3 种。内存插槽如图 1-6 所示。

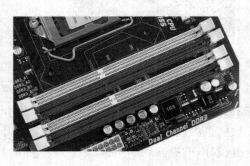

图 1-6　支持 DDR3 的双通道内存插槽

各种 I/O 接口:主板实质上就是输入输出的集合,因此提供了很多的 I/O 接口。在 USB 接口风靡业界的情形下,电脑摈弃了给整个主板供电的电源插座是 24Pin 双列插座,具有防误插结构,连接硬盘和光驱的 Serial ATA 接口,或许有些主板会保留早期的 IDE 接口;另外在主板的后侧背板上有各种外部设备接口,如图 1-7 所示。各个接口功能如表 1-3 所示。

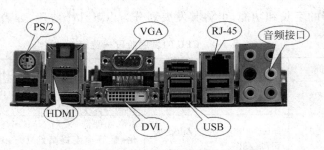

图 1-7　主板后 I/O 背板上的外部设备接口

表 1-3　主板后 I/O 背板上的外部设备接口功能

| 接　　口 | 名　　称 | 用　　　途 |
|---|---|---|
| PS/2 MS、PS/2KB | PS/2 | 用于鼠标和键盘 |
| USB 2.0、USB 3.0 | USB 接口 | 用于鼠标、键盘、移动存储设备、数字设备等 |
| Line in、Line out、Mic | 音频接口 | 连接音箱、话筒、麦克风 |
| HDMI、IEEE－1394 | 视频接口 | 摄影机、MIDI 合成器、移动硬盘、光驱等 |
| VGA | 视频接口 | 连接显示器 |
| DVI | 视频接口 | 高清电视、高清投影仪等 |
| RJ-45 | 网络接口 | 连接双绞线 |

　　主板上插针：主板上有一组插针，它是连接机箱面板指示灯及控制按钮接口。如图 1-8 所示，机箱面板上的电源开关、重置开关、电源指示灯、硬盘指示灯等，都是连接到该插针上。

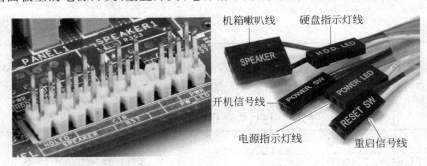

图 1-8　主板插针及信号控制线

## 1.1.3　中央处理器

　　计算机的发展主要表现在其核心部件——中央处理器的发展上，每当一款新型的中央处理器出现时，就会带动计算机系统的其他部件的相应发展，如计算机体系结构的进一步优化、存储器存取容量的不断增大、存取速度的不断提高、外围设备的不断改进以及新设备的不断出现等。

　　中央处理器的英文缩写是 CPU（Central Processing Unit），也被称做微处理器（Microprocessor），经常被人们直接称为处理器（Processor）。在不同的发展阶段 CPU 的结构和功能是不完全相同的，主要包括运算器和控制器两个部件。内部结构可以分为控制单元、逻辑单元和存储单元 3 大部分，3 个部分相互协调，便可以进行分析、判断、运算并控制计算机各部分协调工作。

根据微处理器的字长和功能,可将其发展划分为以下几个阶段,如表 1-4 所示。

**表 1-4  CPU 的发展阶段一览表**

| 时代 | 时间 | 代表产品 | 功能(工艺,性能) |
|---|---|---|---|
| 第一代 | 1971—1973 年 | Intel 4004、Intel 8008 | 4 位处理器,采用 PMOS 工艺,集成度低,4004 晶体管数目约为 2300 个 |
| 第二代 | 1974—1977 年 | Intel 8080/8085、Zilog 公司的 Z80 | 8 位处理器,采用 NMOS 工艺,集成度提高约 4 倍,运算速度提高约 10～15 倍,8080 晶体管数目约为 6000 个 |
| 第三代 | 1978—1984 年 | Intel 8086/8088、Motorola M68000、Zilog Z8000、Intel 80286 | 16 位处理器,采用 HMOS 工艺,集成度(20 000～70 000 晶体管/片)和运算速度都比第二代提高了一个数量级,80286 处理器晶体管数目为 134 000 个 |
| 第四代 | 1985—1992 年 | Intel 80386/80486、Motorola M69030/68040 | 32 位处理器,采用 HMOS 或 CMOS 工艺,每秒钟可完成 600 万条指令(Million Instructions Per Second, MIPS),80386 晶体管数目约为 275 000 个 |
| 第五代 | 1993—2005 年 | Intel Pentium 系列、AMD 的 K6 系列 | 内部采用了超标量指令流水线结构,并具有相互独立的指令和数据高速缓存,MMX 技术使得计算机网络化、多媒体化和智能化等方面跨上了更高的台阶,Pentium Ⅲ 晶体管数目约为 950 万个 |
| 第六代 | 2006 年～至今 | Intel 酷睿(core)系列 | 节能的新型微架构,能效比出众,第二代酷睿还加入了全新的高清视频处理单元,支持原生 USB 3.0,Core i7-980X 采用 32nm 制造工艺,晶体管数目约为 11.7 亿个 |

要了解 CPU 的性能指标有哪些,先来看看市面上公布的购买 CPU 的技术参数。以 Intel 酷睿 i7 990X 为例。技术参数如表 1-5 所示。

**表 1-5  Intel 酷睿 i7 990X 的技术参数**

| 技 术 参 数 |
|---|
| CPU 主频:3.46GHz |
| 最大睿频:3.73GHz |
| 外频:133MHz |
| 倍频:26 倍 |
| 一级缓存:6×64KB |
| 二级缓存:6×256KB |
| 三级缓存:12MB |
| 插槽类型:LGA 1366 |
| 核心数量:6 核心 |
| 线程数:12 线程 |
| 制作工艺:32nm |
| 热设计功耗(TDP):130W |
| 内核电压:0.8～1.375V |
| 适用机型:台式机 |

### 1. CPU 主频

主频也叫时钟频率,单位是兆赫(MHz)或千兆赫(GHz),用来表示 CPU 的运算、处理数据的速度。通常,主频越高,CPU 处理数据的速度就越快。

CPU 的主频＝外频×倍频系数。主频和实际的运算速度存在一定的关系,但并不是一个简单的线性关系。所以,CPU 的主频与 CPU 实际的运算能力是没有直接关系的,主频表示在 CPU 内数字脉冲信号振荡的速度。在 Intel 的处理器产品中,也可以看到这样的例子: 1GHz Itanium 芯片能够表现得跟 2.66GHz 至强(Xeon)/Opteron 一样快,或是 1.5GHz Itanium 2 跟 4GHz Xeon/Opteron 一样快。CPU 的运算速度还要看 CPU 的流水线、总线等各方面的性能指标。

### 2. 睿频技术

Intel 在最新酷睿 i 系列 CPU 中加入了新技术,以往 CPU 的主频是出厂之前被设定好的,不可以随意改变。而 i 系列加入睿频加速,使得主频可以在某一范围内根据处理数据需要自动调整主频。它是基于 Nehalem 架构的电源管理技术,通过分析当前 CPU 的负载情况,智能地关闭一些用不上的核心资源,把能源留给正在使用的核心,并使它们运行在更高的频率,进一步提升性能;相反,需要多个核心时,动态开启相应的核心,智能调整频率。这样,在不影响 CPU 的 TDP 情况下,能把核心工作频率调得更高。

### 3. 外频

外频是 CPU 的基准频率,单位是 MHz。CPU 的外频决定着主板的运行速度。换句话说,在台式机中,所说的超频,都是超 CPU 的外频(一般情况下,CPU 的倍频都是被锁住的)。但对于服务器,超频是绝对不允许的,一旦改变了外频,产生的频率和主板频率异步,会导致服务器系统不稳定。

### 4. 倍频系数

倍频系数是指 CPU 主频与外频之间的相对比例关系。在相同的外频下,倍频越高CPU 的频率也越高。但实际上,在相同外频的前提下,高倍频的 CPU 本身意义并不大。这是因为 CPU 与系统之间数据传输速度是有限的,一味追求高主频而得到高倍频的 CPU 就会出现明显的"瓶颈"效应——CPU 从系统中得到数据的极限速度不能够满足 CPU 运算的速度。

### 5. L1 高速缓存

L1 高速缓存也就是我们经常说的一级高速缓存。在 CPU 里面内置高速缓存可以提高CPU 的运行效率。内置的 L1 高速缓存的容量和结构对 CPU 的性能影响较大,不过高速缓冲存储器均由静态 RAM 组成,结构较复杂,在 CPU 管芯面积不能太大的情况下,L1 级高速缓存的容量不可能做得太大。

### 6. L2 高速缓存

L2 高速缓存分内部和外部两种芯片。内部的芯片二级缓存运行速度与主频相同,而外部的二级缓存运行速度则只有主频的一半。L2 高速缓存容量也会影响 CPU 的性能,原则是越大越好,以前家庭用 CPU 容量最大的是 512KB,笔记本电脑中也可以达到 2MB,而服务器和工作站上用 CPU 的 L2 高速缓存更高,可以达到 8MB 以上。

### 7. L3 高速缓存

分为两种,早期的是外置的,后期的都是内置的。而它的实际作用是,L3 缓存的应用可以进一步降低内存延迟,同时提升大数据量计算时处理器的性能。降低内存延迟和提升大数据量计算能力对游戏有帮助。而在服务器领域增加 L3 缓存在性能方面仍然有显著的提升。比如具有较大 L3 缓存的配置利用物理内存会更有效,故它比较慢的磁盘 I/O 子系统可以处理更多的数据请求。具有较大 L3 缓存的处理器提供更有效的文件系统缓存行为及较短消息和处理器队列长度。

### 8. 封装方式

CPU 封装方式决定插槽类型,它是采用特定的材料将 CPU 芯片或 CPU 模块固化在其中以防损坏的保护措施,一般必须在封装后 CPU 才能交付用户使用。CPU 的封装方式取决于 CPU 安装形式和器件集成设计,从大的分类来看通常采用 Socket 插座进行安装的 CPU 使用 PGA(栅格阵列)方式封装,而采用 Slot $x$ 槽安装的 CPU 则全部采用 SEC(单边接插盒)的形式封装。还有 PLGA(Plastic Land Grid Array)、OLGA(Organic Land Grid Array)等封装技术。由于市场竞争日益激烈,CPU 封装技术的发展方向以节约成本为主。目前 Intel 全线的处理器是使用 LGA 封装。

### 9. 多核心技术

多核心,也指单芯片多处理器(Chip Multiprocessors,CMP)。CMP 是由美国斯坦福大学提出的,其思想是将大规模并行处理器中的 SMP(对称多处理器)集成到同一芯片内,各个处理器并行执行不同的进程。这种依靠多个 CPU 同时并行地运行程序是实现超高速计算的一个重要方向,称为并行处理。与 CMP 比较,SMT 处理器结构的灵活性比较突出。但是,当半导体工艺进入 $0.18\mu m$ 以后,线延时已经超过了门延迟,要求微处理器的设计通过划分许多规模更小、局部性更好的基本单元结构来进行。相比之下,由于 CMP 结构已经被划分成多个处理器核,每个核都比较简单,有利于优化设计,因此更有发展前途。IBM 的 Power 4 芯片和 Sun 的 MAJC 5200 芯片都采用了 CMP 结构。多核处理器可以在处理器内部共享缓存,提高缓存利用率,同时简化多处理器系统设计的复杂度。但这并不是说明,核心越多,性能越高。比如说,16 核的 CPU 就没有 8 核的 CPU 运算速度快,因为核心太多,不能合理进行分配,所以导致运算速度减慢。在买电脑时请酌情选择。2005 年下半年,Intel 和 AMD 的新型处理器也将融入 CMP 结构。新安腾处理器开发代码为 Montecito,采用双核心设计,拥有最少 18MB 片内缓存,采取 90nm 工艺制造。它的每个单独的核心都拥有独立的 L1,L2 和 L3 Cache,包含大约 10 亿个晶体管。

### 10. 多线程

多线程(Simultaneous Multithreading,SMT)可通过复制处理器上的结构状态,让同一个处理器上的多个线程同步执行并共享处理器的执行资源,可最大限度地实现宽发射、乱序的超标量处理,以提高处理器运算部件的利用率,缓和由于数据相关或 Cache 未命中带来的访问内存延时。当没有多个线程可用时,SMT 处理器几乎和传统的宽发射超标量处理器一样。SMT 最具吸引力的是只需小规模改变处理器核心的设计,几乎不用增加额外的成本就可以显著地提升效能。多线程技术则可以为高速的运算核心准备更多的待处理数据,减少运算核心的闲置时间。这对于桌面低端系统来说无疑十分具有吸引力。Intel 从 3.06GHz Pentium 4 开始,部分处理器将支持 SMT 技术。

### 11. 制造工艺

Pentium CPU 的制造工艺是 $0.35\mu m$,Pentium Ⅱ和赛扬可以达到 $0.25\mu m$,Pentium 4

可以达到 0.18μm，并且将采用铜配线技术，可以极大地提高 CPU 的集成度和工作频率。最新的 Intel 酷睿 2 至尊四核制造工艺已经达到了 45nm，其中最复杂的一款拥有 8.2 亿个晶体管。Intel 已经于 2010 年发布 32nm 的制造工艺的酷睿 i3/酷睿 i5/酷睿 i7 系列，并于 2012 年 4 月发布了 22nm 酷睿 i3/酷睿 i5/酷睿 i7 系列。并且已有 15nm 产品的计划。而 AMD 则表示，自己的产品将会直接跳过 32nm 工艺（2010 年第三季度生产少许 32nm 产品，如 Orochi、Llano）于 2011 年中期初发布 28nm 的产品（APU）。随着生产工艺的不断提升，可以在处理器上部署更多晶体管，从而提升处理器性能，并降低生产成本。

**12. 工作电压**

工作电压指的是 CPU 正常工作所需的电压。早期 CPU（386、486）由于工艺落后，它们的工作电压一般为 5V，发展到奔腾 586 时，已经是 3.5V/3.3V/2.8V 了，随着 CPU 的制造工艺与主频的提高，CPU 的工作电压有逐步下降的趋势。目前 Intel 的 Core i 系列的工作电压已经低于 1V。低电压能解决耗电过大和发热过高的问题，这对于笔记本电脑尤其重要。

## 1.1.4　内存

内存（Memory）也被称为内存储器，是计算机中重要的部件之一，也是与 CPU 进行沟通的桥梁。其作用是用于暂时存放 CPU 中的运算数据，以及与硬盘等外部存储器交换的数据。只要计算机在运行中，CPU 就会把需要运算的数据调到内存中进行运算，当运算完成后 CPU 再将结果传送出来，因此内存的性能对计算机的影响非常大。内存是由内存芯片、电路板、金手指等部分组成的（如图 1-9 所示）。

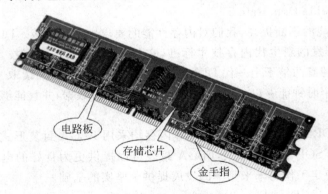

图 1-9　内存的结构图

**1. 内存的分类**

内存根据使用需求来划分，有台式机内存、笔记本内存和服务器内存。

根据主流内存发展的各个时代来划分，内存类型有 SDRAM、DDR SDRAM、DDR2 SDRAM 和 DDR3 SDRAM，其中 DDR3 SDRAM 内存占据了市场的主流。内存厂商预计在未来不久，DDR4 时代将开启，起步电压降至 1.2V，而频率提升至 2133MHz，然后进一步将电压降至 1.0V，频率则实现 2667MHz。

1）SDRAM

SDRAM，即 Synchronous DRAM（同步动态随机存储器），曾经是 PC 电脑上最为广泛应用的一种内存类型。既然是"同步动态随机存储器"，那就代表着它的工作速度是与系统

微型计算机发展历史和硬件组成

总线速度同步的。SDRAM 内存又分为 PC66、PC100、PC133 等不同规格，而规格后面的数字就代表着该内存最大所能正常工作时系统的总线速度，比如 PC100，那就说明此内存可以在系统总线为 100MHz 的电脑中同步工作。

2) DDR SDRAM

DDR SDRAM(Double Data Rate SDRAM，DDR)，也就是"双倍速率 SDRAM"的意思。DDR 可以说是 SDRAM 的升级版本，DDR 在时钟信号上升沿与下降沿各传输一次数据，这使得 DDR 的数据传输速度为传统 SDRAM 的两倍。由于仅多采用了下降沿信号，因此并不会造成能耗增加。DDR 内存是作为一种在性能与成本之间折中的解决方案，其目的是迅速建立起牢固的市场空间，继而进一步在频率上高歌猛进，最终弥补内存带宽上的不足。

与 SDRAM 相比，DDR 运用了更先进的同步电路，使指定地址、数据的输送和输出主要步骤既独立执行，又保持与 CPU 完全同步；DDR 使用了 DLL(Delay Locked Loop，延时锁定回路提供一个数据滤波信号)技术，当数据有效时，存储控制器可使用这个数据滤波信号来精确定位数据，每 16 次输出一次，并重新同步来自不同存储器模块的数据。DDL 本质上不需要提高时钟频率就能加倍提高 SDRAM 的速度，它允许在时钟脉冲的上升沿和下降沿读出数据，因而其速度是标准 SDRAM 的两倍。

从外形体积上 DDR 与 SDRAM 相比差别并不大，它们具有同样的尺寸和同样的针脚距离。但 DDR 为 184 针脚，比 SDRAM 多出了 16 个针脚，主要包含了新的控制、时钟、电源和接地等信号。DDR 内存采用的是支持 2.5V 电压的 SSTL2 标准，而不是 SDRAM 使用的 3.3V 电压的 LVTTL 标准。

3) DDR2(Double Data Rate 2)

随着 CPU 性能的不断提高，我们对内存性能的要求也逐步升级。DDR2 是由电子设备工程联合委员会开发的新生代内存技术标准，它与上一代 DDR 内存技术标准最大的不同就是，DDR2 内存拥有两倍于上一代 DDR 的内存预读取能力（即预读取 4b 数据）。换句话说，DDR2 内存每个时钟能够以 4 倍外部总线的速度读/写数据，并且能够以内部控制总线 4 倍的速度运行。

此外，由于 DDR2 标准规定所有 DDRⅡ 内存均采用 FBGA 封装形式，而不同于目前广泛应用的 TSOP/TSOP-Ⅱ 封装形式，FBGA 封装可以提供更为良好的电气性能与散热性，为 DDR2 内存的稳定工作与未来频率的发展提供了坚实的基础。

4) DDR3(Double Data Rate 3)

DDR3 相比于 DDR2 有更低的工作电压，从 DDR2 的 1.8V 降落到 1.5V，性能更好更为省电；DDR2 的 4b 预读升级为 8b 预读。DDR3 目前最高能够达到 2000MHz 的速度，尽管目前最为快速的 DDR2 内存速度已经提升到 800MHz/1066MHz 的速度，但是 DDR3 内存模组仍会从 1066MHz 起跳。

表 1-6 所示是内存各种类型的外形特性。

**2. 内存的主要性能指标**

描述内存条性能的主要技术指标有以下几种。

1) 容量

内存容量表示内存可以存放数据的空间大小。目前内存大多以 GB 为单位，市面上家用机常见的内存容量规格为单条 2GB、4GB 和 8GB，有些服务器内存甚至是单条 16GB 的。

**表 1-6　内存各种类型的外形特性**

| 名　　称 | 特　　性 | |
|---|---|---|
| SDRAM | 金手指两个缺口,单面 84 针脚 | |
| DDR | 金手指一个缺口,单面 92 针脚,缺口左 52 右 40 | |
| DDR2 | 金手指一个缺口,单面 120 针脚,缺口左 64 右 56 | |
| DDR3 | 金手指一个缺口,单面 120 针脚,缺口左 72 右 48 | |

2)内存主频

内存主频和 CPU 主频一样,习惯上被用来表示内存的速度,它代表着该内存所能达到的最高工作频率。内存主频是以 MHz(兆赫)为单位来计量的。内存主频越高在一定程度上代表着内存所能达到的速度越快。内存主频决定着该内存最高能在什么样的频率下正常工作。

3)工作电压

内存工作时,必须不间断地进行供电,否则将不能保存数据。内存能稳定工作时的电压叫做内存工作电压。SDRAM 内存的工作电压为 3.3V,DDR 内存的工作电压为 2.5V,DDR2 的工作电压为 1.8V,DDR3 的工作电压为 1.5V,DDR4 的工作电压为 1.2V;降低电压,就能减少能耗,从而达到提高频率的目的。

4)延迟

延迟 CL 全称为 CAS Latency,其中 CAS 为 Column Address Strobe(列地址控制器),它是指纵向地址脉冲的反应时间,是在同一频率下衡量内存好坏的标志。

5)ECC 校验

ECC 校验是一种内存校验技术,目前已被广泛应用于各种服务器和工作站上。ECC 校验采用与传统奇偶校验(Parity)类似的检测错误的方法,与传统的奇偶校验又有区别:传统的奇偶校验只能检测出错误的所在,却不能纠正,而 ECC 校验不但可以检测出错误,还可以纠正错误。ECC 校验的纠错功能为服务器和工作站的稳定运行提供了有利条件,这样系统在不中断和不破坏数据传输的情况下可继续运行,可以让系统"感觉"不到错误。

### 1.1.5 硬盘

计算机的硬盘可按盘径尺寸和接口类型进行分类。

**1. 按盘径尺寸分类**

硬盘产品按内部盘片分为:5.25英寸、3.5英寸、2.5英寸和1.8英寸(后两种常用于笔记本及部分袖珍精密仪器中),目前在台式机中使用最广泛的是3.5英寸的硬盘。

**2. 按接口类型分类**

硬盘接口是硬盘与主机系统间的连接部件,作用是在硬盘缓存和主机内存之间传输数据。不同的硬盘接口决定着硬盘与计算机之间的连接速度,在整个系统中,硬盘接口的优劣直接影响着程序运行快慢和系统性能好坏。从整体角度上,硬盘接口分为IDE、SCSI、FC、SATA和SAS 5种(如表1-7所示)。IDE接口硬盘以往多用于家用产品中,也部分应用于服务器上,目前已经淘汰了。SCSI接口的硬盘早期主要应用于服务器市场,而FC只应用在高端服务器上,价格昂贵。SATA是当前流行的硬盘接口类型,目前执行SATA-3标准,在家用市场中有着广泛的前景。类似于SATA取代IDE一样,SCSI也必然要被它的升级产品SAS(Serial Attached SCSI)所取代,SAS拥有更好的性能,更简便的连接电缆,更低的成本,还可以和SATA兼容等优势。

表 1-7 硬盘接口标准

| 接口 | 标准 | 用途 | 特性 |
|------|------|------|------|
| IDE | Integrated Drive Electronics(集成器件电子技术) | 硬盘和光盘驱动器 | 早期标准,现已淘汰 |
| SCSI | Small Computer System Interface(小型计算机系统接口) | 网络服务器 | 速度快,容量大,稳定性好 |
| FC | Fiber Channel(光纤通道接口) | 高端工作站、服务器海量存储子网络 | 满足高数据传输率的要求 |
| SATA | Serial Advanced Technology Attachment(串行ATA) | 主流PC硬盘 | SATA-1和SATA-2两种标准 |
| SAS | Serial Attached SCSI(串行连接SCSI) | 中高端服务器 | 新一代的SCSI技术 |

1) IDE硬盘

IDE的英文全称为Integrated Drive Electronics,即"电子集成驱动器",又称ATA(Advanced Technology Attachment),它的本意是指把"硬盘控制器"与"盘体"集成在一起的硬盘驱动器。把盘体与控制器集成在一起的做法减少了硬盘接口的电缆数目与长度,数据传输的可靠性得到了增强,硬盘制造起来变得更容易,因为硬盘生产厂商不需要再担心自己的硬盘是否与其他厂商生产的控制器兼容。

IDE代表着硬盘的一种类型,但在实际的应用中,人们也习惯用IDE来称呼最早出现的IDE类型的硬盘ATA-1,这种类型的接口随着接口技术的发展已经被淘汰了,而其后发展分支出更多类型的硬盘接口,比如ATA、Ultra ATA、DMA、Ultra DMA等接口都属于IDE硬盘。

2) SCSI 硬盘

SCSI 的英文全称为 Small Computer System Interface（小型计算机系统接口），是同 IDE（ATA）完全不同的接口，IDE 接口是普通 PC 的标准接口，而 SCSI 并不是专门为硬盘设计的接口，是一种广泛应用于小型机上的高速数据传输技术。SCSI 接口具有应用范围广、多任务、带宽大、CPU 占用率低以及热插拔等优点，但较高的价格使得它很难如 IDE 硬盘般普及，因此 SCSI 硬盘主要应用于中、高端服务器和高档工作站中。

3) FC 硬盘

FC 的全拼是 Fibre Channel，是代表光纤通道的意思，和 SCSI 接口一样光纤通道最初也不是为硬盘设计开发的接口技术，是专门为网络系统设计的，但随着存储系统对速度的需求，才逐渐应用到硬盘系统中。光纤通道硬盘是为提高多硬盘存储系统的速度和灵活性才开发的，它的出现大大提高了多硬盘系统的通信速度。光纤通道的主要特性有：热插拔性、高速带宽、远程连接、连接设备数量大等。

光纤通道是为在像服务器这样的多硬盘系统环境而设计的，能满足高端工作站、服务器、海量存储子网络、外设间通过集线器、交换机和点对点连接进行双向、串行数据通信等系统对高数据传输率的要求。

4) SATA 硬盘

使用 SATA（Serial ATA）口的硬盘又叫串口 IDE 硬盘，是目前 PC 上最流行的硬盘。2001 年，由 Intel、APT、DELL、IBM、希捷、迈拓这几大厂商组成的 Serial ATA 委员会正式确立了 Serial ATA 1.0 规范，2002 年，虽然串行 ATA 的相关设备还未正式上市，但 Serial ATA 委员会已抢先确立了 Serial ATA 2.0 规范。Serial ATA 采用串行连接方式，串行 ATA 总线使用嵌入式时钟信号，具备了更强的纠错能力，与以往相比其最大的区别在于能对传输指令（不仅仅是数据）进行检查，如果发现错误会自动矫正，这在很大程度上提高了数据传输的可靠性。串行接口还具有结构简单、支持热插拔的优点。IDE 硬盘和 SATA 硬盘的连接如图 1-10 所示。

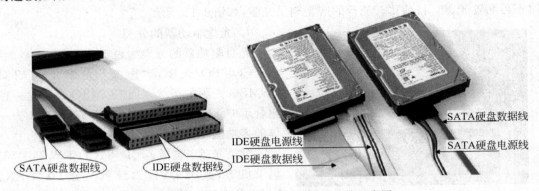

图 1-10　IDE 硬盘和 SATA 硬盘的连接示意图

5) SAS 硬盘

SAS（Serial Attached SCSI）即串行连接 SCSI，是新一代的 SCSI 技术，和现在流行的 Serial ATA（SATA）硬盘相同，都是采用串行技术以获得更高的传输速度，并通过缩短连接线改善内部空间等。SAS 是并行 SCSI 接口之后开发出的全新接口。此接口的设计是为了

微型计算机发展历史和硬件组成

改善存储系统的效能、可用性和扩充性,并且提供与 SATA 硬盘的兼容性。和传统并行SCSI 接口比较起来,SAS 不仅在接口速度上得到显著提升(主流 Ultra 320 SCSI 速度为320MB/s,而 SAS 才刚起步速度就达到 300MB/s,未来会达到 600MB/s 甚至更多),而且由于采用了串行线缆,不仅可以实现更长的连接距离,还能够提高抗干扰能力,并且这种细细的线缆还可以显著改善机箱内部的散热情况。

**3. 其他类型硬盘**

固态硬盘(Solid State Disk)是用固态电子存储芯片阵列制成的硬盘,由控制单元和存储单元(Flash 芯片、DRAM 芯片)组成。固态硬盘的接口规范和定义、功能及使用方法上与普通硬盘的完全相同,在产品外形和尺寸上也完全与普通硬盘一致。虽然成本较高,但也正在逐渐普及到 DIY 市场。由于固态硬盘技术与传统硬盘技术不同,固态硬盘具备读/写速度相当快,而且低功耗、无噪音、抗震动、低热量、体积小、工作温度范围大等优势。新一代的固态硬盘普遍采用 SATA-2 接口及 SATA-3接口。广泛应用于军事、车载、工控、视频监控、网络监控、网络终端、电力、医疗、航空、导航设备等领域。固态硬盘实物如图 1-11所示。

图 1-11　固态硬盘实物

## 1.1.6　光驱

光驱,电脑用来读/写光碟内容的设备,也是在台式机和笔记本便携式电脑里比较常见的一个部件。但随着计算机网络越来越发达,光驱的使用频率大大下降,有的用户配置电脑时不再购置光驱。目前比较流行的蓝光刻录光驱,如图 1-12 所示。

图 1-12　蓝光刻录光驱

**1. 光盘驱动器的分类**

光盘驱动器的分类如表 1-8 所示。

COMBO 光驱:"康宝"光驱是人们对COMBO 光驱的俗称。而 COMBO 光驱是一种集合了 CD 刻录、CD-ROM 和 DVD-ROM 为一体的多功能光存储产品。

刻录光驱:包括了 CD-R、CD-RW 和 DVD刻录机等,其中 DVD 刻录机又分 DVD+R、DVD-R、DVD+RW、DVD-RW(W 代表可反复擦写)和 DVD-RAM。刻录机的外观和普通光驱差不多,只是其前置面板上通常都清楚地标识着写入、复写和读取 3 种速度。

蓝光光驱:即能读取蓝光光盘的光驱,向下兼容 DVD、VCD、CD 等格式。蓝光(Blu-ray)或称蓝光盘(Blu-ray Disc,BD)利用波长较短(405nm)的蓝色激光读取和写入数据,并因此而得名。而传统 DVD 需要光头发出红色激光(波长为 650nm)来读取或写入数据,通常来说波长越短的激光,能够在单位面积上记录或读取的信息越多。因此,蓝光极大地提高了光盘的存储容量,一张单层碟上可以存储 25GB 的文档文件,双层 40GB、四层 100GB,是现有(单碟)DVD 的 5 倍。在速度上,蓝光允许 1 到 2 倍或者说每秒 4.5～9MB 的记录速度。对于光存储产品来说,蓝光提供了一个跳跃式发展的机会,蓝光是最先进的大容量光盘。

**表 1-8　光盘驱动器的类型**

| 光驱类型 | 读取光盘类型 |
| --- | --- |
| CD-ROM | 支持 CD 等所有光盘格式的读取 |
| DVD-ROM | 支持 DVD/CD 等所有光盘格式的读取 |
| COMBO | 支持 DVD/CD 等所有光盘格式的读取,CD 刻录 |
| DVD 刻录机 | 支持 DVD/CD 等所有光盘格式的刻录和读取 |
| 蓝光刻录机 | 支持 BD/DVD/CD 等所有光盘格式的刻录和读取 |

**2. 光驱接口方式**

有 SATA 接口方式、IDE 接口方式、USB 接口方式等。

## 1.1.7　显示卡

显卡全称显示接口卡(Video Card,Graphics Card),又称为显示适配器(Video Adapter),简称为显卡,是个人电脑最基本组成部分之一。显卡的用途是将计算机系统所需要的显示信息进行转换驱动,并向显示器提供行扫描信号,控制显示器的正确显示,是连接显示器和个人电脑主板的重要元件,是"人机对话"的重要设备之一。显卡作为电脑主机里的一个重要组成部分,承担输出显示图形的任务,对于从事专业图形设计的人来说显卡非常重要。民用显卡图形芯片供应商主要包括 AMD(超威半导体)和 NVIDIA(英伟达)。

**1. 显示卡的基本结构**

1) GPU(类似于主板的 CPU)

全称是 Graphic Processing Unit,中文翻译为"图形处理器"。NVIDIA 公司在发布 GeForce 256 图形处理芯片时首先提出的概念。GPU 使显卡减少了对 CPU 的依赖,并进行部分原本 CPU 的工作,尤其是在 3D 图形处理时。GPU 所采用的核心技术有硬件 T&L(几何转换和光照处理)、立方环境材质贴图和顶点混合、纹理压缩和凹凸映射贴图、双重纹理四像素 256 位渲染引擎等,而硬件 T&L 技术可以说是 GPU 的标志。

2) 显存(类似于主板的内存)

显示内存的简称。顾名思义,其主要功能就是暂时存储显示芯片要处理的数据和处理完毕的数据。图形核心的性能愈强,需要的显存也就越多。市面上的显卡大部分采用的是 GDDR3 显存,现在最新的显卡则采用了性能更为出色的 GDDR4 或 GDDR5 显存。

3) 显卡 BIOS(类似于主板的 BIOS)

显卡 BIOS 主要用于存放显示芯片与驱动程序之间的控制程序,另外还存有显示卡的型号、规格、生产厂家及出厂时间等信息。打开计算机时,通过显示 BIOS 内的一段控制程序,将这些信息反馈到屏幕上。早期显示 BIOS 是固化在 ROM 中的,不可以修改,而多数显示卡则采用了大容量的 EPROM,即所谓的 Flash BIOS,可以通过专用的程序进行改写或升级。

4）显卡 PCB 板（类似于主板的 PCB 板）

PCB 板就是显卡的电路板，它把显卡上的其他部件连接起来。功能类似于主板。

**2. 显示接口卡构成的技术指标**

主要参数包括以下几点：

（1）显示芯片（型号、版本级别、开发代号、制造工艺、核心频率）。

（2）显存（类型、位宽、容量、封装类型、速度、频率）。

（3）技术（像素渲染管线、顶点着色引擎数、3D API、RAMDAC 频率及支持 MAX 分辨率）。

（4）PCB 板（PCB 层数、显卡接口、输出接口、散热装置）。

**3. 显示卡的工作原理**

数据（Data）一旦离开 CPU，必须通过 4 个步骤，最后才会到达显示屏：

（1）从总线（Bus）进入 GPU（Graphics Processing Unit，图形处理器）——将 CPU 送来的数据送到 GPU（图形处理器）里面进行处理。

（2）从 Video Chipset（显卡芯片组）进入 Video RAM（显存）——将芯片处理完的数据送到显存。

（3）从显存进入 Digital Analog Converter（= RAM DAC，随机读/写存储模-数转换器）将显示 NVIDIA GTX 275 显存读取出的数据再送到 RAM DAC 进行数据转换的工作（数码信号转模拟信号）。

（4）从 DAC 进入显示器（Monitor）——将转换完的模拟信号送到显示屏。

显示效能是系统效能的一部分，其效能的高低由以上四步所决定，它与显示卡的效能（Video Performance）不太一样，如要严格区分，显示卡的效能应该受中间两步所决定，因为这两步的资料传输都是在显示卡的内部。第一步是由 CPU（运算器和控制器一起组成了计算机的核心，成为微处理器或中央处理器，即 CPU）进入到显示卡里面，最后一步是由显示卡直接送资料到显示屏上。

**4. 显卡的分类**

按用户使用领域可分为集成显卡、独立显卡和核芯显卡。

1）集成显卡

集成显卡是将显示芯片、显存及其相关电路都集成在主板上，与其融为一体（如图 1-13 所示）。集成显卡的显示芯片有单独的，但大部分都集成在主板的北桥芯片中。一些主板集成的显卡也在主板上单独安装了显存，但其容量较小，集成显卡的显示效果与处理性能相对较弱，不能对显卡进行硬件升级，但可以通过 CMOS 调节频率或刷入新 BIOS 文件实现软件升级来挖掘显示芯片的潜能。

2）独立显卡

独立显卡是指以独立板卡形式存在，可在具备显卡接口的主板上自由插拔的显卡（如图 1-14 所示）。独立显卡具备单独的显存，不占用系统内存，而且技术上领先于集成显卡，能够提供更好的显示效果和运行性能。显卡作为电脑主机里的一个重要组成部分，对于喜欢玩游戏和从事专业图形设计的人来说显得非常重要。

图 1-13　显示芯片

图 1-14　独立显卡和显卡上的图形处理芯片（GPU）

显卡上的图形处理芯片（GPU）主宰了整个显卡，显示缓存是 GPU 的信息仓库，显示缓存的容量和速度在显卡中也起着重要的作用。

3）核芯显卡

核心显卡是新一代的智能图形核心，它整合在智能处理器当中，依托处理器强大的运算能力和智能能效调节设计，在更低功耗下实现同样出色的图形处理性能和流畅的应用体验。

核芯显卡是 Intel 产品新一代图形处理核心，和以往的显卡设计不同，Intel 凭借其在处理器制程上的先进工艺以及新的架构设计，将图形核心与处理核心整合在同一块基板上，构成一个完整的处理器。智能处理器架构这种设计上的整合大大缩减了处理核心、图形核心、内存及内存控制器间的数据周转时间，有效提升处理效能并大幅降低芯片组整体功耗，有助于缩小核心组件的尺寸，为笔记本、一体机等产品的设计提供了更大的选择空间。

**5．显卡的总线接口**

显卡的总线接口：AGP 总线、PCI-E 总线等。

## 1.1.8　显示器

显示器是计算机系统的重要输出设备，是计算机将信息传给人的重要窗口。计算机操作时的各种状态、工作的结果、编辑的文件、程序、图形等都要随时显示在屏幕上。显示器是人"机"对话的主要渠道，是不可缺少的必需品。

**1．显示器发展历程**

显示器发展的几个阶段，如表 1-9 所示。

表 1-9　显示器发展历程

| 阶　　段 | 时　　间 | 名　　称 | 显像部件 | 大　　小 |
| --- | --- | --- | --- | --- |
| 第一阶段 | 20 世纪 80～90 年代初 | 球面显示器 | 荫罩显像管 | 14 英寸及以下 |
| 第二阶段 | 20 世纪 90 年代中～90 年代末 | 平面直角显示器 | 荫罩显像管 | 15/17 英寸 |
| 第三阶段 | 20 世纪 90 年代末～21 世纪初 | 纯平显示器 | 阴极射线管 | 17 英寸以上 |
| 第四阶段 | 21 世纪初～至今 | 液晶显示器 | 液晶面板＋背光灯＋供电模块＋显示模块 | 19 英寸以上 |

显示器分成 LCD 显示器和 CRT 显示器,CRT 显示器基本被淘汰,液晶显示器已经全面取代笨重的 CRT 显示器成为主流的显示设备,所以主要介绍 LCD 液晶显示器。

**2. 液晶显示器**

LCD(Liquid Crystal Display)是一种采用液晶为材料的显示器。液晶是介于固态和液态间的有机化合物。将其加热会变成透明液态,冷却后会变成结晶的混浊固态。在电场作用下,液晶分子会发生排列上的变化,从而影响通过其的光线变化,这种光线的变化通过偏光片的作用可以表现为明暗的变化。就这样,人们通过对电场的控制最终控制了光线的明暗变化,从而达到显示图像的目的。

**3. 液晶显示器的工作原理**

LCD 液晶显示器的工作原理,在显示器内部有很多液晶粒子,它们有规律地排列成一定的形状,并且它们每一面的颜色都不同,分为红色、绿色、蓝色。这三原色能还原成任意的其他颜色,当显示器收到电脑的显示数据时,会控制每个液晶粒子转动产生点、线、面配合背部灯管构成画面。

**4. 液晶显示器的分类**

LCD 是液晶显示屏的全称,它的液晶面板可分为 TFT,UFB,TFD,STN 等不同材质类型。背光源可分为 LED 和 CCFL。

1) CCFL 背光源

普通的 LCD 液晶显示屏,是由薄膜晶体管并在其背部设置特殊光管来构成的显示屏。由传统的 CCFL 冷阴极灯管做背光源的 LCD 液晶显示器。

2) LED 背光源

LED 背光源的 LCD 液晶显示屏本身是由液态晶体构成的屏幕,只不过液晶屏的背光灯用的是 LED 发光二极管,因为液晶面板自身不会主动发光,需要用 LED 做背光才能显示。LED 背光源液晶显示器是目前最流行的一种显示器。

**5. 显示器的主要性能指标**

(1) 分辨率:水平和垂直方向的像素点数,如 1366 点×768 行。单位是 PPI (Pixels Per Inch,即像素每英寸)。

(2) 响应时间:像素由暗转亮或由亮转暗的速度。单位是毫秒(ms),响应时间是越小越好。

(3) 可视角度:从不同的方向清晰地观察屏幕上所有内容的角度。

(4) 亮度:背光光源所能产生的最大亮度。每平方米烛光(cd/m²)为测量单位。

(5) 对比度:屏幕的纯白色亮度与纯黑色亮度的比值。

(6) 尺寸:显示器的尺寸就是显示屏对角线的长度,以英寸(1 英寸=2.539 厘米)为度量单位。对于液晶显示器也是采用同样的测量标准。液晶显示器的主要尺寸有 15 英寸、17 英寸、19 英寸、21 英寸等,尺寸决定价格。

(7) 其他:信号输入接口、坏点。

# 1.1.9 声卡

声卡 (Sound Card)也叫音频卡:声卡是多媒体技术中最基本的组成部分,是实现声波与数字信号相互转换的一种硬件。声卡的基本功能是把来自话筒、磁带、光盘的原始声音信号加以转换,输出到耳机、扬声器、扩音机、录音机等声响设备,或通过音乐设备数字接口(MIDI)使乐器发出美妙的声音。

**1. 工作原理**

声卡从话筒中获取声音模拟信号,通过模数转换器(ADC),将声波振幅信号采样转换成一串数字信号,存储到计算机中。重放时,这些数字信号送到数模转换器(DAC),以同样的采样速度还原为模拟波形,放大后送到扬声器发声,这一技术称为脉冲编码调制技术(PCM)。

**2. 声卡类型**

声卡发展至今,主要分为独立声卡、集成式声卡和外置式声卡三种接口类型的声卡,以适用不同用户的需求。

1)独立声卡

独立声卡是相对于现在的板载声卡而言的,在以前本来就是独立的。随着硬件技术的发展以及厂商成本的考虑,把音效芯片集成到主机板上,这就是现在所谓的板载声卡。虽然现如今的板载声卡音效已经很不错了,但原来的独立声卡并没有因此而销声匿迹,现在推出的大都是针对音乐发烧友以及其他特殊场合而量身定制的,它对电声中的一些技术指标做相当苛刻的要求,以达到精益求精的程度,再配合出色的回放系统,给人以最好的视听享受,如图 1-15 所示。

2)集成式声卡

随着集成声卡技术的不断进步,PCI 声卡具有的多声道、低 CPU 占有率等优势也相继出现在集成声卡上,它也由此占据了主导地位,占据了声卡市场的大半壁江山。能够满足普通用户的绝大多数音频需求,自然就受到市场的青睐,如图 1-16 所示。

3)外置式声卡

图 1-15 独立声卡

外置式声卡是创新公司独家推出的一个新兴事物,它通过 USB 接口与 PC 连接,具有使用方便、便于移动等优势。但这类产品主要应用于特殊环境,如连接笔记本实现更好的音质等。目前市场上的外置式声卡并不多,常见的有创新的 Extigy、Digital Music 两款,以及 MAYA EX、MAYA 5.1 USB 等,如图 1-17 所示。

图 1-16 集成式声卡

图 1-17 外置式声卡

微型计算机发展历史和硬件组成

### 1.1.10 音箱

音箱是整个音响系统的终端,其作用是把音频电能转换成相应的声能,并把它辐射到空间去。它是音响系统极其重要的组成部分,因为它担负着把电信号转变成声信号供人的耳朵直接聆听这么一个关键任务,它要直接与人的听觉打交道,而人的听觉是十分灵敏的,并且对复杂声音的音色具有很强的辨别能力。由于人耳对声音的主观感受正是评价一个音响系统音质好坏的最重要的标准,因此,可以认为,音箱的性能高低对一个音响系统的放音质量是起着关键作用的。音箱指可将音频信号变换为声音的一种设备。通俗地讲就是指音箱主机箱体或低音炮箱体内自带功率放大器,对音频信号进行放大处理后由音箱本身回放出声音。

### 1.1.11 键盘和鼠标

键盘是最常见的计算机输入设备,它广泛应用于微型计算机和各种终端设备上,计算机操作者通过键盘向计算机输入各种指令、数据,指挥计算机的工作。计算机的运行情况输出到显示器,操作者可以很方便地利用键盘和显示器与计算机对话,对程序进行修改、编辑,控制和观察计算机的运行。

**1. 键盘的分类**

键盘(Keyboard)是向计算机发出指令、输入数据的重要输入设备之一。在微机中,它是必备的标准输入设备。在 DOS 时代键盘几乎可以完成所有的操作,即使在 Windows 下,键盘也还是不可取代的文字输入设备。因此,如果没有键盘或键盘系统,几乎无法使用微机,从这个意义上来讲,键盘系统起着不可缺少的作用。

键盘有一百多年的历史了,从其诞生发展至今形成了一个大家族。下面按照不同的划分标准给大家介绍键盘各个阵营的构成。按照键盘的工作原理和按键方式的不同,可以划分为以下 4 种。

1) 机械式键盘

机械式键盘采用类似金属接触式开关,工作原理是使触点导通或断开,具有工艺简单、噪音大、易维护的特点。

2) 塑料薄膜式键盘

塑料薄膜式键盘内部共分 4 层,实现了无机械磨损。其特点是低价格、低噪音和低成本,市场占有相当份额。

3) 导电橡胶式键盘

导电橡胶式键盘触点的结构是通过导电橡胶相连。键盘内部有一层凸起带电的导电橡胶,每个按键都对应一个凸起,按下时把下面的触点接通。这种类型被键盘制造厂商所普遍采用。

4) 电容式键盘

电容式键盘使用类似电容式开关的原理,通过按键时改变电极间的距离引起电容容量改变从而驱动编码器。特点是无磨损且密封性较好。

按照键盘的应用还可以分为台式机键盘、笔记本电脑键盘和工业控制用键盘。其中台式机键盘按照击键数目的不同可以分为 83 键、101 键、102 键、104 键,当然现在最为普遍的是 104 键盘。随着键盘的发展,出于保护人类身心健康的主旨出发,微软公司又推出了符合人体工程学的人体工程学键盘；另外无线键盘、多媒体键盘等新型键盘也层出不穷，极大地满足了用户多方面的需求。

**2. 鼠标**

鼠标是计算机输入设备的简称，分有线和无线两种。也是计算机显示系统纵横坐标定位的指示器，因形似老鼠而得名"鼠标"。鼠标的使用是为了使计算机的操作更加简便。

1）有线鼠标

有线鼠标按其工作原理的不同分为机械鼠标和光电鼠标，机械鼠标主要由滚球、辊柱和光栅信号传感器组成。当拖动鼠标时，带动滚球转动，滚球又带动辊柱转动，装在辊柱端部的光栅信号传感器产生的光电脉冲信号反映出鼠标器在垂直和水平方向上的位移变化，再通过电脑程序的处理和转换来控制屏幕上光标箭头的移动。

光电鼠标传感器产生的光电脉冲信号反映出鼠标器在垂直和水平方向的位移变化，再通过电脑程序的处理和转换来控制屏幕上光标箭头的移动。现在的鼠标接口类型一般都是USB接口。

2）无线鼠标

无线鼠标采用无线技术与计算机通信，从而省却了电线的束缚。其通常采用的无线通信方式包括蓝牙、Wi-Fi（IEEE 802.11）、Infrared（IrDA）、ZigBee（IEEE 802.15.4）等多个无线技术标准，但对于当前主流无线鼠标而言，仅有 27MHz、2.4G 和蓝牙无线鼠标共 3 类。2.4G 接收信号的距离在 7～15m，信号比较稳定，我们见到的市场较流行的无线鼠标为这种。

3）蓝牙鼠标

其发射频率和 2.4G 一样，接收信号的距离也一样，可以说蓝牙鼠标是 2.4G 的一个特例。但是蓝牙有一个最大的特点就是通用性，全世界所有的蓝牙不分牌子和频率都是通雷柏 6200 蓝牙鼠标用的，反映在实际中的好处就是如果你的电脑是带蓝牙的，那么接口不需要蓝牙适配器，可以直接连接，可以节约一个 USB 插口。而普通的 2.4G 和 27M 必须要一个专业配套的接收器插在电脑上才能接收信号，如图 1-18 所示。

图 1-18 蓝牙无线鼠标

## 1.1.12 机箱和电源

**1. 机箱**

机箱作为电脑配件中的一部分，是计算机主机的载体，它起的主要作用是放置和固定各电脑配件，起到一个承托和保护作用，此外，电脑机箱还具有电磁辐射的屏蔽作用，防止电磁干扰、泄漏、辐射、接地等功能。因此它必须要达到电气设备所具有的认证标准。

机箱有很多种类型。现在市场上比较普遍的是 ATX、Micro ATX。ATX 机箱是目前最常见的机箱，支持现在绝大部分类型的主板。Micro ATX 机箱是在 AT 机箱的基础之上建立的，为了进一步节省桌面空间，因而比 ATX 机箱体积要小一些。各个类型的机箱只能安装其支持的类型的主板，一般是不能混用的，而且电源也有所差别。

现在的机箱可以说是精彩纷呈的，有外观炫酷的，也有个性化的机箱，无论这些机箱如何发展，最终能诱惑用户的还是性价比，所以说性价比是一个永恒的话题。

机箱的结构部件一般可分为三个部分：面板、箱盖(外壳)、机箱框架。

面板以塑料成型加工配以图案为装饰者多见，是机箱个性化表现较多的地方。一般制作结实、色泽光鲜，具有一定的时尚特征。

箱盖(外壳)，有整体成形和分块结构两种；机箱框架一般是铆、焊结构的整体。大都采用双层冷镀锌钢板制成，钢板的厚度及材质直接关系到机箱的刚性以及隔音、抗电磁波辐射、电磁波泄漏的能力。有的用材厚度达 1.3mm 以上，一般在 1mm 左右，差的在 0.8mm 以下。同体积机箱越重越好。在材质方面钢板要具备韧性好、不易变形、高导电率等特点。

机箱框架是安放主机主板、电源、硬盘、光驱以及各种板卡的重要载体，在制作时要对边框做折边和去毛刺处理，做到切口圆滑不易划伤，烤漆均匀且不掉漆；无色差，易变形部位应有增强措施。

**2. 电源**

计算机属于弱电产品，也就是说部件的工作电压比较低，一般在±12V 以内，并且是直流电。而普通的市电为 220V(有些国家为 110V)的交流电，不能直接在计算机部件上使用。因此计算机和很多家电一样需要一个电源部分，负责将普通市电转换为计算机可以使用的电压，一般安装在计算机内部。计算机的核心部件工作电压非常低，并且由于计算机工作频率非常高，因此对电源的要求比较高。目前计算机的电源为开关电路，将普通交流电转为直流电，再通过斩波控制电压，将不同的电压分别输出给主板、硬盘、光驱等计算机部件。

1) 电源的分类

电源可分为 ATX、Micro ATX 等类型，目前主流的是 ATX 电源，如图 1-19 所示。

(1) ATX 电源

随着 CPU 工作频率的不断提高，为了降低 CPU 的功耗以减少发热量，需要降低芯片的工作电压，所以，由电源直接提供 3.3V 输出电压成为必须。+5V Stand By 也叫辅助+5V，只要插上 220V 交流电它就有电压输出。PS——ON 信号是主板向电源提供的电平信号，低电平时电源起动，高电平时电源关闭。利用+5V SB 和 PS——ON 信号，就可以实现软件开关机器、键盘开机、

图 1-19　ATX 电源

网络唤醒等功能。辅助+5V 始终是工作的，有些 ATX 电源在输出插座的下面加了一个开关，可切断交流电源输入，彻底关机。

(2) Micro ATX 电源

Micro ATX 是 Intel 在 ATX 电源之后推出的标准，主要目的是降低成本。其与 ATX 的显著变化是体积和功率减小了。ATX 的体积是 150mm×140mm×86mm，Micro ATX 的体积是 125mm×100mm×63.51mm；ATX 的功率在 220W 左右，Micro ATX 的功率是 90～145W。

2) 电源的主要性能指标

(1) 电源的功率

电源的功率留有余量较好，不是越大越好。经测试，一台带网卡、声卡、光驱、硬盘的 PC 多媒体主机实际功率不足 100W，再加上 CPU 的散热风扇以及显示器也不会超过 200W，目

前电源的功率一般是 250W、300W、350W。

（2）输出电压的稳定性和纹波

输出电压的稳定性是衡量一个电源好坏的重要指标，电压太低计算机无法工作，电压太高则会烧坏机子。纹波是指输出电压里面交流电的成分。我们要的是干净的直流电，交流成分越小越好，纹波大则会对电脑主板造成不良影响。

（3）电源的安全认证

电源是主机的心脏，品质不好的电源不但会损坏主板、硬盘等部件，还会缩短电脑的正常使用寿命。电源的品质是否优良，用户的检查办法就是看它通过了多少安全认证，认证越多越好。

## 1.1.13 其他设备

### 1. 打印机

打印机（Printer）是计算机的输出设备之一，用于将计算机的处理结果打印在相关介质上。衡量打印机好坏的指标有三项：打印分辨率、打印速度和噪声。

打印机的种类很多，按打印元件对纸是否有击打动作，分击打式打印机与非击打式打印机。按打印字符结构，分全形字打印机和点阵字符打印机。按一行字在纸上形成的方式，分串式打印机与行式打印机。按工作方式，可分为针式打印机、喷墨式打印机、激光打印机等。

1）针式打印机

针式打印机顾名思义是通过打印针来进行工作的，当接到打印命令时，打印针向外撞击色带，将色带的墨迹打印到纸上。其优点是结构简单、耗材省、维护费用低、可打印多层介质（如银行等需打印多联单据）；缺点是噪声大、分辨率低、体积较大、打印速度慢、打印针容易折断。针式打印机按针数可分为 9 针和 24 针两种。打印速度一般为 50～200 个汉字/秒，该类打印机按宽度可分为窄行（80 列）和宽行（132 列）两种，目前在我国使用最广泛的是带汉字字库的 24 针打印机，如图 1-20 所示。

2）喷墨打印机

喷墨打印机因其有着良好的打印效果与较低价位的优点而占领了广大中低端市场。此外，喷墨打印机还具有更为灵活的纸张处理能力，在打印介质的选择上，喷墨打印机也具有一定的优势：既可以打印信封、信纸等普通介质，还可以打印各种胶片、照片纸、光盘封面、卷纸、T 恤转印纸等特殊介质，如图 1-21 所示。

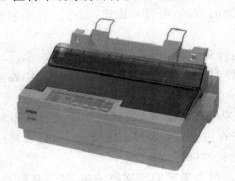

图 1-20　针式打印机

图 1-21　喷墨打印机

微型计算机发展历史和硬件组成

3）激光打印机

激光打印机是利用电子成像技术进行打印的。当调制激光束在硒鼓上沿轴向进行扫描时，按点阵组字的原理，使鼓面感光，构成负电荷阴影，当鼓面经过带正电的墨粉时，感光部分就吸附上墨粉，然后将墨粉转印到纸上，纸上的墨粉经加热熔化形成永久性的字符和图形。其主要优点是印字质量高、分辨率高、噪声低、速度快、色彩艳丽，如果缓冲区大，占用主机的时间将相对减少；缺点是价格高、打印成本较高、不能打印多层介质、体积较大，如图1-22所示。

以上几种打印机只能打印平面的图案，都是运用的二维成像技术。目前，能打印三维物体的3D打印机（如图1-23所示）已经步入大众视野。这项在欧美快速发展的技术已被美国《时代》周刊列为"美国十大增长最快的工业"，英国《经济学人》杂志则认为它将"与其他数字化生产模式一起推动实现第三次工业革命"。

图1-22　激光打印机

图1-23　工业级大型宽幅3D打印机

3D打印机（3D Printers）发源于军方的"快速成型"技术，是一种由CAD（计算机辅助设计）通过成型设备以材料累加的方式制成实物模型的技术。其操作原理与传统打印机很多地方是相似的，它配有融化尼龙粉和卤素灯，允许使用者下载图案。与传统打印机不同的是，打印的不是纸而是粉末。打印时，它将设计品分为若干薄层，每次用原材料生成一个薄层，再通过逐层叠加"成型"。市场上的快速成型技术分为3DP技术、FDM熔融层积成型技术、SLA立体平版印刷技术、SLS选区激光烧结、DLP激光成型技术和UV紫外线成型技术等。

3D打印技术的神奇之处在于可以自动、快速、直接和精确地将计算机中的设计转化为模型，甚至直接制造零件或模具，不再需要传统的刀具、夹具和机床，就可以打造出任意形状，小型产品半天就可完成。

3D打印的应用范围之广超乎人们的想象，理论上说，几乎只要存在的东西都可以通过3D打印机复制出来。随着技术的不断成熟，3D打印技术有望在以下几个行业中得到广泛使用。

（1）传统制造业：3D打印无论是在成本、速度和精确度上都远胜于传统制造技术。3D打印技术本身非常适合大规模生产。汽车行业在进行安全性测试等工作时，可以将一些非关键部件用3D打印的产品替代，在追求效率的同时降低成本。

（2）医疗行业：在外科手术中，3D打印技术可为需要器官移植的患者"量身打造"所需器官，无须担心排异反应。而打印一个人体心脏瓣膜，只需要价值10美元的高分子材料。

（3）文物保护：博物馆里常常会用很多复杂的替代品来保护原始作品不受环境或意外事件的伤害，同时复制品也能将艺术或文物的影响带给更多更远的人。

（4）建筑设计行业：在建筑行业里，工程师和设计师们已经逐渐开始使用 3D 打印机打印建筑模型，这种方法快速、成本低、环保，同时制作精美，完全合乎设计者的要求，同时又能节省大量材料。

（5）配件饰品行业：3D 打印技术很好地满足了配件饰品消费者个性化、多样化的需求。目前国内外已经有一些公司开始为消费者提供个性化 3D 打印服务。

3D 打印领域发展迅猛，从巨型的房屋打印机到微型的纳米级细胞打印机，各种新技术层出不穷，但是目前主要还是集中在专业领域，民用市场还是以简单架构的 FDM 为主，无论效果还是精度都差强人意，我们期待随着技术的发展和成本的降低，桌面级 3D 打印机也能够真正实现所见即所得的打印效果，那时候 3D 打印改变世界将不再是一个梦想。

**2. 外部存储设备**

外部存储设备有很多种类，依照不同分类方式，我们可以将其分开介绍。

依照存储容量来分，我们可以将其分为两大类：

（1）小容量存储设备，一般容量小于 8GB，除了常见的优（U）盘，还有 SD 卡（数码相机用）、SONY Memory Stick（索尼记忆棒）以及 CD-R/W、DVD-R/W 等。

（2）大容量存储设备，容量超过 8GB，主要是移动硬盘、蓝光光盘、网络存储等。

依照存储设备采用的存储技术来分，我们可以将其分为 4 大类：

（1）使用磁介质的产品，包括软盘（已经淘汰）、移动硬盘和网络存储。

（2）使用光存储技术的产品，包括 CD-R/W、DVD RAM、DVD-R/W、蓝光光盘等。

（3）使用光磁技术的产品，包括 MO（磁光盘）等。

（4）使用特殊存储技术的产品，包括优盘、SD 卡、SONY Memory Stick 和固态硬盘。

下面介绍一下移动硬盘和网络硬盘。

**1）移动硬盘**

移动硬盘是以硬盘为存储介制，强调便携性的存储产品。现在市场上绝大多数的移动硬盘都是以笔记本标准硬盘为基础的，而只有很少的部分是以微型硬盘（1.8 英寸硬盘等）为基础的，但价格因素决定着主流移动硬盘还是以标准笔记本硬盘为基础。移动硬盘一般采用 USB 接口，可以较高的速度与系统进行数据传输。移动硬盘的外观如图 1-24 所示。

移动硬盘从使用对象上可以分为个人型移动硬盘和专业型移动硬盘。个人型移动硬盘主要强调便携易用，价位低，适合大众使用。而专业型移动硬盘主要强调商用，比如可以堆叠使用，可以加密，传输速率快，同时这一类产品存储容量也比较大，价位也比较高。移动硬盘的特点如下。

（1）传输速度快

移动硬盘大多采用 USB 2.0 接口，能提供较高的数据传输速度。不过移动硬盘的数据传输速度还在一定程度上受到接口速度的限制，早期的 USB 1.1 接口规范的产品上，在传输较大数据量时，花费的时间会比较长。而 USB 2.0 接口规范就相对好很多。

图 1-24 移动硬盘

微型计算机发展历史和硬件组成

（2）容量大

移动硬盘可以提供相当大的存储容量,是一种性价比较高的移动存储产品。目前市场中的移动硬盘能提供 500GB～1TB 不等的容量大小,一定程度上满足了用户的需求。

（3）可靠性提升

数据安全一直是移动存储用户最为关心的问题,也是人们衡量该类产品性能好坏的一个重要标准。移动硬盘以高速、大容量、轻巧便捷等优点赢得许多用户的青睐,而更大的优点还在于其存储数据的安全可靠性。这类硬盘与笔记本电脑硬盘的结构类似,多采用硅氧盘片。这是一种比铝、磁更为坚固耐用的盘片材质,并且具有更大的存储量和更好的可靠性,提高了数据的完整性。采用以硅氧为材料的磁盘驱动器,以更加平滑的盘面为特征,有效地降低了盘片可能影响数据可靠性和完整性的不规则盘面的数量,更高的盘面硬度使USB 硬盘具有很高的可靠性。

（4）使用方便

现在的 PC 基本都配备了 USB 功能,主板通常可以提供 2～8 个 USB 口,一些显示器也会提供 USB 转接器,USB 接口已成为个人电脑中的必备接口。USB 设备在大多数版本的Windows 操作系统中,都可以不需要安装驱动程序,具有真正的“即插即用”特性,使用起来灵活方便。

2）网络硬盘

网络硬盘简称网盘,是互联网高速发展的产物,用户在存在网络的前提下,可以把数据资料存放在网络磁盘上,彻底抛弃 U 盘、移动硬盘和数据线,随时随地轻松访问。时下非常流行的云存储其实也是网络存储的一种,云存储是在云计算概念上延伸和发展出来的一个新的概念,是指通过集群应用、网格技术或分布式文件系统等功能,将网络中大量各种不同类型的存储设备通过应用软件集合起来协同工作,共同对外提供数据存储和业务访问功能的一个系统。提供网络存储的服务商很多,国内的有腾讯、百度、金山等,国外有微软、谷歌等。

（1）金山快盘

金山快盘是金山软件基于云存储推出的免费同步网盘服务,最大可以提供 15GB 的免费空间,服务用户超过 1500 万。金山快盘具备文件同步、文件备份和文件共享功能,平台覆盖 Windows、MAC、Android、iPhone、iPad、Web 6 大平台,只要安装快盘各客户端,电脑、手机、平板、网站之间都能够直接跨平台互通互联。金山快盘的操作非常简单,下载安装客户端后,电脑桌面就会出现金山快盘的图标,双击打开图标,出现快盘的主界面(如图 1-25 所示),用户只需把存储数据资料复制(拖曳)进去即可,就如用户把文件复制到文件夹里面一样简单。

（2）谷歌云端硬盘

谷歌云端硬盘(Google Drive)是谷歌提供的一项网盘服务,免费提供 5GB 空间。如果用户需要更大的空间,可选择升级至 25GB 空间,其费用为每月 2.49 美元;还可升级至100GB 空间,每月费用为 4.99 美元;或是升级至 1TB,月费 49.99 美元。

谷歌云端硬盘相比金山快盘,功能更加强大,不仅仅提供了存储服务,还有其他特色功能:

- 支持各种类型的文件,用户可以通过 Google Drive 进行创建、分享、协作各种类型的文件,包括视频、照片、文档、PDF 等。

- Google Drive 内置了 Google Docs, 用户可以实时和他人进行协同办公。
- 云端安全存储,支持从任意地点访问,包括 PC、MAC、iPhone、iPad、Android 等设备。
- 强大的搜索功能,支持关键字、文件类型等搜索方式,甚至还支持 OCR 扫描图像识别技术,例如用户上传了一张报纸的扫面图,那么用户可以搜索报纸中的文字信息。
- Google Drive 可跟踪用户所做的每一处更改,因此用户每次单击"保存"按钮时,系统都会保存一个新的修订版本。系统会自动显示 30 天之内的版本,用户可以选择永久保存某个修订版本。
- 用户可以与任何人共享文件或文件夹,并选择分享对象是否可以对用户的文件进行查看、编辑或发表评论。
- 整合了 Google 的多项服务,例如 Gmail、Google＋等。

图 1-25　金山快盘的主界面

### 3. 平板电脑的分类

平板电脑(Tablet Personal Computer,简称 Tablet PC、Flat PC、Tablet、Slates),是一种小型、方便携带的个人电脑,以触摸屏作为基本的输入设备。它拥有的触摸屏(也称为数位板技术)允许用户通过触控笔或数字笔来进行作业而不是传统的键盘或鼠标。早在 2002 年 12 月,微软在纽约正式发布了 Tablet PC 及其专用操作系统 Windows XP Tablet PC Edition,这标志着 Tablet PC 正式进入商业销售阶段。但由于当时的硬件技术水平还未成熟,而且所使用的 Windows XP 操作系统是为传统电脑设计的,并不适合平板电脑的操作方式。直到 2010 年,美国苹果公司 iPad 的出现,平板电脑才突然火爆起来。iPad 由苹果公司

微型计算机发展历史和硬件组成

首席执行官史蒂夫·乔布斯于2010年1月27日在美国旧金山欧巴布也那艺术中心发布,让各IT厂商将目光重新聚焦在了"平板电脑"上。iPad重新定义了平板电脑的概念和设计思想,取得了巨大的成功,从而使平板电脑真正成为了一种带动巨大市场需求的产品。

平板电脑根据使用需求可以分成以下几类。

1) 家用平板电脑

苹果iPad(如图1-26所示)的出色表现和广大的受众面,是家用平板电脑的代表。家用平板电脑以娱乐为主,不仅轻薄,还启动迅速,打开Wi-Fi可以稳定地连接到电子邮件、社交网络和应用,让你随时随地获知最新资讯。另外,支持海量的应用软件,让电脑无时无刻提供服务。家用平板电脑根据其功能构造可以分成单触控平板电脑、双触控平板电脑和滑盖型平板电脑。

单触控平板电脑:一般是通过手指触控屏幕来操作电脑,按其触摸屏的不同,一般可分为电阻式触摸屏和电容式触摸屏。电阻式触摸屏一般为单点,而电容式触摸屏可分为2点触摸、5点触摸及多点触摸。随着平板电脑的普及,在功能追求上也越来越高,传统的电阻式触摸屏已经满足不了平板电脑的需求,特别是在玩游戏方面,要求越来越高,所以平板电脑必然需要用多点式触摸屏才能令其功能更加完善。

图1-26  苹果iPad

双触控平板电脑即为,同时支持"电容屏手指触控及电磁笔触控"的平板电脑。简单来说,如苹果的iPad只支持电容的手指触控,但是不支持电磁笔触控,无法实现原笔迹输入,所以商务性能相对是不足的。电磁笔触控主要是解决原笔迹书写。双触控平板电脑实物如图1-27所示。

滑盖型平板电脑的好处是带全键盘,同时又能节省体积,方便随身携带。合起来就跟直板平板电脑一样,将滑盖推出后能够翻转。它的显著优势就是方便操作,除了可以手写触摸输入,还可以像笔记本一样键盘输入,输入速度快,尤其适合炒股、网银时输入账号和密码。滑盖型平板电脑实物如图1-28所示。

图1-27  双触控平板电脑

图1-28  滑盖型平板电脑

2）手机平板电脑

可打电话的平板电脑通过内置的信号传输模块：Wi-Fi 信号模块，SIM 卡模块（即 3G 信号模块）实现打电话功能。按不同拨打方式分为 Wi-Fi 版和 3G 版。

平板电脑 Wi-Fi 版，是通过 Wi-Fi 连接宽带网络对接外部电话实现通话功能。操作中还要安装 HHCALL 网络电话这类网络电话软件，通过网络电话软件实现语音信号的数字化后，再通过公众的因特网进而对接其他电话终端，实现打电话功能。

平板电脑 3G 版，其实就是在 SIM 卡模块插入支持 3G 高速无线网络的 SIM 卡，通过 3G 信号接入运营商的信号基站，从而实现打电话功能。国内的 3G 信号技术分别有 CDMA、WCDMA、TD-CDMA。通常 3G 版具备 Wi-Fi 版所有的功能。

从某种意义上看，目前市面上的很多智能手机都属于手机平板电脑 3G 版，如三星公司的 P6800 智能手机，它拥有 7.7 寸屏幕，实物如图 1-29 所示。

3）商务平板电脑

平板电脑初期多用于娱乐，但随着平板电脑市场的不断拓宽及电子商务的普及，商务平板电脑凭其高性能高配置迅速成为平板电脑业界中的高端产品代表。一般来说，商务平板用户在选择产品时看重的是：处理器、电池、操作系统、内置应用等"常规项目"，特别是 Windows 8 之下的软件应用，对于商务用户来说更是选择标准的重点。

4）工业用平板电脑

简单点说，就是工业上常说的一体机，整机性能完善，具备市场常见的商用电脑的性能。平板电脑区别在于内部的硬件，多数针对工业方面的产品选择都是工业主板，它与商用主板的区别在于非量产，产品型号比较稳定。由此也可以看到，工业主板的价格也较商用主板价格高，另外就是 RISC 架构。工业方面需求比较单一，性能要求也不高，但是性能非常稳定。优点是散热量小，无风扇散热。由此可见，工业平板电脑要求较商用高出很多。工业平板电脑的另一个特点就是多数都配合组态软件一起使用，实现工业控制。工业用平板电脑实物如图 1-30 所示。

图 1-29　三星 P6800 智能手机

图 1-30　工业用平板电脑

## 1.2 实训内容

实训项目:计算机的发展历史、了解和掌握计算机硬件系统。

**1. 实训目的与要求**

(1) 初步了解计算机发展史。

(2) 掌握冯·诺依曼体系结构。

(3) 初步了解计算机硬件的各个组成部件。

**2. 实训操作步骤**

(1) 到图书馆或互联网搜索计算机的发展历史。

(2) 查阅相关资料了解计算机各发展时期的代表产品。

(3) 查阅相关资料掌握冯·诺依曼体系结构原理。

(4) 通过互联网搜索计算机的发展趋势(如生物计算机、光子计算机、云计算等)。

(5) 通过互联网搜索计算机各个部件的发展历程、基本结构、工作原理、性能指标(如CPU、内存、主板、硬盘、显示器、鼠标、接口等部件)。

## 1.3 相关资源

通过以下计算机网络教学课件的学习,读者可以进一步巩固本章节的知识点。

[1] 计算机硬件组装与维护技术. http://jsjzx. cqut. edu. cn/web/main. htm.

[2] 洪恩在线——显示器. http://www. hongen. com/pc/diy/hard/display/disp0101. htm.

[3] 音频频道——电脑音箱、耳机、声卡购买咨询专家. http://sound. zol. com. cn/.

[4] 太平洋电脑网 DIY 硬件频道——电源机箱. http://www. pconline. com. cn/diy/power/.

[5] 移动存储设备专题. http://www. thethirdmedia. com/hotnews/movestorage/.

[6] 打印机购买五要素. http://publish. it168. com/2004/0218/20040218014501. shtml.

## 1.4 练习与思考

**一、选择题**

1. 计算机的基本组成包括_____。

    A. 中央处理器 CPU、主机板、电源和输入输出设备

    B. 中央处理器 CPU、内存、输入输出设备

    C. 中央处理器 CPU、硬盘和软盘、显示器和电源

    D. 中央处理器 CPU、存储器、输入输出设备

2. 在计算机运行时,把程序和数据一样存放在内存中,这是由_____领导的小组正式提出并论证的。

    A. 图灵          B. 布尔          C. 冯·诺依曼          D. 爱因斯坦

3. 世界上公认的第一台电子计算机诞生在_____。

    A. 1945 年          B. 1946 年          C. 1947 年          D. 1948 年

4. 第二代计算机是以_____为特征。

    A. 电子管          B. 晶体管          C. 集成电路          D. 控制器

5. 在下列设备中,属于输出设备的是_____。

    A. 硬盘          B. 键盘          C. 鼠标          D. 打印机

6. 个人计算机属于_____。

    A. 小型机          B. 微型计算机          C. 中型计算机          D. 家用计算机

7. 计算机工作的本质是_____。

    A. 取指令、运行指令      B. 执行程序的过程      C. 进行数的运算      D. 存、取数据

8. PCI-E 总线主要用于_____与系统的通信。

    A. 硬盘驱动器          B. 声卡          C. 图形/视频卡          D. 以上都可以

9. DDR 内存脚缺口为_____个。

    A. 1          B. 2          C. 3          D. 没有

10. 外部存储器区别于内部存储器的最大特点是_____。

    A. 容量大          B. 速度快          C. 易携带          D. 价格低廉

11. 使用计算机时,突然断电,存储在下列设备中的信息将丢失的是_____。

    A. U 盘          B. 硬盘          C. RAM          D. ROM

12. 最先使用 $0.18\mu m$ 制造工艺的 Intel 处理器有_____。

    A. Celeron          B. Pentium Ⅱ          C. Pentium Ⅲ          D. Pentium 4

13. 显示器的尺寸代表的是_____。

    A. 显示器屏幕的大小          B. 显像管屏幕的大小

    C. 显示器屏幕的对角线尺寸          D. 显像管对角线尺寸

## 二、简答题

1. 简述微型计算机的硬件组成。

2. 冯·诺依曼的体系结构是什么?

3. 主机板有哪些基本构件?

4. 中央处理器在发展过程中主要是哪几个技术指标发生了改变?

5. CPU 选购时应该注意哪些技术指标?

6. 内存有哪些基本技术指标?

7. 硬盘有哪几种接口方式?

8. 硬盘的主要技术指标有哪些?

9. 光驱有几种接口方式?

10. 显示器的分类方式有几种?

11. 目前流行的移动存储器有哪几种类型?

12. 简述液晶显示器的主要性能指标。

# 第2章 计算机硬件选购与组装

## 2.1 实训预备知识

选配计算机通常包括分析自己需求、合理选购硬件、合理组装硬件三大部分。分析需求简单说就是要明确需求,列出清单,在选购时要遵循购机原则;选购硬件要注意整机的兼容性;本章重点落在计算机硬件的组装上。

### 2.1.1 计算机选购原则

在计算机技术日益普及,计算机产品层出不穷的今天,在给予用户更多、更自由的计算机购买的选择空间的同时,也同时带给用户更多的困惑。是选购一台经济、便于携带的笔记本电脑? 还是选择一台外观美观并且节省空间的一体电脑? 或是选购一台经济耐用便于升级的台式电脑? 究竟选购一台什么样的计算机才合适? 一般来讲满足使用需求的、现行主流的计算机就是合适的计算机,也是较经济的采购方案。因此,选购计算机时要综合权衡用户需求、价格核算、技术发展、商家信誉、产品质量、性价比等诸多因素。

**1. 用途至上原则**

计算机作为现代化的信息处理工具,用途是用户购买计算机的关键因素。购买计算机之前,要充分预测和分析购买计算机的用途,根据个人的实际情况,采取不同的购买策略。

例如:学生使用电脑主要用于教育、娱乐;专业人士则强调功能的强大以适应其工作的需求;发烧级电脑爱好者不仅追求高品质而且对配置要求很高。通常厂商也会因此对其产品进行分门别类的划分以满足不同的需求。

那么作为用户在选择电脑的时候就一定要清楚自己的需求,是学习、娱乐、设计、游戏还是工作,从而做到选择电脑的时候有的放矢。

**2. 够用节约原则**

1) 够用就行

盲目地追求高档豪华配置而不能充分地发挥其强大的性能是一种浪费,为了省钱去购买性能过低的计算机则会导致无法满足使用者的需求,权衡价格与性能,买一台能满足使用要求的计算机即可。如果计算机主要用于家庭上网、文稿编辑、看网络电影等一般用途,市场上较低档的计算机就能满足要求,没有必要花大价钱去购买配置高档、功能强大的计算机。另外,购买计算机也要有一定的前瞻性,如一至两年内能用上的功能就应考虑在内,而两年以后要用的功能就不必考虑。

2) 自定配置

根据自己的使用需求,购买计算机前事先做出配置方案,不懂的地方请教周围的行家或上网查询,不要自己定一个价位,让经销商为你确定配置方案,因为商家推荐的就是他们利润最高的。尤其是组装机,临时因缺货更换另一型号配件,其中玄虚更大。所以要自己做主,不要受商家忽悠。在购买计算机的时候要充分调查市场,货比三家,在配件功能与用途相当的情况下,选择性价比高的计算机。

**3. 适用原则**

1)名牌机与杂牌机

名牌产品,如 DELL、联想等,它们的产品质量可靠,赠送大量的随机软件,有值得信赖的保修网络,当然也有较高的价格;杂牌产品为了降低成本,通常会使用一些劣质的配件,其品质甚至还没有组装机好,并且它的售后服务更是没有任何保障,但往往价格低廉,选购时要慎之又慎。

2)组装机还是品牌机

如果用户是一个计算机的初学者,掌握的计算机知识有限,身边又没有可以随时请教的老师,购买品牌机是省时省力的选择。相反,如果用户已经掌握了一定的计算机知识,并且希望自己的计算机可以随时根据自己的需要进行升级,那么组装机则是更好的选择,具有配置自由,价格低廉,便于升级,提高用户的动手能力等好处。

3)台式机还是笔记本

如果计算机的主要用途是移动办公,那么笔记本无疑是最好的选择,台式机无论如何都无法满足"动"的要求。

如果只是普通用户,台式机则是较好的选择。同性能的笔记本的价格比台式机高出很多,超出了不少人的承受能力,虽然市场上也有价格偏低的笔记本,但价格与质量、服务总是捆绑在一起的,低端笔记本的性能总是无法让人满意。并且笔记本的升级性很差,对于希望不断升级计算机,以满足更高性能要求的用户来说,笔记本是无法实现这一点的。

**4. 好用原则**

1)商家信誉

信誉好的商家,不仅能为我们带来性价比高的产品,而且有可靠快捷的售后服务,使我们用得舒心,放心。

2)产品质量

购买计算机不仅要比配置,更要比质量,要看生产厂家是否通过了相关的国际认证,这些认证说明了其质量和实力,是购买品牌机和计算机配件的一个重要参考。

3)售后服务

品牌机的最大优势就在于良好的售后服务。同样是品牌机,其售后服务水平是不一样的,因而在选购时,比较其售后服务就非常重要。如有些厂商对于保修期内的产品是进行免费更换的,而有些则是免费维修的;有些厂商在保修期内上门维修是免费的,超过保修期也只收部件的成本费,而有些则要加收上门服务费。对于理性的消费者来说,选择一家售后服务质量好,维修水平高,承诺能够完全兑现的商家,有时候比挑选品牌机的配置还重要。

和普通家电不同,计算机的售后服务不仅有硬件质量问题,还有各种各样在使用过程中出现的软件问题,包括用户自己造成的软件故障,就近购买计算机可以有效避免很多售后服务中出现的麻烦。

### 5. 主流原则

#### 1) 技术主流

不要为了高性能,刻意追求技术最先进的产品,因为技术最先进的产品,往往也是刚刚上市的产品,技术不一定成熟,性能也不一定稳定,而价格又非常昂贵。况且以现在计算机技术的发展水平,不会超过三个月就会有新产品推出,当时最贵的产品就会做出大幅度价格调整,从而变成普通的大路产品。也不要为了省钱,购买技术上已经淘汰的产品,这类产品不仅由于技术原因性能低下,满足不了使用需求,而且大多数产品都过了成熟期,成为压仓货,在后期保修中因为找不到维修配件而成为大问题。通常来说,上市半年以上的产品都可叫做成熟产品,选购成熟产品,性能稳定,价格较低,技术又不过时,是一举多得的事情。

#### 2) 市场主流

大家都倾向购买的产品,也是市场销量最大的产品,形成了市场的主流。市场主流产品,可能有广告造势,众人跟风等因素存在,但也一定有用户需求、价格、技术、商家信誉、产品质量、性价比等诸多因素的支撑,所以选择市场主流产品是省心和保险的。

#### 3) 性能价格比

我们虽然难以用最少的资金购买到最好的产品,但是可以用有限的资金购买到性能较好的产品。我们除了详细分析产品质量、性能、价格以确定产品的性能价格比之外,也可以看该产品是不是主流产品,一般既是技术主流又是市场主流的产品,往往也是性能价格比最高的产品。

总之,选购计算机时要综合权衡用户需求、价格核算、技术发展、商家信誉、产品质量、性价比等诸多因素。

## 2.1.2 计算机硬件选购

### 2.1.2.1 整机硬件的兼容性

选配计算机通常包括分析自己需求、合理选购硬件、合理组装硬件三大部分。这三大部分中硬件兼容性问题往往是最容易疏忽的,但这恰恰是应该放在第一位置的。计算机是一个系统,不单纯是各部件配置越高,性能就越好,重要的是搭配相宜,系统才会有较好的性能。选购计算机时应避免出现过分注意配置,忽略整机兼容性的问题。CPU、显卡、主板、内存、电源、机箱几大核心硬件都是需要用户考虑是否兼容的。硬件接口规格按产品型号不同有不同的支持设计,不兼容现象往往给用户带来使用不便。

#### 1. CPU、主板

选购 CPU 与主板要注意 CPU 接口的类型。如今主流 CPU 接口分为 4 大类:LGA 1155 接口、FM1 接口、LGA 2011 接口、Socket AM3+接口,这 4 种接口分别对应相应型号的主板。如果 LGA 1155 处理器与另外接口处理器主板搭配是不能兼容的,同接口处理器可以与其相应的主板兼容。处理器目前已经发展到整合(处理器与显示芯片整合在 CPU 中)2.0 时代,现在 Intel 处理器内置核芯显卡,AMD 处理器内置独显核心,两大厂商其产品接口都采用了全新设计,所以老主板无法继续兼容新整合处理器。

#### 1) LGA 1155 接口

在选购整合平台时,Intel 目前市面上主流整合产品有 G530、G620、G840、Intel 酷睿 i3-2120、Intel 酷睿 i5-2320、Intel 酷睿 i5-2500K、Intel 酷睿 i7-2600K、Intel 酷睿 i7-2700K。

这些处理器均采用 SNB 架构、LGA 1155 接口设计。推荐用户选配 H61 主板、H67 主板、Z68 主板，这三种型号主板支持 LGA 1155 接口处理器，如图 2-1 所示。

2）FM1 接口

AMD 整合 CPU——APU 系列处理器，原生 FM1 接口设计。FM1 新接口让上代 AMD 8 系列主板无法兼容，所以当攒 APU 整合平台时需要选用兼容 APU 接口的 A55/A75 主板。目前上市的 FM1 接口处理器包括 A4-3300、A4-3400、A6-3500、A6-3650、A6-3670K、A6-3850、A6-3870K，除此之外还有 AMD 速龙 IIX4-631、速龙 IIX4-641、速龙 IIX4-651 处理器，如图 2-2 所示。

图 2-1　LGA 1155 接口处理器嵌入主板

图 2-2　支持 FM1 接口主板

3）LGA 2011 接口

对于非整合平台而言，Intel 酷睿 i7-3820、Intel 酷睿 i7-3930K、Intel 酷睿 i7-3960X 处理器均采用 SNB-E 架构、LGA 2011 接口设计，这些处理器面积比 SNB 架构处理器面积更庞大。用户通过目测就能察觉到 1155 接口主板是无法兼容的，目前兼容 SNB-E 处理器的主板型号是 X79。

4）Socket AM3＋接口

AMD 除了 APU 还在 2011 年年底推出推土机架构处理器 FX 4100、FX 6100、FX 8120、FX 8150 四款处理器，新推土机处理器均采用 Socket AM3＋接口设计，该接口需要搭载 AMD 890 主板。需要用户注意的是，AM3＋新接口处理器不能使用在上一代 AM3 插座主板上，AMD 上一代 AM3 接口处理器却能用于现在的 AM3＋新插座主板上。

**2. 内存**

目前主流产品是 DDR3，DDR2 内存已经不是主流产品。H61、H67、Z68、X79、A75、A55、AMD 880G、AMD 980FX 主板均支持 DDR3 内存。内存选择要注意内存频率跟主板的北桥内存控制器支持匹配（主板参数说明中有）。谈到内存用户需要了解多通道内存，多通道内存包括双通道内存组、三通道内存组、四通道内存组（未来还会有更多通道内存组）。拿双通道内存组为例：双通道内存技术其实是一种内存控制和管理技术，它依赖于芯片组的内存控制器发生作用，在理论上能够使两条同等规格内存所提供的带宽增长一倍，如图 2-3 所示。

整机平台支持多通道与否需要受到 CPU 与主板两者制约，比如：只有 CPU 酷睿 i3-2120 支持双通道 DDR3-1333 内存搭配某品牌 H61 主板支持双通道内存（提供 DDR3 双通道插

计算机硬件选购与组装

槽),该平台才能支持双通道内存。同理,三通道内存组与四通道内存组也是要看处理器与主板的支持情况而定。主板内存插槽排布如图2-4所示。

图 2-3 双通道内存平台

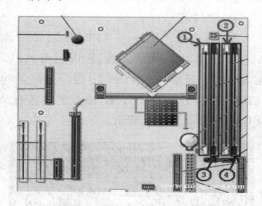

图 2-4 主板内存插槽排布图

用户在插双通道内存条时要采用图2-5中1、2内存插槽或者3、4内存插槽插双通道内存组。相邻的内存插槽插多通道内存条时容易出现不识别多通道的现象,具体多通道内存是否能被系统识别出来用户可以查看主机 BIOS 信息。

图 2-5 BIOS 对双通道内存识别

### 3. 显卡

如果选择独立显卡,兼容主要看尺寸。独立显卡发展至今其处理器图像的性能成指数增长,如今高端非公版、公版独立显卡尺寸只能用巨大来形容。如 AMD 7970 显卡长约 28cm,如此长的设计给用户挑选机箱带来不小的挑战。曾经一度热卖的 GTX 260 就是一个例子,GTX 260 显卡长约 26cm,当年该显卡就导致很多机箱不兼容,如图2-6所示。

显卡散热量也是一个需要用户考虑的问题,在日常玩大型 PC 游戏时,显卡由于高负荷运行其将释放大量的热量。因此,组建显卡交火、SLI 多卡的用户需要注意显卡的热量排放空间和排放效率。大尺寸机箱是独立显卡用户首先应该考虑的,大尺寸机箱内拥有保障显卡正常散热的风道,如图2-7所示。

图 2-6 显卡体积过大无法安装在机箱内

图 2-7 机箱风道

显卡与显卡风扇的兼容性问题也是需要用户关注的。显卡风扇在显卡运行时会保持非常高的转速运行这也导致显卡散热器损耗。尤其是在灰尘大的地区显卡风扇寿命会进一步缩短。此时用户往往会考虑更换显卡散热器,在挑选显卡散热器时一定要将原显卡型号给经销商叙述清楚。毕竟显卡不同型号拥有不同的散热器接口与散热器供电接口。

选择一个兼容显卡的显卡散热器是值得用户注意的。显卡散热器要综合机箱空间、机箱风道等因素进行选择,必要时用户可以选择给显卡使用水冷散热器,如图 2-8 所示。

**4. 电源**

选购电源需注意与整机匹配,杜绝小马拉大车。汽车中小马拉大车(汽车发动机功率不足)会导致整车出现很多负面效应(费油、整车性能低下、运行高负载)。对于 DIY 攒机也是这样,如果整机搭配一款输出功率小于本机最低需求的功率时,该机器在运行游戏、软件时都会出现运行不稳定现象(自动重启、蓝屏);小马拉大车机器长期运行甚至可能导致机器原件损坏,主板、显卡、硬盘寿命与电脑电源供电稳定性有很大关系。

图 2-8　显卡水冷散热器

### 2.1.2.2　模拟攒机

使用 Intel Xeon E3-1230 v2 至强处理器搭建电脑配置的用户不是很多,主要是因为这款处理器宣传是工作站使用的,很多服务器都是使用 Intel 至强系列处理器,服务器对 CPU 性能要求更高,特别是稳定性,我们也知道服务器不像电脑运行时间短,服务器一般都是 24 小时不间断运行的,一般连续运行几个月才关机维护一次。这款 Intel Xeon E3-1230 v2 用来做服务器处理器很不错,组装电脑采用此处理器也同样可以。下面我们来推荐一套 6000 元家用 E3-1230 至强四核电脑配置,如表 2-1 所示。

表 2-1　家用 E3-1230 至强四核电脑配置

| 配　件 | 型　号 | |
|---|---|---|
| CPU | Intel Xeon E3-1230 v2 | |
| 散热器 | 九州风神 玄冰旗舰版 | |
| 内存 | 金士顿 4GB DDR3 1600(两条) | |
| 硬盘 | 希捷 Barracuda 1TB 7200 转 64MB 单碟 | |
| 主板 | 华硕 P8B75-V | |
| 显卡 | 映众 Inno3D GTX 660 冰龙版 | |
| 电源 | ANTEC VP450P | |
| 机箱 | 先马刺客 1 | |
| 显示器 | 三星 S22B360HW | |
| 键鼠 | 精灵雷神 G9 游戏键鼠套装 | |
| 光驱 | 用户自选 | |
| 音箱 | 用户自选 | |

**1. 装配配件的简介**

CPU 方面,Intel E3-1230 v2 版 CPU 所采用的 Ivy Bridge 架构已经将原 32nm 工艺制程升级为 22nm,默认主频高达 3.3GHz,使得处理器能够工作在更高主频下,同时功耗却更低。Intel Xeon E3-1230 v2 基于最新架构制程研发,虽然舍弃了核心显卡但价格更低廉更实惠,同时作为志强系列服务器处理器,又拥有低功耗与稳定性两大优势。

此 Intel E3-1230 v2 处理器能堪比 i7-2600K,我们可以看下面的高端处理器性能对比图(如图 2-9 所示)。

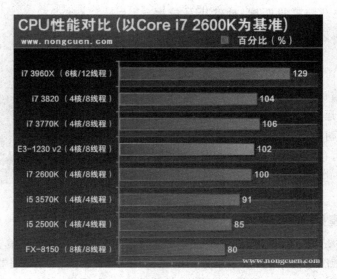

图 2-9　Intel E3-1230 v2 处理器性能对比图

显卡方面,映众(Inno3D)GTX 660 冰龙版显卡搭载 GK 106 核心,采用 NVIDIA 最新的 28nm 工艺制程。核心拥有 960 个 CUDA 处理器,核心频率为 1058MHz,支持 Boost 加速技术,完美支持 DirectX 11.1 标准,支持 CUDA、PhysX、3D Surround、3D Vision、PureVideo、OpenGL 4.1、Displayport 以及 HDMI 1.4 等技术标准,如图 2-10 所示。

图 2-10　映众(Inno3D)GTX 660 冰龙版显卡

**2. 电脑配置点评**

这套电脑组装配置单整体性能非常出色,堪比 i7 配置,用来做家用电脑非常适合,玩游戏看电影,运行大型程序都能够轻松应付,当前大型游戏都可以完美运行。对于很多想要配备 i7 处理器的朋友来说,"E 神"E3-1230 v2 是一个非常不错的选择,拥有 4 核 8 线程的它与 i7 处理器规格完全相同,仅仅低了 0.1GHz 的频率却低了几百元的价格。在主板方面,华硕 P8B75-V 采用大板型设计,规格上能够满足一般用户的需求。

### 2.1.3 计算机硬件组装

#### 2.1.3.1 装机前的准备工作

在熟悉了微机的各个组成部件后,组装微机就是水到渠成的事了。其实,组装微机是一件非常简单的事情。组装微机所需的工具仅仅是一把磁性十字旋具(螺丝刀)和镊子。目前微机部件需要固定的部分通常是使用十字螺钉,并且都相当规范,所以一把旋具就够用了。由于微机内部的螺钉都比较小,并且微机机箱内的各种电缆、接线较多,所以使用带磁性的旋具,可以防止拧螺钉时螺钉的脱落,还能够帮助寻找落入缝隙中的螺钉。

在安装前,为防止静电损坏器件,应释放掉手上的静电,如洗一下手、摸一下接地金属物体等。当然,一个足够宽敞的操作台也是必不可少的。

装机步骤不是一种绝对的唯一的流程,应根据机箱的结构和部件的大小等各种因素来选择流程的顺序,以有利安装操作,安全可靠为准。下面的步骤只能是一种基本的顺序,主要目的还在于说明其中的具体操作方法和技巧。

#### 2.1.3.2 安装电源

首先,确定好电源放入机箱的位置和方向,然后,从机箱内部将电源放置在机箱的电源支架上,再用 4 颗螺丝拧紧固定住即可,如图 2-11 所示。

图 2-11　电源安装

#### 2.1.3.3 安装 CPU 及其风扇

Socket 插座的 CPU 安装方法有所不同,Socket 架构 CPU 的插座都是 ZIP(零拔插)插座,这种插座可以很方便地安装 CPU。下面以常见的 Socket 插座的 CPU 为例介绍安装过程。

(1) 先找到主板上的 CPU 插座。将 CPU 插座侧面的锁紧杆轻按并向外侧轻轻扳开,将锁紧杆抬到垂直主板平面位置,如图 2-12 所示。

(2) 将 CPU 上小三角的一端对准插座上也呈现为小三角的位置,然后轻轻放下 CPU 使其自然落下,再将锁紧杆轻轻按下,如图 2-13 所示。

图 2-12 拉起拉杆

图 2-13 轻轻压下拉杆

(3) 安装 CPU 风扇前,先在 CPU 芯片顶部均匀抹上一层导热硅胶(如图 2-14 所示)。导热硅胶可以起到黏结和导热的作用,将 CPU 发出的热量传给散热片,再通过 CPU 风扇将热量散发出去。然后将带散热片的 CPU 风扇放置在 CPU 芯片上,用 CPU 风扇自带的弹性卡将 CPU 风扇卡在 Socket 插座两端的塑料钩上,如图 2-15 所示。

图 2-14 涂抹导热硅胶

图 2-15 安装 CPU 风扇

### 2.1.3.4 安装内存条

找到主板上的内存插槽,并扳开插槽两端的活动定位销,按照正确的方向(内存的金手指部分有凹槽对应主板内存插槽上凸起的部分)将内存放入插槽,双手按住内存条的两端,均匀地用力将内存按入插槽中,定位销会自动卡死,同时伴随着清脆的"咔"声(如图 2-16 所示)。目前,主流的主板都支持双通道内存技术,我们可以将两条同样的内存插在同一组内存插槽中。

### 2.1.3.5 安装主板

目前,大部分主板板型为 ATX 或 MATX 结构,因此机箱的设计一般都符合这种标准。在安装主板之前,先将机箱提供的主板垫脚螺母安放到机箱主板托架的对应位置(有些机箱

图 2-16 内存的安装

购买时就已经安装）。然后，手平行托住主板，将主板放入机箱中，再拧上螺丝把它固定在机箱上。需要注意的是，在固定主板的操作中，应轻拿轻放主板；在装螺丝时，注意每颗螺丝不要一开始就拧紧，等全部螺丝安装到位后，再将每颗螺丝拧紧，这样做的好处是随时可以对主板的位置进行调整。紧固螺丝时，力量应适可而止，不能用力过大而使螺丝滑丝。

### 2.1.3.6 连接机箱面板信号线

机箱面板上有几个按钮开关和几个指示灯（发光二极管）和 PC 喇叭的导线，机箱前面板内侧有一组连接相应开关和 LED 的插接线，这些插线须与主板上相应的插针正确插接才能正常工作，以指示计算机的工作状态。一般来说，机箱插接线的黑色塑料插头上标有相应插接对象的标注，对号入座即可。

- H. D. D LED：硬盘工作红色 LED 指示灯。
- ATX SW：电源开关接线。
- POWER LED：电源工作绿色 LED 指示灯。
- RESET SW：复位键接线。
- SPEAKER：PC 喇叭接线。

不同的主板插接位置不同，应参照主板说明书将插头插入相应插针座。通常连接机箱面板插头的插针都在主板上靠近机箱面板的前侧，主板的插针座旁有相应的简明文字标注，参照标注也可完成相应连接。

另外，现在的机箱都有前置的 USB 接口，就是从主板的 USB 插座上接上机箱的 USB 前置线，使得前置的 USB 能正常工作，方便使用。具体如何连接请参照主板说明书。

### 2.1.3.7 安装显示卡

根据需要可在主板上安装各种接口卡，通过这些接口卡完成相应功能。如显示卡、声卡、网卡、电视卡、内置 Modem 等。安装 ISA、PCI、AGP、PCI-E 类型卡的方法相同，只是各自安装到相应的扩展槽中，下面以安装 PCI-E 显示卡为例，介绍安装方法。

(1) 用十字旋具拧下固定在机箱后部挡板上防尘片的螺钉（与 PCI-E 插槽对应），取下防尘片，露出条形窗口。

(2) 用手轻握显卡两端，把它对准扩展槽，使有输出接口的金属接口挡板面向机箱后侧，然后适当用力平稳地将卡垂直向下压入槽中，使金手指必须完全插入槽中。同时，PCI-E 插槽的定位销会自动将显卡锁住，如图 2-17 所示。

图 2-17 显示卡的安装

(3) 接口卡尾部的金属接口挡板要用螺钉固定在条形窗口顶部的螺钉孔上。拧上螺钉即可固定显示卡（能防止短路和接触不良），另外，有些显卡的散热风扇要连接主板电源接口。

### 2.1.3.8 安装硬盘

**1. 硬盘的主从跳线及设置**

当前主板上都有两个 EIDE 接口，每个 EIDE 接口可用一根电缆连接两台 IDE 设备（一

计算机硬件选购与组装

般为硬盘或光驱)。为了区别安装在同一根电缆上的两台 IDE 设备,相应设备上都设有跳线,可设置为主(Master)方式、从(Slave)方式或单一(Single)方式。例如,在一个 EIDE 接口上安装两只硬盘,必须将其中一只设置为主硬盘,另一只设置为从硬盘,设置错误将导致系统无法正常工作。不同品牌的硬盘,其跳线设置各有差异,应参照硬盘顶部的标签或使用手册设置。

图 2-18　安装硬盘

### 2. 固定硬盘

我们只需要将硬盘放入机箱的 3.5 英寸硬盘托架上,拧紧螺丝使其固定即可。很多用户使用了可拆卸的 3.5 英寸机箱托架,这样安装起硬盘来就更加简单。还有几种固定硬盘的方式,视机箱的不同大家可以参考一下说明,方法也比较简单,在此不一一列举。图 2-18 所示为硬盘安装。

### 2.1.3.9　安装光驱

安装光驱的方法与安装硬盘的方法大致相同,对于普通的机箱,我们只需要将机箱 4.25 英寸的托架前的面板拆除,并将光驱插入对应的位置,拧紧螺丝即可。

### 2.1.3.10　连接数据线和电源线

**1. 连接主板电源接口**

主板供电电源接口,这里需要说明一下,目前大部分主板采用了 24PIN 的供电电源设计,但仍有些主板为 20PIN,大家在购买主板时要重点看一下,以便购买适合的电源。安装时在 ATX 电源输出插头中找出 20 针插头,将插头上的挂钩一侧对准插座上与挂钩相对应的凸出部位,竖直插入,均匀按紧,如图 2-19 所示。

**2. 连接 CPU 散热风扇电源线**

在 CPU 插座附近找到主板上安装风扇的接口(主板上的标识字符为 CPU_FAN),将风扇插头插放即可(注意:目前有四针与三针等几种不同的风扇接口,大家在安装时注意一下即可)。由于主板的风扇电源插头都采用了特殊的设计,反方向无法插入,因此安装起来相当方便,如图 2-20 所示。

图 2-19　连接主板电源线

图 2-20　连接散热风扇的电源线

**3. 连接硬盘的电源线和数据线**

硬盘一般采用"D"形四针电源输入插座,从机箱电源输出线中找出任一只"D"形四孔插头,将其插入硬盘电源输入插座。硬盘数据线用 40 线(或 80 线)扁平电缆连接主板 40 针 IDE 接口和硬盘后侧的 40 针接口。连接时要注意,数据线的"1"线(红线或蓝线)应与插座上标有"1"脚的插针对应,如图 2-21 所示。

**4. 连接光驱的电源线和数据线**

光驱的电源线连接和硬盘的一样。不过在数据线的连接时,最好将光驱单独用一根 40 线扁平电缆连接在主板的第二个 IDE 接口上,这时将光驱设置为主方式,用跳线帽上下短接 MASTER;如果光驱与作为启动的硬盘连接在主板的第一个 IDE 接口上,必须设置为从方式,用跳线帽上下短接 SLAVE。具体设置参见光驱顶面的标签或说明书。

第"1"针脚

图 2-21 连接硬盘的数据线

### 2.1.3.11 安装机箱的两个侧面板

目前,大多机箱是免螺丝安装,即通过特制的扣件来固定机箱的两个侧面板。普通的机箱是通过一边两个螺丝来固定侧面板的。这类机箱在安装的时候需要注意的是,侧面板和机箱应完全对好后再上螺丝,紧固螺丝时,力量应适可而止,避免滑丝。

### 2.1.3.12 连接键盘和鼠标

**1. 连接键盘**

键盘接口集成在主板上,在主机箱的背后,其形状是圆形的,接口颜色为紫色。并且接口旁边有键盘的图例,因此,很容易就可以找到接口并按照方向连接上键盘。

**2. 连接鼠标**

鼠标接口有 PS/2 和 USB 两种类型。鼠标 PS/2 接口在键盘接口旁边,其形状也是圆形的,接口颜色常为绿色。按照接口上的箭头指示我们可以轻松地连接鼠标。如果是 USB 接口的鼠标,可以插入到任意 USB 接口即可正常工作。

### 2.1.3.13 连接显示器

**1. 连接显示器的信号线**

将显示器的信号线(端头为"D"形的 15 针插头)对准显卡连接处为"D"形的 15 针插座平稳插入,注意不要用力过大,插好之后要拧紧两旁的螺丝。

**2. 连接显示器的电源线**

现在的显示器基本上都是独立供电,我们只需把电源线的"D"形一端接入显示器尾部电源接口,另外一端接入 220V 交流电源插座即可。

### 2.1.3.14 开机检测

经过上面 13 步的工作,已经完成了全部系统的硬件安装,在上电之前应该做最后一次全面的检查。检查的内容主要包括内存条是否插好,各个驱动器、键盘、鼠标、显示器、音箱的电源线、数据线是否连接无误等。

如果一切检测无误,就可以插上机箱电源线插头,接通电源,开机运行了。如果系统工

计算机硬件选购与组装

作正常,在屏幕上将很快显示信息,然后进行 CMOS 设置。

如果上电之后没有任何反应,或者显示不正常,或者有多次鸣叫,应该立即关闭机器电源,再次检查。必须强调的是,绝对不能带电拔插任何部件。

### 2.1.4 计算机的拆装

#### 2.1.4.1 拆装前的注意事项

- CPU 的引脚很容易弯曲,在安装 CPU 的时候一定要谨慎操作,小心放入插座。
- 安装内存条时注意安装方向。
- 严禁带电操作,一定要把 220V 的电源线插头拔掉。
- 在拆装前,为防止静电损坏器件,应释放掉手上的静电,如洗一下手、摸一下接地金属物体等。
- 注意爱护微机的各个部件,轻拿轻放,注意文明整洁,切忌鲁莽操作,尤其是对硬盘不能碰撞或者跌落。
- 拔插信号线缆时特别应注意正确的方向,不可歪拔斜插。
- 旋紧螺丝应适度,过松过紧皆不宜。

#### 2.1.4.2 计算机硬件的拆卸步骤

计算机硬件的拆卸没有特定的顺序,只要遵循"先拔线,再取件"的原则即可。还有,取下来的部件要秩序地排放在操作台空闲的位置,各类螺丝尤其要归类放好。拆卸步骤如下。

(1) 拔除主机箱背面的电源线、显示器信号线、键盘鼠标连线等其他所有连线。

(2) 使主机箱平卧,用螺丝刀拧开螺丝,打开侧面盖板。

(3) 拔下主板与机箱面板上的开关、指示灯等连线。

(4) 拔下硬盘和光驱的电源连线和数据连线,以及主机电源连接主板的接线。

(5) 从主板上卸下各类板卡(显卡、网卡、声卡等)。

(6) 从主板取下内存条。

(7) 取下 CPU 散热风扇。

(8) 从主板上取下 CPU。

(9) 拧开固定在机箱上的螺丝,并取下主板。

(10) 取下硬盘和光(软)驱。

(11) 最后,拧开主机箱背面的螺丝,取下电源。

# 2.2 实 训 内 容

## 2.2.1 实训项目一:模拟攒机

**1. 实验目的与要求**

(1) 了解计算机选购的原则、方法和注意事项。

(2) 模拟攒机,选购配置方案。

**2. 实验操作步骤**

(1) 去实体店或网上查询最新计算机硬件的型号、功能、价格等;

（2）模拟攒机,完成配置清单(高、中低档配置)。

### 2.2.2 实训项目二：拆卸计算机

**1. 实验目的与要求**

（1）了解计算机拆装的注意事项。

（2）进一步熟悉计算机各部件。

**2. 实验操作步骤**

按照上述内容介绍的拆卸步骤,拆卸计算机。

### 2.2.3 实训项目三：组装计算机

**1. 实验目的与要求**

（1）了解计算机组装的注意事项。

（2）认识各部件的外部特征,尤其是安装标记的识别。

（3）掌握规范的计算机硬件组装方法。

（4）为计算机硬件维护奠定基础。

**2. 实验操作步骤**

将拆卸好的计算机各部件组装完成。

## 2.3 相 关 资 源

通过以下计算机网络教学课件的学习,读者可以进一步巩固本章节的知识点。

［1］计算机硬件组装与维护技术. http://jsjzx. cqut. edu. cn/web/main. htm.

［2］天极网电脑 DIY 硬件频道. http://diy. yesky. com/.

［3］太平洋电脑网 DIY 硬件频道. http://diy. pconline. com. cn/.

［4］中关村在线 DIY 硬件频道. http://diy. zol. com. cn/.

［5］IT168 DIY 硬件频道. http://diy. it168. com/.

［6］专业 DIY 硬件产品评测网站. http://www. inpai. com. cn/.

［7］电脑之家 DIY 时代. http://hardware. pchome. net/.

［8］驱动之家. http://www. mydrivers. com/.

［9］图解电脑组装之接口线缆安装细节. http://diy. yesky. com/cpu/499/2529499. shtml.

［10］手把手教你攒电脑：组装电脑全过程. http://www. zzit. com. cn/diy/diytech/115115738. html.

## 2.4 练习与思考

1. 简述计算机选购原则。

2. 在选购计算机时应注意哪些问题？为什么？

3. 微机系统的组装应有哪些准备工作？

4. 简述微机拆卸的基本经过。

5. 简述微机组装的基本经过。

6. 微机组装过程中应注意哪些事项？

7. 简述 Intel 酷睿 2 双核 E4300(盒)的安装过程。

8. 在安装硬盘的过程中应注意哪些问题？

9. 在 CPU 上涂抹硅胶起到什么作用？

# 第 3 章　BIOS 基础及 CMOS 设置

## 3.1　实训预备知识

### 3.1.1　BIOS 基础

#### 1. 初识 BIOS

BIOS 意思是"基本输入输出系统"。它是操作系统和硬件之间连接的桥梁,负责在电脑开启时检测、初始化系统设备、装入操作系统并调度操作系统向硬件发出指令,是一般用户不太注意也不太了解的系统模块,甚至感到有些高深莫测。

谈到 BIOS,不能不说说 Firmware (固件)和 ROM(Read Only Memory,只读存储器)芯片。Firmware (固件)是软件,但与普通的软件完全不同,它是固化在集成电路内部的程序代码,集成电路的功能就是由这些程序决定的。ROM 是一种可在一次性写入 Firmware (固件)(就是"固化"过程)后,多次读取的集成电路块。由此可见,ROM 仅仅只是 Firmware(固件)的载体,而我们通常所说的 BIOS 正是固化了系统主板 Firmware(固件)的 ROM 芯片。

最初的主板 BIOS 芯片基本上采用的是 ROM,它的 Firmware 代码是在芯片生产过程中固化的,并且永远无法修改。后来,电脑中又采用了一种可重复写入的 ROM 作为系统 BIOS 芯片,这就是 EPROM(Erasable Programmable ROM,可擦除可编程 ROM)。EPROM 有两种,一种不带窗口,只能写一次,如写错了就报废。一般显卡、Modem 上的 ROM 上多采用这种 EPROM,它的价格相对较低。另一种是带窗口的 EPROM 芯片,这种 EPROM 可以用紫外线来擦除原有的 Firmware,并用专用的读写器更新它的 Firmware。但这一过程需要特殊的器材,技术要求也比较专业,因此一般用户都不熟悉其操作方法。

现在的主板 BIOS 几乎都采用 Flash ROM(快闪 ROM),它其实就是一种可快速读/写的 EEPROM(Electrically Erasable Programmable ROM),顾名思义,它是一种在一定的电压、电流条件下,可对其 Firmware 进行更新的集成电路块。兼容机和国产品牌机 BIOS 大多采用 Award 或 AMI 公司的 Firmware,国外的品牌电脑的 BIOS 则几乎全部采用 Phoenix 公司的 Firmware。不管 BIOS 软件代码有何区别,它们的硬件部分(Flash ROM 芯片)是大致相同的。

BIOS 芯片大多位于主板的 ISA 和 PCI 插槽交汇处的上方(也有部分主板将 BIOS 芯片安排在主板的左下方位置),芯片表面一般贴有 BIOS Firmware 提供商的激光防伪标贴。一般不是直接焊在主板上,而是插在一个专用的插槽上。Flash ROM 芯片有两种不同的芯片封装形式,一种是采用长方形封装形式的芯片,另外一种是接近正方形的、面积更小巧的封装形式的 Flash ROM 芯片,这种小型的封装形式可以减少占用主板空间,从而可提高主板的集成度、缩小主板的尺寸。但同时,它又因为具有与众不同的封装形式,如果一旦升级 BIOS 失败,或者 BIOS 被病毒破坏,将很难修复。

在 486 以及以前的时代,BIOS 总是默默地躲在操作系统的背后,不为人重视。直到计算机进入 586 时代之后,大量主板开始采用 Flash ROM 这一全新的芯片做系统 BIOS。Flash ROM 芯片最诱人的特性,是它的 Firmware 更新操作可以只使用计算机软件来完成。这一特性和运用,使原本深藏在计算机内部不为人知的 BIOS,一下子"暴露"在了我们面前,并为我们免费获得对新硬件的支持、修正 BIOS 代码错误成为可能。当然,正是由于这个提供给我们方便的特性,也为 CIH 病毒提供了便利,使其能对采用单电压读/写的 Flash ROM 芯片进行恶意的破坏。CIH 病毒破坏的只是固化在芯片中的 Firmware,它并不能对 Flash ROM 芯片本身造成物理损坏。

以上谈的都是系统主板的 BIOS。现在,越来越多的电脑部件开始采用 Flash ROM 来固化硬件的底层控制代码,许多厂商也将这些控制代码和承载这些代码的芯片称之为 BIOS。这些可以更新 BIOS 的硬件,包括显示卡、Modem、网卡、CDR 驱动器、数码相机甚至某些硬盘等。这些电脑板卡或选用设备使用的 Flash ROM 芯片,也与主板 BIOS 芯片大同小异。人们常常将这类 BIOS 称为另类 BIOS。

BIOS 的 Firmware 代码决定了系统对硬件支持、协调的能力。现在新硬件层出不穷,BIOS 不可能预先具备对如此繁多的硬件的支持,这依赖于对 BIOS Firmware 的更新来完善。另外,任何一种硬件都有可能因设计上的不足或 BUG(错误),而和系统发生各种各样的冲突甚至使电脑不能稳定工作。解决这些问题的办法之一是通过升级 BIOS 来解决。

### 2. BIOS 的功能

1) BIOS 在系统启动中的功能

BIOS ROM 芯片不但可以在主板上看到,而且 BIOS 管理功能在很大程度上决定了主板性能是否优越。BIOS 管理功能包括以下几方面。

(1) BIOS 中断服务程序

BIOS 中断服务程序实质上是微机系统中软件与硬件之间的一个可编程接口,主要用于程序软件功能与微机硬件之间的连接。例如,Windows 98 对软驱、光驱、硬盘等的管理,中断的设置等服务、程序。

(2) BIOS 系统设置程序

微机部件配置记录是放在一块可写的 CMOS RAM 芯片中的,主要保存着系统的基本情况、CPU 特性、软硬盘驱动器等部件的信息。在 BIOS ROM 芯片中装有"系统设置程序",主要用来设置 CMOS RAM 中的各项参数。这个程序在开机时按某个键就可进入设置状态,并提供良好的界面。

(3) POST 上电自检

微机接通电源后,系统首先由(Power On Self Test,上电自检)程序来对内部各个设备进行检查。通常完整的 POST 自检将包括对 CPU、640K 基本内存、1M 以上的扩展内存、ROM、主板、CMOS 存储器、串并口、显示卡、软硬盘子系统及键盘进行测试,一旦在自检中发现问题,系统将给出提示信息或鸣笛警告。

（4）BIOS 系统启动自举程序

系统完成 POST 自检后，ROM BIOS 就首先按照系统 CMOS 设置中保存的启动顺序搜索软硬盘驱动器及 CD-ROM、网络服务器等有效地启动驱动器，读入操作系统引导记录，然后将系统控制权交给引导记录，并由引导记录来完成系统的顺序启动。

2）BIOS 对整机性能的影响

BIOS 可以算是计算机启动和操作的基石，一块主板或者说一台计算机性能优越与否，从很大程度上取决于主板上的 BIOS 管理功能是否先进。大家在使用 Windows 中常会碰到很多奇怪的问题，诸如安装中途死机或使用中经常死机等；Windows 只能工作在安全模式；声卡、网卡和显示卡发生冲突；CD-ROM 挂不上；软件不能正常运行等。事实上这些问题在很大程度上与 BIOS 设置密切相关。换句话说，BIOS 本身根本无法识别某些新硬件或对现行操作系统的支持程度等问题。因此，在这种情况下，就只有重新设置 BIOS 或者对 BIOS 进行升级才能解决问题。另外，如果要提高启动速度，也需要对 BIOS 进行一些调整才能达到目的，比如调整硬件启动顺序、减少启动时的检测项目等。

3）BIOS 的启动顺序

BIOS 的启动步骤如下。

（1）接通电脑的电源。

（2）POST 上电自检。包括对 CPU、系统主板、基本内存、1MB 以上的扩展内存、CMOS 中系统配置的校验、初始化视频控制器、测试视频内存、检验视频信号和同步信号、对 CRT 接口进行测试；对键盘、软驱、硬盘及 CD-ROM 子系统做检查；对并行口（打印机）和串行口（RS-232）进行检查。

（3）调用 BIOS 中系统引导程序。根据 CMOS 设置中的 Boot 顺序启动操作系统，即从 CD-ROM、硬盘、网络、A 盘或 U 盘上寻找操作系统进行启动。

（4）将控制权交给操作系统。

### 3. BIOS 与 CMOS 的区别

1）初识 CMOS

CMOS RAM 芯片，习惯上简称为 CMOS，它是一种互补金属氧化物半导体随机存储器，主要具有功耗低（每位约 10 毫微瓦）、可随机读取或写入数据、断电后用外加电池来保持存储器的内容不丢失、工作速度比动态随机存储器（DRAM）高等特点。CMOS RAM 用来存放硬件系统的配置参数。在早期的 PC 中，硬件系统的配置参数用主板上的一组 DIP 开关，以不同组合来代表系统硬件资源的配置情况，实现对参数的调整和记忆。现在用设置程序方便灵活地将参数写入 CMOS RAM 存放起来，从而代替了 DIP 开关的功能。在 286 以后则基本全都采用了 CMOS RAM 来保存系统设置的参数。CMOS RAM 一般为 64 字节或 128 字节，用可充电的电池或外接电池（286 机器用干电池较多，386 以上的机器基本上都用充电电池了）对 CMOS RAM 芯片供电。

2）CMOS 设置与 BIOS 设置的异同

我们所使用的计算机都是由一些硬件设备组成的，而这些硬件设备会由于用户的不同需求在配置上各不相同，体现在品牌、类型、性能上有很大差异。例如，对于硬盘，就可能存在容量大小和接口类型等方面的不同，而不同的硬件配置所对应的参数也不同。又如对起动的优先顺序可因人而异。因此，我们在使用计算机之前，一定要确定它的硬件配置和参数,并将它们记录下来存入计算机,以便计算机启动时能够读取这些设置,保证系统正常运行。

我们可通过设置程序对硬件系统设置参数。利用 ROM BIOS 中的 Setup 设置程序来设置 CMOS 硬件系统参数,通常可称其为 BIOS 设置。但是,能够实现对 CMOS 设置的程序不仅仅只有 BIOS 中的一个,还有其他工具软件或者自编的专用程序也能实现对 CMOS 的设置。可以认为"CMOS 设置"的说法具有更广泛的含义,而"BIOS 设置"只是用得最多最方便的一种,因为它是设备自带的设置程序。

3) 需要进行 CMOS 设置的情况

- 新组装好的计算机在运行前必须进行设置。
- 当硬件的配置发生改变时必须重新设置。
- 当软件运行提示有硬件冲突时应重新设置。
- 当 CMOS 数据被改变或丢失时必须重新设置。
- 当改变起动优先顺序或其他需要时应重新设置。

4) 进入 CMOS 设置的方法

进入 CMOS 设置通常有以下 4 种方法。

(1) 开机启动时按热键

在开机时按下特定的热键可以进入 BIOS 设置程序,不同类型的机器进入 BIOS 设置程序的按键不同,有的在屏幕上给出提示,有的不给出提示。

按 Tab 键跳过 POST(自检)的屏幕显示,按 Del 键进入 Setup(CMOS 设置程序)。

另外还有以下几种常见的进入 BIOS 设置程序的组合键。

- Award BIOS:按 Ctrl＋Alt＋Esc 键或按 Del 键。
- AMI BIOS:按 Del 或 Esc 键。
- Compaq BIO:屏幕右上角出现光标时按 F10 键。
- Phoenix BIOS:按 F2 键。

以下是目前各品牌笔记本电脑进入 CMOS 设置的方法。

- 大多数国产(包括中国台湾)品牌笔记本电脑进入 BIOS 的方法:启动和重新启动时按 F2 键。
- IBM 笔记本电脑进入 BIOS 的方法:冷开机按 F1 键,部分新型号可以在重新启动时按 F1 键。
- HP 笔记本电脑进入 BIOS 的方法:启动和重新启动时按 F2 键。
- DeLL 笔记本电脑进入 BIOS 的方法:启动和重新启动时按 F2 键。
- Acer 笔记本电脑进入 BIOS 的方法:启动和重新启动时按 F2 键。
- Compaq 笔记本电脑进入 BIOS 的方法:开机到右上角出现闪动光标时按 F10 键,或者开机时按 F10 键。

(2) 用系统提供的软件设置

现在很多主板都提供了在 DOS 下进入 BIOS 设置程序而进行设置的程序,在 Windows 98 的控制面板和注册表中已经包含了部分 BIOS 设置项。

(3) 用一些可读/写 CMOS 的应用软件设置

部分应用程序,如 QAPLUS 提供了对 CMOS 的读、写、修改功能,通过它们可以对一些基本系统配置进行修改。

（4）自编程序设置

**4. BIOS 芯片**

1) 常见的 BIOS 芯片的种类

- Flash ROM：直接使用工作电压即可擦除和写入，型号有 29、39、49 系列。
- EEPROM：需要使用一个 12V 的编程电压才能擦除和写入，常见的型号有 28F 系列。
- EPROM：需要用紫外线照射后才可清除芯片中的数据，写入时同样需要一个比较高的编程电压(IC 上有一个透明孔，型号为 27 系列)。
- PROM：只可用程序写一次。
- MARK PROM：出厂时内容已固定，无法擦除。

2) BIOS 芯片的封装形式

DIP 封装(Dual In-line Package)，也叫双列直插式封装技术，指采用双列直插形式封装的集成电路芯片。绝大多数中小规模集成电路均采用这种封装形式，其引脚数一般不超过 100。DIP 封装的 CPU 芯片有两排引脚，需要插入到具有 DIP 结构的芯片插座上。当然，也可以直接插在有相同焊孔数和几何排列的电路板上进行焊接。

DIP 封装结构形式有多层陶瓷双列直插式 DIP、单层陶瓷双列直插式 DIP、引线框架式 DIP(含玻璃陶瓷封接式、塑料包封结构式、陶瓷低熔玻璃封装式)等。

早期的 BIOS 芯片大多采用 DIP(双列直插)形式的封装，随着半导体封装技术的发展，SOJ、TSOP、PSOP、PLCC 等多种封装形式相继出台。目前台式机主板上的 BIOS 大多是 DIP 封装，有的为节省空间，采用了 PLCC 形式的封装。笔记本电脑上的 BIOS 大多采用 SOJ 封装。为了方便更换 BIOS 芯片，现在主板上都安装有插座，使用工具可以取下和更换 BIOS 芯片，但是从芯片插座上插拔时应特别小心，以免损坏引脚。

3) BIOS 芯片的主要生产厂商

生产 ROM 芯片的厂家很多，主要有 Winbond、Intel、ATMEL、SST、MXIC 等品牌。由于 Winbond(华邦)生产 BIOS ROM 芯片时间较早，与主板的原始设计相兼容，因而市场占有量较大。Intel 公司则在 Flash ROM 市场始终占领着领导者的地位，其 586 时代的 I28F001BX 芯片、I810(815)主板上的 N82802AB 芯片，都在 BIOS 的恢复方面有独特的效果。

4) 市场上 BIOS 主要品牌

当 IBM PC 刚一推出时，各大厂商都以 IBM BIOS 为标准，竞相撰写功能最接近、程序码略不相同的 BIOS，也正是决定能否号称"与 IBM PC 百分之百相兼容"的关键。随着大环境的改变，兼容机开始盛行，IBM 已不再掌握个人计算机规格的主导权，兼容厂家的 BIOS 从此摆脱 IBM 的影子，并产生了具有独立风格的产品，以下简介其中较具有代表性的 4 家厂商。

（1）Award

Award 公司创立于 1983 年，总部位于美国加州 Mountain View，中国台湾分公司称为"帏尔科技股份有限公司"。在 386、486 时期，BIOS 市场仍是 AMI、Award 和 Phoenix 三雄鼎立，产品占有率互有高低。但是自从 Phoenix 转战笔记本计算机市场，AMI 产品青黄不接时，Award及时推出优良的产品填补此空白，因此争取到许多主板厂的订单，占有率节节攀升。目前中国台湾绝大多数生产的主板都是采用 Award BIOS，它几乎已经成为Pentium、Pentium Ⅱ主板的标准规格。

（2）AMI

AMI(American Megatrend Inc.)成立于1985年，在早期 AMI BIOS 以其简洁的画面、易学的操作方式，迅速攻占台式计算机的市场，深受大众喜爱。尤其是许多 DIY 玩家在购买主板时，更指定非采用 AMI BIOS 不可，可见当时其气势之盛实在令人咋舌。然而曾几何时，不知是因为行销策略、产品质量或是开发进度的问题，在 Pentium、Pentium Ⅱ 主板市场上，AMI BIOS 就如同当初迅速蹿红一般，也快速地沉寂于市场，以致于大好江山拱手让给了 Award，虽然后来仍推出 WinBIOS 和 HIFLEX 等一系列评价不错的产品，无奈先机已失，终究是无力回天，难再恢复往日荣景。

（3）Phoenix

Phoenix 的总部位于加州圣荷西，从它的 BIOS 设置画面来看，不难发现其产品风格一直都很固定，没有什么大的改变，或许这正是该公司所坚持的传统。在早期的 Pentium 级台式计算机上还偶尔见到 Phoenix BIOS，但自从转入笔记本电脑这个计算机市场后，在台式计算机市场已经难觅它的踪影了。而深耕笔记本电脑领域的结果，的确开拓了另一大市场，现在国内、外许多知名品牌的笔记本电脑都采用 Phoenix BIOS，由此可知其产品质量深获许多厂商信赖。

（4）Microid Research

在诸多 BIOS 设计厂商中，Microid Research 可算是其中最不同凡响的异类，因为早期它几乎是唯一提供"用满意才买"的公司。即先从网站上（http:\\www. mrbios. com）下载试用 BIOS 后再购买。但是，Microid Research 公司目前改变了行销策略，不再提供试用版给个人使用，并建议使用者向 Unicore Software Inc. 订购正式版本，从此结束了许多用户的试用美梦，Microid Research BIOS 也不再是网络讨论区的热门话题，逐渐被大众所淡忘了。

**5. 解析电脑开机画面**

在电脑开机启动过程中闪过的中英文字和数字画面信息，表示 BIOS 正在启动接口设备与电脑的组件。如果想了解这些闪过的信息，可以在开机信息出现时按下键盘上的Pause Break 键，画面就会暂时停住，如图 3-1 所示，并从这些信息中了解软硬件信息。

开机画面包括以下内容。

1）POST 上电自检

由于电脑在启动时，一般有很多外围设备（如内存、驱动器、显示卡等）是操作系统不能识别的，所以需要电脑系统自动初始化所有的系统部件，再将操作系统引导到内存中。这一检测过程被称之为 POST 上电自检。

电脑的 POST 上电自检，由主板上的 ROM BIOS 来完成。在 ROM BIOS 中包含一组测试程序，该组测试程序对系统部件分别进行测试，检测硬件设备是否存在或能否正常工作。自检时，通过电源就绪信号向 CPU 发出 Reset 信号，CPU 将 CS：IP 设置为 FFFF：0000，从这里跳到自诊断程序入口。如果发现错误，会给出用户信息提示或通过 BIOS 控制的喇叭来报告错误，然后等待用户处理。

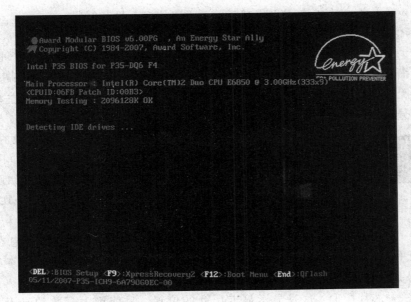

图 3-1 电脑开机画面

BIOS 检测和初始化中心硬件设备的顺序如下。

(1) 加电。

(2) CPU(中央处理器单元)。

(3) ROM。

(4) BIOS。

(5) Intel 8237 DMA。

(6) 键盘控制器。

(7) 基本 64KB(相对于 16 位微机)RAM。

(8) 可编程中断控制器。

(9) 可编程中断计时器。

(10) 高速缓冲(Cache)控制器。

当 BIOS 检测完上述设备后,便开始执行 POST 自检程序,并按照以下顺序检测和初始化配置非系统硬件。

(1) CMOS RAM 配置数据。

(2) CRT(显示器)适配器。

(3) 64KB 以上的 RAM。

(4) IRQ。

(5) 键盘。

(6) 串行接口。

(7) 软盘适配器。

(8) 硬盘适配器。

(9) 显卡。

(10) 其他部分。

BIOS 基础及 CMOS 设置

**注意**：如果是热启动电脑，POST 将不检测 64KB 以上的 RAM。

2）显卡信息

电脑启动时，第一个与显示器联系的硬件是显卡。在每块显卡上都有一个 BIOS 芯片，在该芯片里面存储着显卡的所有性能参数。所以说，如果显卡的 BIOS 出了问题，那电脑一般情况下是无法启动的。由于显卡 BIOS 芯片内容显示时间很短（一般在 1s 左右），所以可能会导致部分用户忽视这幅画面的存在，如图 3-2 所示。

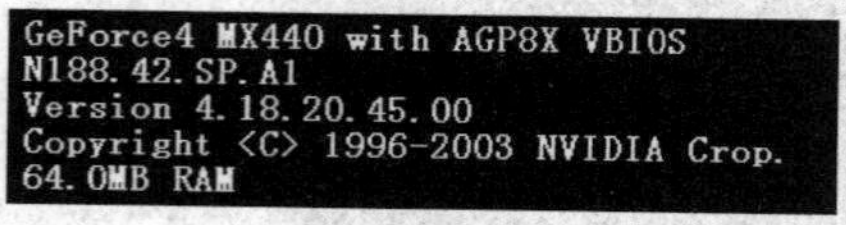

```
GeForce4 MX440 with AGP8X VBIOS
N188.42.SP.A1
Version 4.18.20.45.00
Copyright <C> 1996-2003 NVIDIA Crop.
64.0MB RAM
```

图 3-2 显卡信息

第 1 行——芯片型号：平时常说的 GeForce4 或者 RADEON 9200/9500 等，都是 3D 图形加速芯片，可以从这里看出显卡芯片型号。如图 3-2 中显示的信息就表示：该显卡的芯片是 NVIDIA 公司的 GeForce4 MX440 图形处理芯片。

第 3 行——BIOS 版本：BIOS 版本代表着显卡中固化程序的版本。此信息在一般情况下，没有什么作用。不过，如果需要提高显卡的性能，升级显卡的 BIOS 版本，那这里的 BIOS 版本号是选择下载新版本 BIOS 的重要依据。

第 4 行——芯片厂商：这是显示显卡厂商的位置。目前绝大多数的显卡，都是采用 NVIDIA 或 ATI 公司的系列显示芯片。

第 5 行——显存大小：显卡显存的容量直接影响到显卡显示的速度与价格的高低。从图 3-2 中可以看到，这款显卡的显存是 64MB。

3）其他硬件信息

显卡的信息显示过后，系统就直接进入了开机主画面。在这个画面里将了解到有关机器的主板、CPU、内存、硬盘等信息。

（1）主板 BIOS 信息

在屏幕的最上端，显示的是主板 BIOS 的有关资料。就目前而言，主板 BIOS 的类型主要有 3 种：Award、AMI 和 Phoenix，其中 Award 和 AMI 是最常见的，Phoenix 一般应用于国外品牌机或者笔记本电脑中。该主板采用了 Award 的 BIOS 芯片，其版本号为 6.00PG。

（2）BIOS 版本发布时间与主板型号

从开机主界面第二栏信息中，可以看出该主板的型号是 SiS 公司的 645D，BIOS 版本发布的时间是 2002 年 1 月 3 日。

（3）CPU 信息

在第三栏 Main Processor 后面显示的 CPU 的信息中，包括了 CPU 的主频、外频和倍频信息。如显示"Intel Pentium 4 2.002A GHz(101x20.0)"则表示这台电脑使用的 CPU 是 Intel Pentium 4A 处理器，主频为 2002MHz，外频是 101MHz，倍频为 20。

（4）内存信息

在 CPU 信息下面，显示的是内存的有关信息。主要显示的是系统物理内存的总容量。如果是 128MB 内存，就显示为 131 072K；如果是 256MB 内存，就显示为 262 144K。

（5）IDE 设备信息

一般主板上都有两个 IDE 插口，通过这两个 IDE 插口我们可以连接 4 个 IDE 设备，如硬盘、光驱、内置刻录机等。

Primary Master 表示接在第一个 IDE 接口上的主 IDE 设备，Primary Slave 表示接在第

一个 IDE 接口上的从 IDE 设备。

Secondary Master 表示接在第二个 IDE 接口上的主 IDE 设备，而最后的 Secondary Slave 则表示接在第二个 IDE 接口上的从 IDE 设备。

4）BIOS ID

在开机主界面最下方的两行信息中，第一行是进入 BIOS 设置界面的启动键，一般情况下按 Del 键即可以进入 BIOS 设置程序；如果启动在这里被暂停，可以按 F1 键继续。下面一行主要显示主板 BIOS 的详细信息，主要包括主板 BIOS 的日期、BIOS 的版本、主板生产厂商及主板所采用的芯片组等信息。例如，这里显示的"01/03/2002-SiS-645-6A61IXPA9C-00"，就是主板的 BIOS ID。BIOS ID 一般由 BIOS 的生产日期（01/03/2002）、芯片生产商（SiS）、芯片组（645）和 BIOS 识别码（6A61IXPA9C）组成。

其中，最值得注意的是 BIOS 识别码，如图 3-3 中的识别码即为 6A61IXPA9C。6A61IX 是主板所采用的芯片组类型的编码，代表 SiS645/645DX/651 系列芯片。其中第 7 位和第 8 位字符是硬件厂商的代码信息，如图 3-3 中的符号序列为 PA，它代表 EPOX 磐英系列主板。第 9 位和第 10 位是该主板的具体型号。

```
Press F1 to continue. DEL to enter SETUP
01/03/2002-SiS-645-6A61IXPA9C-00
```

图 3-3  BIOS 标识

**6. BIOS 开机自检与故障排查**

BISO 自检由 3 个部分组成，第一个部分是用于电脑刚接通电源时对硬件部分的检测，即加电自检，功能是检查电脑工作状态是否良好，例如内存、显卡有无故障等。第二个部分是初始化，包括 BIOS 设置、创建中断向量、设置寄存器、对一些外部设备进行初始化和检测等。其中的 BIOS 设置主要是对硬件设置的一些参数，当电脑启动时会读取这些参数，并和实际硬件设置进行比较，如果不符合，会影响系统的启动。最后一个部分是引导 DOS 或其他操作系统。BIOS 先从软盘或硬盘的开始扇区读取引导记录，如果没有找到，则会在显示器上显示没有引导设备，如果找到引导记录会把电脑的控制权转给引导记录，由引导记录把操作系统装入电脑，在电脑启动成功后，BIOS 的这部分任务就完成了。

当电脑启动后，系统的启动控制就交由 BIOS 来完成。由于此时电压还不稳定，主板控制芯片组会向 CPU 发出并保持一个 Reset（重置）信号，让 CPU 初始化，同时等待电源发出的 Power Good 信号（电源准备完毕信号）。在稳定供电的情况下，芯片组会撤去 Reset 信号（如果是手动按下计算机面板上的 Reset 按钮来重启电脑，那么松开该按钮时芯片组就会取消 Reset 信号），CPU 马上就会从地址 FFFF0H 处开始执行指令，在系统 BIOS 的有效地址范围内，无论是 Award BIOS 还是 AMI BIOS，放在这里的只是一条跳转指令，跳到系统 BIOS 中真正的启动代码处。

系统 BIOS 的启动代码首先要做的就是进行 POST，检测设备的工作状态是否正常，并按先后顺序逐一进行；一般每一种设备都有一个检测代码（POST CODE，即开机自我检测代码），在对某一设备进行检测时，首先将对应的 POST CODE 写入 80H（地址）诊断端口，如果该设备检测状态正常，则接着检测下一个设备；如果某个设备检测未通过，那么 POST CODE 会在 80H 处保留，并中止检测程序，根据已定的报警声进行报警（不同 BIOS 厂商对报警声也分别做了定义）。不同的设置出现故障，其报警声也是不同的，所以一般可以根据报警声判断出故障所在。

(1) Aware BIOS 自检响铃含义如表 3-1 所示。

表 3-1　Aware BIOS 自检响铃含义

| 报 警 声 数 | 错 误 含 义 |
|---|---|
| 1 短 | 系统启动正常 |
| 2 短 | 常规错误,设置 BIOS 参数或重新设置不正确选项 |
| 1 长 1 短 | 内存或主板出错 |
| 1 长 2 短 | 显示器或显卡出错 |
| 1 长 3 短 | 键盘控制错误、检查主板 |
| 1 长 9 短 | 主板 BIOS 损坏 |
| 长声不断 | 内存条未插稳或损坏,需要重新插或更换内存条 |
| 不停地响 | 电源、显示器未和显示卡连接好,检查一下所有插头 |
| 重复短响 | 电源有问题 |

(2) AMI 的 BIOS 自检响铃及其意义如表 3-2 所示。

表 3-2　AMI BIOS 自检响铃含义

| | |
|---|---|
| 1 短 | 内存刷新失败。更换内存条 |
| 2 短 | 内存 ECC 校验错误。在 CMOS Setup 中将内存关于 ECC 校验的选项设为 Disabled 就可以解决,不过最根本的解决办法还是更换一条内存 |
| 3 短 | 系统基本内存(第 1 个 64KB)检查失败。换内存 |
| 4 短 | 系统时钟出错 |
| 5 短 | 中央处理器(CPU)错误 |
| 6 短 | 键盘控制器错误 |
| 7 短 | 系统实模式错误,不能切换到保护模式 |
| 8 短 | 显示内存错误。显示内存有问题,更换显卡试试 |
| 9 短 | ROM BIOS 校验和错误 |
| 1 长 3 短 | 内存错误。内存损坏,更换即可 |
| 1 长 8 短 | 显示测试错误。显示器数据线没插好或显示卡没插牢 |
| 高频率常响 | CPU 过热报警 |

(3) BIOS 自检与开机故障处理。

当系统检测到相应的错误时,除了上面讲到的以报声响次数的方式来指出检测到的故障外,还可能在屏幕上显示出错信息。

- CMOS battery failed

CMOS 电池失效。

原因:说明 CMOS 电池的电力不足或可能是接触不良,请更换新的电池或检查电池的安放是否有效。

- CMOS checksum error-defaults loaded

CMOS 执行全部检查时发现错误,因此载入预设的系统设置值。

原因：这种状况常常是电池电力不足所造成的，可以先换个电池试试。如果问题依然存在，那就说明 CMOS RAM 可能有问题，最好送修或返回原厂处理。

- Display switch is set incorrectly

显示开关配置错误。

原因：比较旧的主板上配有可设置显示器为单色或彩色的跳线，而这个错误提示表示主板上的这个设置和 BIOS 里的设置不一致，重新设置即可。

- Press ESC to skip memory test

内存检查，可按 Esc 键跳过。

原因：如果在 BIOS 内并没有设置快速加电自检，那么开机就会执行内存的测试；如果不想等待，可按 Esc 键跳过或到 BIOS 内开启 Quick Power On Self Test。

- Hard disk initializing〔Please wait a moment…〕

硬盘正在初始化，请等待片刻。

原因：这种问题在较新的硬盘上不会出现。在较旧的硬盘上，由于使用时间过长而有了启动速度变慢的状况后，就会出现这个问题。

- Hard disk install failure

硬盘安装失败。

原因：这种错误，可能是硬盘的电源线、数据线没有接好，或者是硬盘跳线设置不当引起的（例如一跟数据线上的两个硬盘都设为 Master 或 Slave）。

- Secondary slave hard fail

检测硬盘失败。

原因：①BIOS 设置不当（例如电脑本来没有从盘，但在 BIOS 里却设置为有从盘）；②硬盘的电源线、数据线可能未接好或者硬盘跳线设置不当。

- Hard dish(s) diagnosis fail

执行硬盘诊断时发生错误。

原因：通常表示硬盘本身存在故障，可以先把硬盘接到另一台电脑上试一下，如果问题一样，那就需要送去修理了。

- Floppy disk(s) fail

无法驱动软驱。

原因：首先确定是否安装有软驱，如果没有，就需要在 BIOS 中禁用软驱。以及考虑软驱排线是否接错或松脱，软驱电源线有没有接好等状况，如果这些都没问题，那就可能是软驱坏了。

- Keyboard error or no keyboard present

键盘错误或者未接键盘。

原因：通常是键盘连接线没有插好或者连接线有损坏而造成的，检查并确认即可。

- Memory test fail

内存检测失败。

原因：通常是因为内存不兼容或故障所导致。

- Override enable-Defaults loaded

当前 BIOS 设置无法启动系统，载入 BIOS 预设值以启动系统。

BIOS 基础及 CMOS 设置

原因：可能是 BIOS 内的当前设置并不适合目前所使用的电脑（如内存只能跑 100MHz，但是却要让它跑 133MHz），这时进入 BIOS 设置重新调整即可。

- Press Tab to show POST screen

按 Tab 键可以切换屏幕显示。

原因：一些 OEM 厂商会以自己设计的显示画面，来取代原本 BIOS 预设的开机显示画面，而此提示就是要告诉使用者可以按 Tab 键来把厂商的自定义画面和 BIOS 预设的开机画面进行切换。

- Resuming from disk,Press Tab to show POST screen

从硬盘恢复开机，按 Tab 键显示开机自检画面。

原因：某些主板的 BIOS 提供了 Suspend to disk（挂起到硬盘）的功能，当使用者以 Suspend to disk 的方式来关机时，那么下次开机就会显示此提示消息。

- BIOS ROM checksum error-System halted

BIOS 程序代码在进行总和检查(checksum 即校验和)时发现错误，因此无法开机。

原因：遇到这种问题通常是因为 BIOS 程序代码更新不完全所造成的，解决办法是重新刷写烧坏主板 BIOS。

## 3.1.2 常用 Award BIOS 详解

BIOS 是电脑硬件正常工作的基础，对电脑硬件的设置都必须在 BIOS 中进行。通常情况下，只要系统能正常运行就不需要对其进行设置。但为了使系统的性能更好地发挥，就有必要对 BIOS 进行优化设置。

在本节中，将详细介绍 BIOS 的标准设置及正确的设置方法。掌握这些知识，不仅有利于全面排除开机故障，还能充分发挥电脑硬件的工作性能。

### 1. 设置 BIOS 的最佳时机

要保证一台电脑的硬件正常运行，并充分发挥其性能，就必须根据其硬件配置进行合理的 BIOS 设置。BIOS 设置是一项由电脑的管理员根据电脑的实际情况，人工完成的一项重要的系统初始化操作，在以下几种情况下，必须对 BIOS 进行设置。

1) 新购或新组装的电脑

优化系统性能必须根据电脑的实际配置情况来处理，新购或新组装的电脑必须进行 BIOS 设置。即使带 PnP 功能的系统，也只能识别一些常见的电脑外设；而软/硬盘参数、目前日期、目前时钟等基本资料必须由操作人员手动进行设置。因此，新购的电脑必须通过 BIOS 设置来告诉系统整个电脑的基本配置情况。

2) 新添设备

由于系统不能识别所有的外围设备，因此必须对新添硬件设备进行 BIOS 设置。此外，如果遇到新添设备与原有设备之间发生了 IRQ 或 DMA 冲突，往往也需要通过 BIOS 设置来排除。

3) BIOS 数据丢失

当 CMOS 电池失效、病毒破坏了 BIOS 数据程序、意外清除了 BIOS 参数等情况时，通常都会造成 BIOS 数据丢失，此时必须进入 BIOS 设置程序重新设置 BIOS 参数，以恢复系统正常运行。

4) 系统优化

对于硬盘数据传输模式、内存读/写等待时间、内/外 Cache 的使用、节能保护、电源管理、开机启动顺序等参数,BIOS 中的默认设置对系统而言往往并不是最优化的,此时通常需要经过多次试验设置,才能找到系统的最佳组合。

**2. Award BIOS 设置内容**

现在市场上的主板绝大多数都采用 Award 或 AMI 的 BIOS,它们在界面上有一定的差异,但功能和设置方法基本相同。本章先以 Award BIOS 为例进行介绍。Award BIOS 的设置界面如图 3-4 所示。

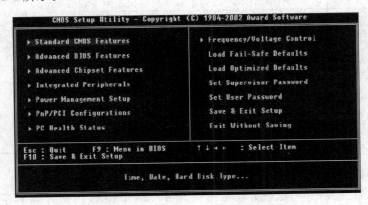

图 3-4　Award BIOS 设置内容

1) BIOS 主界面解析

在 Award BIOS 的主界面中,显示了 BIOS 提供的项目设置类别,同时可以使用方向键(↑↓)选择不同的选项,选定项目的提示信息将在屏幕底部有所显示。其他控制键如表 3-3 所示,界面解析如表 3-4 所示。

表 3-3　BIOS 设置控制键解析

| 键 | 功能 |
| --- | --- |
| <↑> | 向前移一项 |
| <↓> | 向后移一项 |
| <←> | 向左移一项 |
| <→> | 向右移一项 |
| <Enter> | 选定此选项 |
| <Esc> | 跳到退出菜单或者从子菜单回到主菜单 |
| <+/PU> | 增加数值或改变选择项 |
| <-/PD> | 减少数值或改变选择项 |
| <F1> | 主题帮助,仅在状态显示菜单和选择设定菜单有效 |
| <F5> | 从 CMOS 中恢复前次的 CMOS 设定值,仅在选择设定菜单有效 |
| <F6> | 从故障保护缺省值表加载 CMOS 值,仅在选择设定菜单有效 |
| <F7> | 加载优化缺省值 |
| <F10> | 保存改变后的 CMOS 设定值并退出 |

*BIOS 基础及 CMOS 设置*

表 3-4　界面解析

| | |
|---|---|
| Standard CMOS Features(标准 CMOS 特性) | 对基本的系统配置进行设定,例如时间、日期 |
| Advanced BIOS Features(高级 BIOS 设置) | 对系统的高级特性进行设定 |
| Advanced Chipset Features(高级芯片组特性) | 修改芯片一组寄存器的值,优化系统性能 |
| Integrated Peripherals(集成的外部设备) | 对周边设备进行特别设定 |
| Power Management Setup(电源管理设定) | 对系统电源管理进行特别设定 |
| PnP/PCI Configurations(PnP/PCI 配置) | 此项仅在系统支持 PnP/PCI 时才有效 |
| PC Health Status(PC 目前状态) | 此项显示了 PC 的目前状态 |
| Frequency/Voltage Control(频率/电压控制) | 此项可以设置频率和电压 |
| Load Fail-Safe Defaults(载入故障安全默认值) | 载入工厂默认值,性能虽然不是最优,但工作稳定 |
| Load Optimized Defaults(载入高性能默认值) | 载入最好的性能但有可能影响稳定的默认值 |
| Set Supervisor Password(设置管理员密码) | 设置系统管理员密码 |
| Set User Password(设置用户密码) | 设置用户密码 |
| Save & Exit Setup(保存后退出) | 保存用户在程序中对设置值的修改,然后退出 Setup 程序 |
| Exit Without Saving(不保存退出) | 放弃用户在程序中对设置值的修改,然后退出 Setup 程序 |

2) 标准 CMOS 设置

在 BIOS 设置主界面中,通过方向键选中 Standard CMOS Features(标准 CMOS 设置)选项,按 Enter 键进入其设置界面。

(1) 设置系统日期和时间

通过按方向键移动光标到 Date 和 Time 选项上,然后按翻页键 Page Up/Page Down 或 +/一键,即可对系统的日期和时间进行修改。

(2) IDE 接口设备

IDE 接口设置主要是对 IDE 设备的数量、类型和工作模式进行设置。通常使用的 IDE 设备有硬盘和光驱。

电脑主板中一般有两个 IDE 接口插槽,一条 IDE 数据线最多可以接两个 IDE 设备,所以在一般的电脑中最多可以连接 4 个 IDE 设备。当一条 IDE 数据线上连接两个 IDE 设备时,首先需要分别对两个 IDE 设备进行物理跳线,设置谁是主盘(Master)谁是从盘(Slave),然后还应在 BIOS 中进行相应的设置。

• IDE Primary Master：第一组 IDE 插槽的主 IDE 接口。

• IDE Primary Slave：第一组 IDE 插槽的从 IDE 接口。

• IDE Secondary Master：第二组 IDE 插槽的主 IDE 接口。

• IDE Secondary Slave：第二组 IDE 插槽的从 IDE 接口。

选择一个 IDE 接口后,即可对相应的 IDE 设备进行设置。例如选择 IDE Primary Master 项,按 Enter 键后即可进入 IDE Primary Master 设置界面。

其中 IDE HDD Auto-Detection 指自动检测硬盘参数,即选择该项后系统将自动检测硬盘容量、存取模式、柱面数、磁头数、磁头停放区和扇区等。

IDE Primary Master 项表示第一组 IDE 插槽上的主 IDE 设备设置,该项可以设置为 Auto、None 或 Manual。

其中 Auto 表示自动检测 IDE 设备的参数,其结果和选择 IDE HDD Auto-Detection 是一样的;如果设置为 None,则表示开机时不检测该 IDE 接口上的设备,即屏蔽该接口上的 IDE 设备;Manual 表示允许用户设置 IDE 设备的参数。如果用户对电脑硬件不是很熟悉,建议都设置 Auto。

Access Mode 是关于硬盘的工作模式,一共有 4 种可选模式:Normal、LBA、Large 和 Auto,通常将其设置为 Auto 模式。

（3）软驱设置

一般的主板 BIOS 都支持两个软盘驱动器,在系统中称为 A 盘和 B 盘,对应在 BIOS 设置中为 Drive A 和 Drive B。

如果将软驱连接在数据线有扭曲的一端,则在 BIOS 中应设置为 Drive A;如果连接在数据线中间没有扭曲的位置,则在 BIOS 中应设置为 Drive B。

安装一个软驱时通常将其设置为 Drive A。

在软驱设置中有 4 个选项:None、1.2MB、1.44MB 和 2.88MB,现在使用的都是 1.44MB 的 3.5 英寸软驱,所以根据软驱连接数据线的位置,在对应的 Drive A 或 Drive B 处设置为 1.44MB,3.5 英寸即可。如果电脑中没有安装软驱,则将 Drive A 和 Drive B 都设置为 None。

（4）显示模式和系统错误设置

Video 项是显示模式设置,一般系统默认的显示模式为 EGA 或 VGA,需要用户再进行修改。

Halt On 项是系统错误设置,主要用于设置计算机在开机自检中出现错误时,应采取的对应操作。该项设置共有 5 个选项,其中 No Errors 表示检测到任何错误都不要停止 BIOS 工作,继续检测;All Errors 表示有任何错误系统均暂停,等候处理;All,But Keyboard 表示除了键盘错误外,有任何错误系统均暂停,等候处理;All,But Diskette 表示除了软驱错误外,有任何错误系统均暂停,等候处理;All,But Disk/Key 表示除了硬盘和键盘的错误外,有任何错误系统均暂停,等候处理。

（5）内存显示

内存显示部分共有 3 个选项:Base Memory（基本内存）、Extended Memory（扩展内存）和 Total Memory（内存总量）,一般只看 Total Memory（内存总量）是否与物理内存的容量相符。

完成标准 CMOS 设置后按 Esc 键可返回到 BIOS 设置主界面。

3）高级 BIOS 设置

高级 BIOS 设置界面如图 3-5 所示。在高级 BIOS 特性设置（Advanced BIOS Features）中,可以设置病毒警告、CPU 缓存、启动顺序以及快速开机自检等信息。

（1）病毒警告

Virus Warning 一项可设置为开启（Enabled）或禁止（Disabled）。如果开启了病毒警告功能,在系统启动时如果有病毒想要改写硬盘中的引导扇区或文件分配表,系统会暂停并显示出警告信息。

（2）缓存设置

CPU Level 1 Cache 和 CPU Level 2 Cache 分别为对 CPU 内部的一级缓存和二级缓存

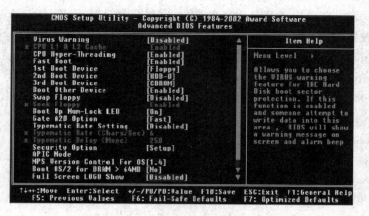

图 3-5　高级 BIOS 设置界面

进行设置。打开 CPU 高速缓存有助于提高 CPU 的性能,因此一般都设定为 Enabled。

CPU L2 Cache ECC Checking 是 CPU 二级高速缓存的奇偶校验,打开它可以检测并纠正二级高速缓存数据中的单字节错误,增加系统的稳定性,因此通常将它设置为 Enabled。

(3) 启动设置

Quick Power On Self Test 用来设置快速开机自检(POST),如果将其设置为 Enabled,可以加速电脑的启动,但同时跳过了某些自检项目,降低了系统的侦测能力。如果设置为 Disabled,开机时会进行正常的开机自检过程。

启动顺序设置一共有 4 项:First Boot Device、Second Boot Device、Third Boot Device 和 Boot Other Device,它们用于设置开机启动顺序,即第一启动设备、第二启动设备、第三启动设备和其他启动设备。

其中每项可以设置的值有:Floppy、IDE-0、IDE-1、IDE-2、IDE-3、CDROM、SCSI 和 LS120、ZIP,系统启动时会根据启动顺序从相应的驱动器中读取操作系统文件,如果第一设备启动失败,则读取第二启动设备,如果第二设备启动失败则读取第三启动设备。

Swap Floppy Drive 用于设置交换软盘驱动器号。当电脑中装有两个软驱并把此项值设置成 Enabled 时,可以实现 A、B 两个盘符互换。

此外,Boot Up Floppy Seek 项用来设置软驱的搜索功能,通常将其设置为 Disabled,以加速启动。

而 Boot Up Num Lock Status 项用于设置 Num Lock 键指示灯,用户可以根据自己的习惯来设置。

(4) 键盘设置

Typematic Rate Setting 用于设置键盘的重复输入速度,如果将此项设置为 Enabled,则允许设置键盘输入速度,如果将此项设置为 Disabled,那么键盘重复输入速度由系统的默认设置来控制。

Typematic Rate (Chars/Sec)用于设置键盘重复输入的速度,例如将这个值设为 20,那么当用户按住某一个键不放,每一秒钟就会将该键输入 20 次。

Typematic Delay(Msec)用于设置输入延迟,例如将该值设为 250,那么当用户按住某个键 250ms 以后,系统就会重复输入该字符。

（5）其他设置

Security Option 项用于设置系统对密码的检查方式。如果设置了 BIOS 密码,且将此项设置为 Setup,则只有在进入 BIOS 设置时才要求输入密码;如果将此项设置为 System,则在开机启动和进入 BIOS 设置时都要求输入密码。

OS Select For DRAM＞64MB 项是专门为 OS/2 操作系统设计的,如果计算机用的是 OS/2 操作系统,而且 DRAM 内存容量大于 64MB,就将此项设置为 OS/2,否则将此项设置为 Non-OS2。

Video BIOS Shadow 项用于设置是否将显卡的 BIOS 复制到内存中,此项通常使用其默认值。

4）高级芯片组设置

在 BIOS 设置主界面中选择 Advanced Chipset Features 项,即可进入高级芯片组设置界面,如图 3-6 所示。在该界面中可以对内存参数、显示功能、主板中集成设备以及系统、显卡 BIOS 主存映射功能设置等。

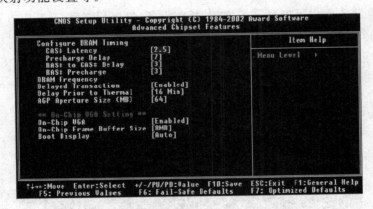

图 3-6　高级芯片组设置图

（1）内存参数设置

SDRAM RAS-to-CAS Delay 项用来设置 SDRAM 中从 RAS（Row Address Strobe,行地址控制器）到 CAS（Column Address Strobe,列地址控制器）脉冲信号之间延迟的时钟周期数。此项有两个选择：2 或 3,一般设置为 3,如果内存质量较好,可以选择 2,以提高系统性能。

SDRAM RAS Recharge Time 项用来控制 RAS 预充电过程的时钟周期数,一般使用默认设置。

SDRAM CAS Latency Time,此选项的作用是选择 SDRAM 列选通之后的延迟时间,以时钟周期为单位,其设定值有 2、3 和 Auto,一般使用默认设置。

SDRAM Recharge Control（SDRAM 预充电控制）,此选项用于确定是否可以控制 SDRAM 预充电,一般使用其默认值。

Memory Hole at 15M-16M 项用于设置 ISA 扩展卡预留的内存空间。对于采用 ISA 总线的主板,建议将此项设置为 Enabled,如果电脑主板上没有 ISA 插槽,则将此项设置为 Disabled。

第 3 章

BIOS 基础及 CMOS 设置

（2）系统 BIOS 缓存设置

System BIOS Cacheable 项用于设置是否使用系统 BIOS 缓冲内存。这个设置仅在系统 BIOS 被映射时才生效,但操作系统不需要经常访问系统 BIOS,所以打开这个设置并不能提高系统的性能,因此建议大家将此项设置为 Disabled。

（3）显卡相关设置

Video RAM Cacheable 项用于设置是否使用显示系统 BIOS 缓冲内存。此项和 System BIOS Cacheable 项类似,因此建议设置为 Disabled,从而达到优化系统性能的目的。

Delayed Transaction 项用于设置对延时的处理方式,此项通常使用默认设置。

AGP Aperture Site（MB）项用于设置 AGP 显卡可使用的系统内存大小。将更多的系统内存提供给 AGP 显示卡,显示卡的表现会更好,但如果显示系统占用了过多系统内存,则会影响整个系统的性能。

5）集成外设设置

在 BIOS 设置主界面中选择 Integrated Peripherals,即可进入集成外设设置界面,如图 3-7 所示。在该界面中可以对 IDE 通道、板载设备、串口/并口以及开机方式等进行设置。

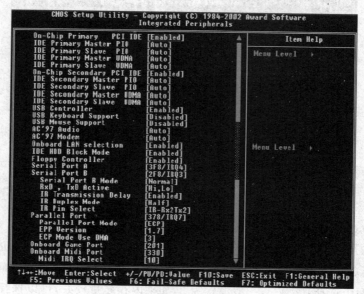

图 3-7　集成外设设置界面图

（1）IDE 通道设置

Onboard IDE-1 Controller 和 Onboard IDE-2 Controller 两项,分别用于控制是否可以对 IDE 通道的 PIO 传输模式和 Ultra DMA 模式进行设置。Enabled 表示允许进行设置,Disabled 表示禁止设置。

Master Driver PIO Mode 和 Slave Driver PIO Mode 项,分别用于设置主/从 IDE 设备的 PIO 传输模式。此选项的系统默认值为 Auto,在此模式中,系统会为每个设备自动选择一个最佳值。

Master Driver Ultra DMA 和 Slave Driver Ultra DMA 项,分别用于设置主/从 IDE 设备是否支持 Ultra DMA 模式。此项一般使用系统默认设置。

（2）板载设备设置

USB Keyboard Support 项用于设置是否支持 USB 键盘。如果使用了 USB 键盘，则必须将此项设置为开启状态，如果使用 PS/2 键盘则可关闭此项。

Init Display First 项用于设置首选显示适配器，此项通常设置为 AGP，即使用 AGP 显卡。

Onboard FDC Controller，如果系统中安装了软盘控制器，则开启本选项；如果系统中没有软盘驱动器，则关闭本选项。

AC97 Audio 项用于设置板载的 AC'97 声卡，如果要使用板载声卡则将此项设置为 Enabled，如果要屏蔽板载声卡则将此项设置为 Disabled。

AC97 Modem 项用于设置板载的 AC'97 Modem。此项默认设置为 Auto，即由系统自行判断并对其分配资源，如果要屏蔽板载 Modem 则将此项设置为 Disabled。

（3）串口/并口设置

Onboard Serial Port 1、Onboard Serial Port 2 和 Onboard Parallel Port 用于设置主板串口/并口的中断请求和地址，一般使用系统默认设置。

（4）开机方式设置

Power On Function 项用于设置电脑的允许开机方式。如果将此项设置为 Button Only 则只允许通过电源按钮开机；Mouse Left 表示鼠标左键开机；Mouse Right 表示鼠标右键开机；Password 表示需要密码才能开机；Hot Key Power ON 用于设置开机热键；Keyboard 98 表示使用键盘的开机键开机。

6）电源管理设置

在 BIOS 设置主界面中选择 Power Management Setup 项，即可进入电源管理设置界面，如图 3-8 所示。在该界面中可以对 ACPI 功能、电源管理方式、关机方式以及系统唤醒方式等进行设置。

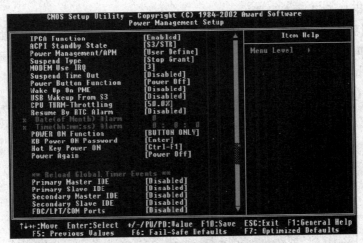

图 3-8　电源管理设置界面图

（1）设置 ACPI 功能

ACPI Function 项用于设置是否启用 ACPI 高级电源管理。Enabled 表示启用；

Disabled 表示禁用。

ACPI Suspend Type 项用于设置使用何种 ACPI 挂起模式。该项可设置为 S1（POS）或 S3(STR)，其中 S1（POS）表示带电等待，这是目前绝大多数计算机及操作系统均支持的节能方式。S3(STR)表示挂起到内存，这是 ACPI 技术提供的一种较 S1(POS)更强的节电方案，但实现 STR 功能需要操作系统、主板、BIOS、电源及相关接口卡支持。

（2）设置电源管理方式

Power Management 选项用于设置电源管理方式。其参数 Min Saving 表示最小节能状态，Max Saving 表示最大节能状态，User Define 为用户自定义。

Video Off Method 选项决定着黑屏的方式，共有 3 种选择：V/HSYNC＋BLANK、DPMS(DISPLAY POWER MAN-AGEMENT SYSTEM)和 BLANK ONLY。第一种是不向屏幕输出信息并关闭显示器行扫描和场扫描电路；第二种允许 BIOS 控制显示卡（当然该卡要支持 DPMS 规程）；第三种是仅仅不向屏幕输出信息。一般情况使用系统默认设置。

HDD Power Down 项用于设置硬盘关闭的模式，即设置硬盘电源关闭模式计时器。此项一般使用系统默认设置。

（3）设置关机方式

Soft-Off by PWR-BTN 项用于设置关机按钮的关机时间。该项有两个参数，Instant-Off 表示按下关机按钮后立即关闭。Delay 4 sec 表示按下 4s 或更长时间后系统关机。

（4）设置系统唤醒方式

Power On by Ring 项用于设置系统是否采用 Modem 唤醒。Power On by Alarm 项用于设置是否允许定时开机，以及定时开机的日期和时间。Wake Up On LAN 项设置系统是否采用网络唤醒。USB KB Wake-Up From S3 项设置是否采用 USB 键盘来唤醒暂停的系统。

7）即插即用与 PCI 状态设置

在 BIOS 设置主界面中选择 PnP/PCI Configurations 项，即可进入即插即用与 PCI 状态设置菜单。如图 3-9 所示，在该项中可以设置即插即用功能、系统资源控制方式和即插即用设备的中断号以及 DMA 资源分配等。

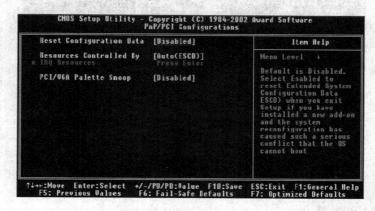

图 3-9　即插即用与 PCI 状态设置图

（1）重新配置数据

Reset Configuration Date 项用于设置是否重新配置数据。此项默认设置为 Disabled。如果系统中安装了一个新的非即插即用设备，可将此项设置为 Enabled，以便系统更新 ESCD。

（2）设置系统资源控制方式

Resources Controlled By 项用于设置系统资源控制方式。此项可设置为由系统自动（Auto）分配或用户手动（Manual）分配。通常使用其默认设置。

（3）设置 PCI/VGA 调色板监听功能

通过 PCI/VGA Palette Snoop 项可以设置 PCI/VGA 调色板监听功能。此项通常使用其默认设置。

8）系统健康状态检测

在 BIOS 设置主界面中选择 PC Health Status 项，即可进入计算机健康状态检测界面，如图 3-10 所示。通过该界面我们可以了解到系统硬件的工作状态和环境，例如目前 CPU 温度（Current CPU Temperature）、CPU 风扇转速（CPU fan）以及 CPU 工作电压等。

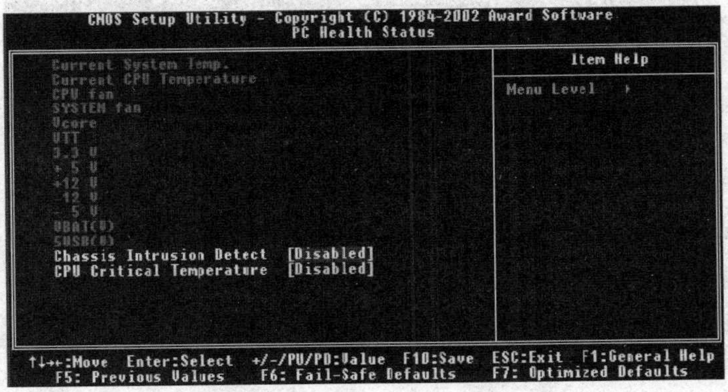

图 3-10  系统健康状态检测设置图

Chassis Intrusion Detect 项用来启用、复位或禁用机箱入侵监视功能。该项设定值有：Enabled、Reset 和 Disabled。设置为 Enabled 时，系统将记录机箱的入侵信息，下次打开系统时，将显示警告信息；将此项设为 Reset 可清除警告信息，然后自动回复到 Enabled 状态。

CPU Critical Temperature 项用来指定 CPU 的温度临界值，如果 CPU 温度达到了这个指定值，系统就会发出警告。

9）频率和电压控制

在 BIOS 设置主界面中选择 Frequency/Voltage Control 项，即可进入频率和电压控制界面，如图 3-11 所示。该界面主要用于设置 CPU 的时钟频率和伸展频率。

CPU Ratio Selection（CPU 倍频选择）：CPU 的主频和外频之间有一个比值关系，这个比值就是倍频系数，简称倍频。用户可以通过修改 CPU 的倍频以实现 CPU 超频。

Auto Detect PCI Clock（自动侦测 PCI 时钟频率）：此项允许自动侦测安装的 PCI 插槽。当设置为 Enabled 时，系统将移除（关闭）PCI 插槽的时钟，以减少电磁干扰（EMI）。

Spread Spectrum（频展）：当主板上的时钟振荡发生器工作时，脉冲的极值（尖峰）会产生 EMI(电磁干扰)。

频率范围设定功能可以降低脉冲发生器所产生的电磁干扰,所以脉冲波的尖峰会衰减为较为平滑的曲线。如果没有遇到电磁干扰问题,将此项设定为 Disabled,即可优化系统的性能表现和稳定性。但是,如果遇到电磁干扰问题,请将此项设定为 Enabled,这样可以减少电磁干扰。

CPU Host/PCI Clock(CPU 外频/PCI 时钟频率):此选项指定了 CPU 的前端系统总线频率、AGP(3V66)和 PCI 总线频率的组合。用户可以通过修改此项的值实现超频。一般情况下建议使用默认设置。

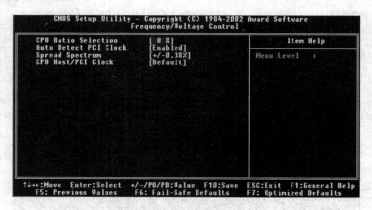

图 3-11　频率和电压控制设置图

10) 载入系统默认设置

在 BIOS 中有这样的设置项,就是针对把 BIOS 设置乱了后,能够再把 BIOS 改回出厂时的默认值,让电脑能够安全启动。

载入系统默认设置有两个选项,Load Fail-Safe Defaults 表示载入安全状态设置,如图 3-12 所示。Load Optimized Defaults 表示载入最优化设置,如图 3-13 所示。

Load Fail-Safe Defaults (Y/N)? N

Load Optimized Defaults (Y/N)? N

图 3-12　载入安全状态设置 　　　　　图 3-13　载入最优化设置

将光标移到 Load Optimized Defaults 选项,按 Enter 键,屏幕提示是否载入最优化设置,输入 Y 后按 Enter 键,这样 BIOS 中的众多设置选项都变成默认值。

如果在最优化设置下电脑出现异常,可以用 Load Fail-Safe Defaults 选项来恢复 BIOS 的默认值,该项是最基本的也是最安全的设置,在这种设置下一般不会出现问题,但电脑的性能也可能得不到最充分的发挥。

11) 密码设置

BIOS 中设置密码有两个选项,其中 Set Supervisor Password 项是设置超级用户密码,Set User Password 项用于设置用户密码。

(1) 设置超级用户密码

将光标定位到 Set Supervisor Password 项后按 Enter 键,将弹出一个密码输入提示框,输入密码后按 Enter 键,系统要求再次输入密码以便确认。BIOS 密码最长为 8 位,输入的字符可以为字母、符号、数字等,字母要区分大小写。

超级用户密码是为防止他人修改 BIOS 内容而设置的,当设置了超级用户密码后,每一次进入 BIOS 设置时都必须输入正确的密码,否则不能对 BIOS 的参数进行修改。

(2) 设置用户密码

Set User Password 项用于设置用户密码。用户密码的设置方法和超级用户密码的设置方法相同。用户输入正确的用户密码后可以获得使用电脑的权限,但不能修改 BIOS 设置。

12) 退出 BIOS 设置

BIOS 设置完毕后需要退出时有两种退出方式,即存盘退出和不保存设置退出。

(1) 存盘退出

如果需要保存设置,则在 BIOS 设置主界面中将光标移到 Save&Exit Setup 项并按 Enter 键,此时会弹出退出确认对话框,输入 Y 确认即可。

**注:** 在 BIOS 设置主界面按 F10 键,也可弹出存盘退出的确认提示框。

(2) 退出 BIOS 但不保存设置

如果不需要保存所做的设置,则在 BIOS 设置主界面中选择 Exit Without Saving 项,弹出 Quit Without Saving 的提示框时,输入 Y 退出即可。

## 3.1.3  最新 AMI BIOS 详解

采用最新的 AMI BIOS。支持 Windows 即插即用。设置界面如图 3-14 所示。

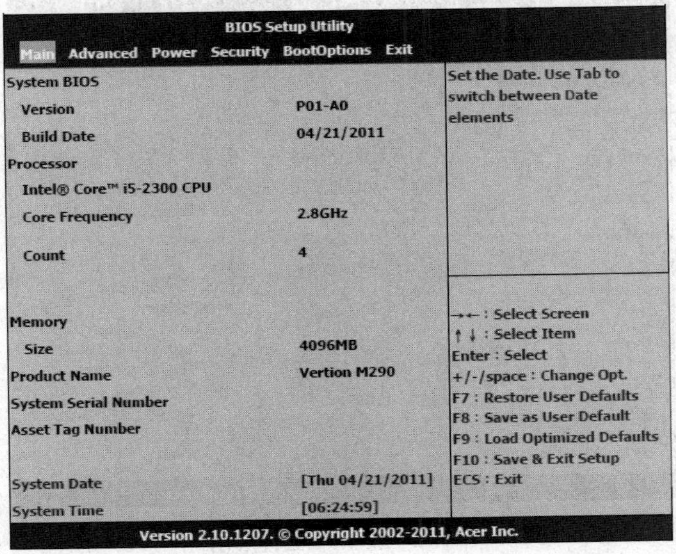

图 3-14  BIOS 基本信息配置图

BIOS Setup Utility 按键功能如下所示(设置界面的右下角):

→←:选择画面。

↑↓:选择项目。

*BIOS 基础及 CMOS 设置*

Enter：选择。

＋/－/space：更改选项。

F7：恢复用户默认。

F8：保存为用户默认。

F9：加载优化默认值。

F10：保存并退出设置。

Ecs：退出(或者返回主界面)。

BIOS Setup Utility 提示：

(1) 主板默认 BIOS 设置适用于大多数情况下。不建议在 BIOS 中设置和更改默认值。

(2) 在本手册中,默认值括在括号中。带有三角标记为子菜单项。

### 1. BIOS 设置实用程序(Main)

此选项会显示系统的基本信息。自动显示系统 BIOS 版本、建立日期、处理器、内存、系统日期等信息。

系统日期(System Date)和时间(System Time)：在计算机上显示当前的日期和时间。如果运行 Windows 操作系统,每当更改 Windows 的日期和时间时,这些项目都将自动更新。

### 2. BIOS 设置实用程序(Advanced)

高级设置包括 4 个子项目：杂项、高级芯片组配置、集成的外围设备和电脑健康状态,如图 3-15 所示。

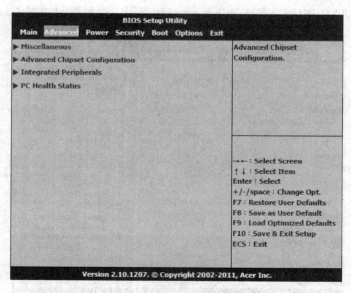

图 3-15　BIOS 高级设置图

- 杂项(Miscellaneous)如图 3-16 所示；
- 高级芯片组配置(Advanced Chipset Configuration)；
- 集成的外围设备(Integrated Peripherals)；
- 电脑健康状态(PC Health Status)。

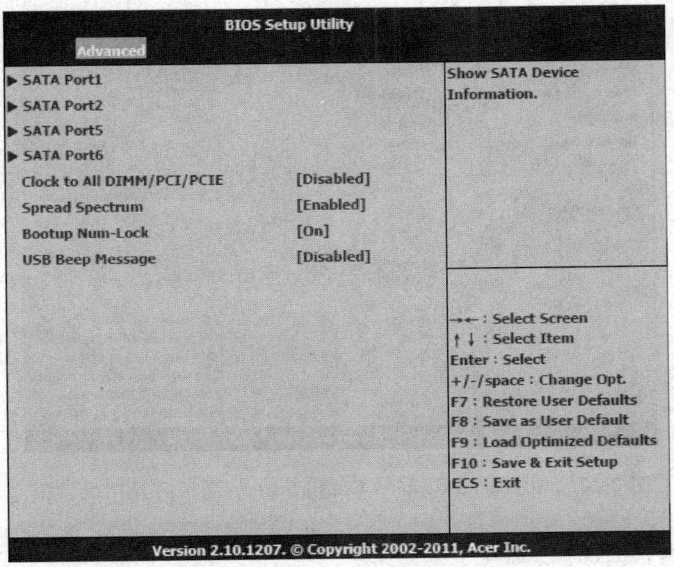

图 3-16　Miscellaneous 设置画面

说明：

主板支持 4 个 SATA 通道，每个通道允许安装一个 SATA 设备，SATA 端口 1～2/5～6。

Clock to All DIMM/PCI/PCIE［Disabled］：启用或禁用所有 DIMM/PCIE 时钟。

Spread Spectrum［Enabled］：启用或禁用扩频。如果启用传播 Spectrum，它可以显著减少所产生的 EMI（电磁接口）。

Bootup Num-Lock［On］：系统启动时间、Num Lock 键是有效或无效。

USB Beep Message［Disabled］：禁用或启用 USB 设备枚举过程中的蜂鸣声。

所有 DIMM/PCI/PCIE 时钟［禁用］：禁用或启用所有 DIMM/PCIE 时钟。

扩频［启用］：禁用或启用扩频。

图 3-17 所示页面设置更高级的系统相关信息。处理需慎用，任何变化都会影响计算机的操作。设置允许用户启用或禁用 EIST（Enhanced Intel Speed Step Technology）功能（增强型英特尔 Speed Step 技术），内容如下。

Intel EIST 功能：智能降频技术，根据不同的系统工作量自动调节处理器的电压和频率，以减少耗电量和发热量。

Intel Turbo Boost：自动超频技术。英特尔睿频加速技术是英特尔酷睿 i7/i5 处理器的独有特性。其功能是当启动一个运行程序后，处理器会自动加速到合适的频率，而原来的运行速度会提升 10％～20％，以保证程序流畅运行。

Intel AES-NI：提升加解密速度。AES（Advanced Encryption Standard）是一种对称块密码。

Intel XD Bit：防止大多数的缓冲满溢攻击，即一些恶意程式，把自身的恶意指令集放在其他程式的数据存储区并执行，从而达到控制整台电脑。

Intel VT：虚拟现实技术（Virtualization 的技术）。

ASF：通过网卡进行系统监控和远程管理的技术。

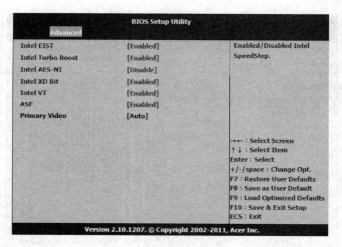

图 3-17　Advanced Chipset Configuration 高级芯片组配置图

Primary Video：主视频大小。

图 3-18 所示为外围设备连接到系统的一些参数。

| | BIOS Setup Utility | |
| --- | --- | --- |
| **Advanced** | | |
| Onboard SATA Controller | [Enabled] | Onboard SATA Controller. |
| Onboard SATA Mode | [Native IDE] | |
| Onboard USB Controller | [Enabled] | |
| Legacy USB Support | [Enabled] | |
| USB Storage Emulation | [Auto] | |
| Onboard Graphics Controller | [Disabled] | |
| Onboard Audio Controller | [Enabled] | |
| Onboard LAN Controller | [Enabled] | |
| Onboard LAN Option ROM | [Disabled] | |
| Onboard LAN Controller | [Disabled] | →←: Select Screen |
| Serial Port1 Address | [3F8, IRQ4] | ↑↓: Select Item |
| Serial Port2 Address | [2F8, IRQ3] | Enter: Select |
| Parallel Port Address | [378] | +/-/space: Change Opt. |
| Parallel Port Mode | [Normal] | F7: Restore User Defaults |
| Parallel Port IRQ | [IRQ7] | F8: Save as User Default |
| | | F9: Load Optimized Defaults |
| | | F10: Save & Exit Setup |
| | | ECS: Exit |
| Version 2.10.1207. © Copyright 2002-2011, Acer Inc. | | |

图 3-18　Integrated Peripherals 集成的外围设备配置图

Onboard SATA Controller［Enabled］：启用或禁用板载 SATA 控制器。

Onboard SATA Mode［Native IDE］：板载 SATA 模式［原生 IDE］。

Onboard USB Controller［Enabled］：启用或禁用板载 USB 控制器。建议保持默认值。

Legacy USB Support［Enabled］：启用或禁用传统 USB 设备的支持。禁用它可能会造成 USB 设备无法正常工作。

USB Storage Emulation［Auto］：USB 存储仿真。USB 设备可模拟软盘和硬盘。

Onboard Graphics Controller［Disabled］：启用或禁用板载图形控制器。

Onboard Audio Controller［Enabled］：启用或禁用板载音频控制器。

Onboard LAN Option ROM［Disabled］：启用或禁用板载 LAN 选项 ROM 功能。

Onboard LAN Controller［Enabled］：启用或禁用板载 LAN 控制器。

Serial Port1 Address：串口 1 的地址(3F8,IRQ4)。

Serial Port2 Address：串口 2 的地址(2F8,IRQ3)。

Parallel Port Address：并行端口地址(378)。

Parallel Port Mode：并行端口模式(正常)。

Parallel Port IRQ：并行端口 IRQ(IRQ7)。

此项功能使主板支持硬件监控,这个项目可以让用户监控关键参数,如图 3-19 所示。

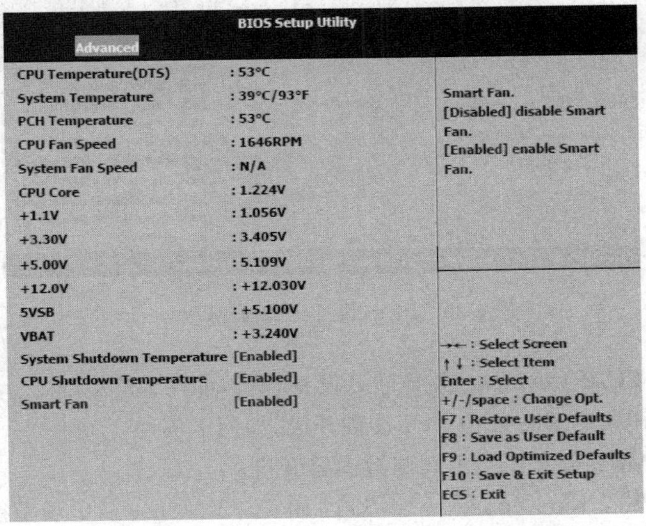

图 3-19　PC Health Status 电脑健康状态配置图

CPU Temperature (DTS)：CPU 温度。

System Temperature：系统温度。

PCH Temperature：芯片组温度。

CPU Fan Speed：CPU 风扇转速。

System Fan Speed：系统风扇转速。

CPU Core：CPU 内核电压。

System Shutdown Temperature：系统关闭温度。

CPU Shutdown Temperature：CPU 停止运行温度。

Smart Fan.：智能风扇,启用/禁用系统风扇的转速控制。

**3. BIOS 设置实用程序(Power)**

此项主要功能为电源管理,如图 3-20 所示。

ACPI(Advanced Configuration and Power Management Interface)表示高级配置和电源管理接口。

ACPI Aware O/S：根据操作系统的支持情况选择是否开启 ACPI 功能。

ACPI Suspend Mode：ACPI 待机模式。

Deep Power Off Mode：关机模式。

Power On by RTC Alarm：RTC(实时时钟)电脑自动定时开机。

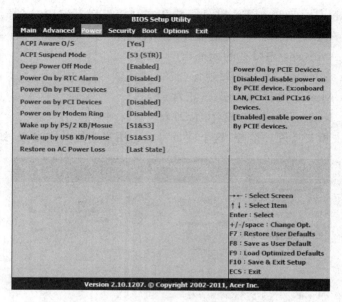

图 3-20  BIOS 设置实用程序(Power)

Power On by PCIE Devices：由 PCI-E 设备开机，如网卡等。

Power on by PCI Devices：由 PCI 设备开机，如网卡等。

Power on by Modem Ring：由调制解调器开机。

Wake up by PS/2 KB/Mouse〔S1&S3〕：由 PS/2 Mouse 从电源节能模式唤醒。

Wake up by USB KB/Mouse〔S1&S3〕：由 USB 鼠标从电源节能模式唤醒。

Restore on AC Power Loss〔Last State〕：是否上电自启动并恢复最近状态。

**4. BIOS 设置实用程序(Security)**

此项功能为安全管理设置，如图 3-21 所示。

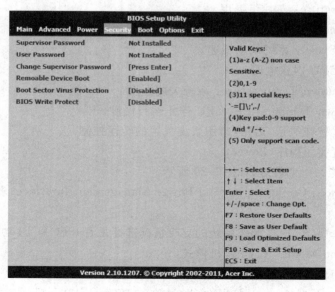

图 3-21  安全管理设置图

Supervisor Password：是否允许更改管理员密码。

User Password：是否允许更改用户密码。

Change Supervisor Password：更改超级用户密码。

Boot Sector Virus Protection：引导扇区病毒保护。

BIOS Write Protect：BIOS 写保护。

### 5. BIOS 设置实用程序（Boot Options）

开机优先顺序选择如图 3-22 所示。

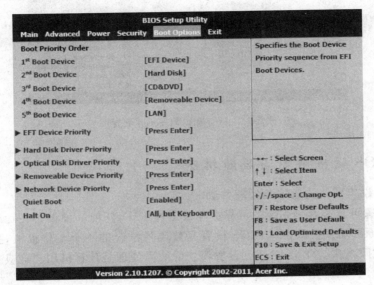

图 3-22　开机优先顺序选择设置图

$1^{st}$ Boot Device［EFI Device］：EFT 设备优先顺序第一引导设备［EFI 设备］。

$2^{nd}$ Boot Device［Hard Disk］：硬盘驱动器优先级（按 Enter 键）。

$3^{rd}$ Boot Device［CD&DVD］：光盘驱动器优先级（按 Enter 键）。

$4^{th}$ Boot Device［Removeable Device］：可拆卸的设备优先级（按 Enter 键）。

$5^{th}$ Boot Device［LAN］：网络设备优先级（按 Enter 键）。

Quiet Boot（Enabled）：安静的引导（可启用或禁用开机安静）。

Halt On（All，but Keyboard）：暂停全部（键盘除外）。

### 6. BIOS 设置实用程序（Exit）

图 3-23 所示为保存和退出 Setup 配置图。

Save & Exit Setup：保存更改并退出。

Discard Changes and Exit Setup：放弃更改并退出。

Save Changes：保存更改。

Discard Changes：放弃更改。

Load Default Settings：加载默认设置。

Save as User Default Settings：按用户默认设置。

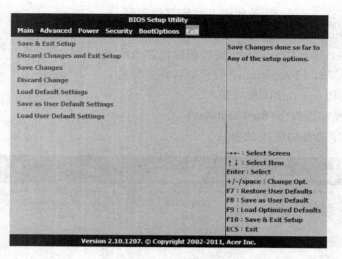

图 3-23 保存和退出 Setup 配置图

## 3.1.4 BIOS 疑难解析与故障排除

**1. CMOS 设置模块的故障及处理方法**

CMOS 设置可直接影响系统的可靠性和稳定性工作,任何一种设备在运行中都有可能因各种各样的原因而发生故障,CMOS 设置是软硬件结合的一个工作模块,虽然可靠性很高,但仍然有故障发生。学会 CMOS 设置模块的故障处理是计算机用户应具备的基本技能之一。

**2. CMOS 设置模块的故障分类**

- 硬件故障:硬件故障常见的有"可充电电池失效","CMOS 存储器内部存储单元失效","印刷电路线条故障"等。
- 信息故障:常见的有"CMOS 数据丢失","密码丢失","CMOS 数据错误"等。

**3. CMOS 设置模块故障处理概述**

1) 可充电电池失效

可充电电池失效是最常见的典型故障。其典型表现是:时钟、日期设置正确后总是不能保持正常,特别是设置完毕停机一天以上,更是明显。或者设置好的数据,一旦停机(半小时左右)后再起动,又不能正常工作,重新设置后一切又都正常。或者加电自检后屏幕提示"CMOS checksum error-Defaults Loaded"等。解决办法:更换新的电池。更换时请注意钮扣电池的正负极性方向,不可反置。+极向上(有字符)。用万用表测试,新电池电压应在3V,失效电池往往在 1V 左右,甚至没有电压。

2) CMOS 存储器内部存储单元失效

这个故障极少见,其典型表现是:存入 CMOS 的某个数据不正常或者丢失,无论存入多少次,现象不变(注意排除电池问题)。一般用户无法处理,请专业技术部门更新。

3) 印刷电路故障

这类故障在现在的主板上已经很少发生。其典型表现是:CMOS 不能有效设置,或者不工作。打开机箱可发现印刷电路有"铜碌"或者断裂痕迹,特别是经清洁处理后暴露很明显。这类故障必须由专业人士分析,并确定处理办法。

4) 信息故障的处理

"CMOS 数据丢失或错误",重新设置 BIOS 并保存。

5) 密码问题

COMS 密码分两种,一种是 Setup 密码,另一种是 System 密码。

如果选择 System,那么每次开机启动时都会提示您输入密码,如果密码不对,那么就无法使用计算机了,此密码的设置目的在于禁止外来者使用计算机;如果选择 Setup,那么仅在进入 CMOS 设置时才提示您输入密码,此密码设置的目的在于禁止未授权用户设置 BIOS。我们可根据不同的目的进行设置,一般来讲,设置了 System 密码,那么安全性更高些,但同时如果忘记密码,其破解也就更复杂些,而设置了 Setup 密码则反之。下面就列出常用的 CMOS 密码解除方法。

(1) DEBUG 法

用 DEBUG(DOS 自带的一个程序)向端口 70H 和 71H 发送一个数据,可以清除口令设置,具体操作如下:

C:\>DEBUG

— O 70 10

— O 71 01

— Q

(2) CMOS 放电法

打开机箱,找到主板上的电池,将其与主板的连接断开(就是取下电池),此时 CMOS 将因断电而失去内部存储的一切信息。再将电池接通,合上机箱开机,由于 CMOS 已是一片空白,它将不再要求用户输入密码,此时进入 BIOS 设置程序,选择主菜单中的 LOAD BIOS DEFAULT(装入 BIOS 缺省值)或 LOAD SETUP DEFAULT(装入设置程序缺省值)即可,前者以最安全的方式启动计算机,后者能使计算机发挥出较高的性能。

(3) 短接法和跳线法

如果电池被焊在主板上(特别是杂牌兼容机或老机器有这种事),可以使用"跳线短接法"的方法对 CMOS 放电(建议一般用户使用此法),具体操作如下。

在电池附近有一个跳线开关(可参考主板说明书),一般情况下,在跳线旁边注有 RESET CMOS、CLEAN CMOS、CMOS CLOSE 或 CMOS RAM RESET 等字样,跳线开关一般为三脚,有的在 1、2 两脚上有一个跳接器,此时将其拔下接到 2、3 脚上即可放电;有的所有脚上都没有跳接器,此时将 2 脚于充电电容短接即可放电。

另外,几乎所有的主板都有清除 CMOS 的跳线和相关设置的功能,厂商不同而各有所异。因此,可查询相关主板说明书。

## 3.1.5 BIOS 备份与升级

为了充分发挥主板的性能,支持层出不穷的新硬件,并改正以前 BIOS 版本的缺陷,厂家不断地推出新 BIOS 版本,利用专用的升级程序,改写主板 BIOS 的内容,这就是常说的 BIOS 升级。在升级之前,为以防万一,用户应该对原有的 BIOS 进行备份。

**1. 备份主板 BIOS**

1)Award BIOS 的备份

首先在 C 盘上建立一个 BIOS 文件夹,然后将 Award BIOS 的刷新工具 Awdflash. exe 复制到该文件夹中,重新启动电脑,当系统自检完成并出现 Starting Windows 98 时按 F8 键,在出现的启动选项中选择第 6 项进入 DOS 实模式。

在 C 盘符下输入 CD BIOS,进入 BIOS 目录后,执行 Awdflash. exe,此时出现 Awdflash 的使用界面,如图 3-24 所示。

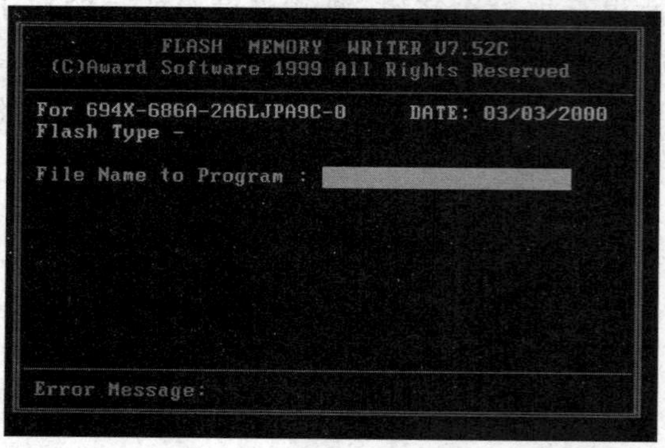

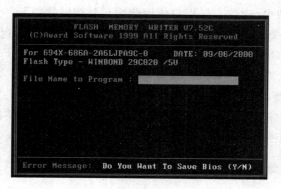

图 3-24　Awdflash 使用提示界面

在图 3-24 上我们可以看到一些 BIOS 的相关信息,例如左上角的 BIOS ID。 BIOS ID 记录了主板所采用的芯片组、I/O 控制器型号以及生产商等相关信息,在屏幕的右上角还有当前 BIOS 最后的更新日期。

在程序的主画面上可以看到一个信息栏,在其左侧有 File Name to Program 字样,此栏便是写入 BIOS 程序栏,也就是说,如果要升级 BIOS,则需要在该对话框中输入新 BIOS 文件的名称。如果现在需要备份而不是升级,就不需要输入任何内容。

按 Enter 键后,刷新程序会提示 Do You Want To Save BIOS(Y/N),提示"是否保存旧的 BIOS",如图 3-25 所示。

图 3-25　保存旧 BIOS 提示界面

选择 Y,此时刷新程序会自动检测出主板所使用的 BIOS 芯片型号、生产商和工作电压等相关信息。再次选择了 Y 之后,刷新程序会显示一个长条信息栏,这就是备份信息栏,这时可以输入一个自定义的名称以备份主板原有的 BIOS(例如 back.bin),如图 3-26 所示。

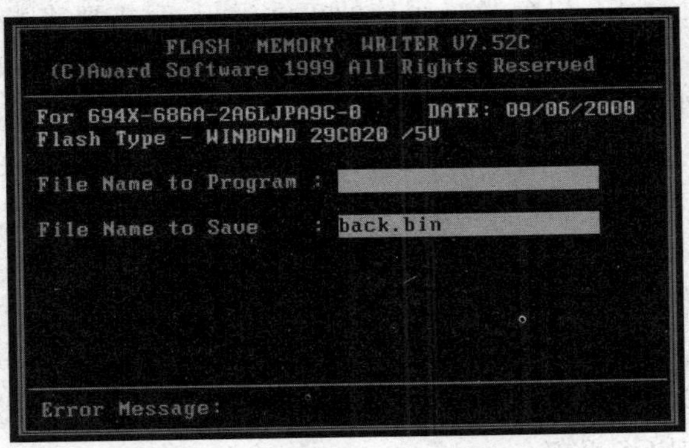

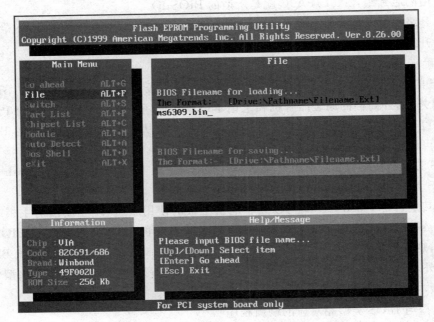

图 3-26　备份文件输入界面

输入文件名并按 Enter 键后,系统开始备份 BIOS 文件,由于是在硬盘中操作,所以备份速度很快,同时程序会自动退出,当再回到 BIOS 目录时,就会发现 BIOS 文件夹中已经多了一个名为 back.bin 的 BIOS 文件,这就是备份文件。

2) AMI BIOS 的备份

Award BIOS 备份的操作一样,首先在 C 盘建立一个 BIOS 文件夹,将 AMI BIOS 的刷新工具 Amiflash.exe 复制到该文件夹中,重新启动电脑,当系统自检完成并出现 Starting Windows 98 时按 F8 键,在出现的启动选项中选择第 6 项进入 DOS 实模式。

在 C 盘符下输入 CD BIOS,进入 BIOS 目录后,执行 Amiflash.exe,此时便出现了 Amiflash.exe 的使用界面,如图 3-27 所示。

图 3-27　AMI BIOS 备份使用界面

从图 3-27 中可以看出 Amiflash.exe 的使用菜单很多,其功能也很强大,但对于初学者不建议对其他功能进行设定,以免影响系统的正常运行,只需要将光标移到 File 选项时按 Enter 键,然后再填好备份程序栏中的内容,按 Enter 键就可以完成 BIOS 备份。

备份的 BIOS 文件一定要保护好,建议将其保存到光盘上。如果需要将备份的 BIOS 文件恢复,可通过刷新工具进行。若 BIOS 刷新失败,可以通过编程器来重新将 BIOS 恢复,总之,做好 BIOS 的备份工作是非常重要的。

**2. 升级主板 BIOS**

现在的主板几乎都采用 Flash ROM(快闪 ROM)作 BIOS,在一定的电压、电流条件下,可对其 Firmware 进行改写。为了充分发挥主板的性能,支持层出不穷的新硬件,并改正以前 BIOS 版本中的缺陷,厂家不断推出新的 BIOS 版本。利用专用的刷新程序,改写主板 BIOS 的内容,这就是 BIOS 升级。

主板 BIOS 升级需要新版本 BIOS 数据文件和 BIOS 刷新程序。

1) 寻找新版本 BIOS 数据文件

寻找新版本 BIOS 数据文件需要确定主板厂商、主板型号、主板 BIOS 种类和主板的版本。

(1) 查询主板厂商和型号

通过主板包装盒和说明书、主板标识、开机画面了解主板型号和厂家。

当系统开机自检时按下键盘上的 Pause/Break 键,这样系统的检测过程就会暂停。通常这时屏幕上的第一行(或前两行)为 BIOS 的相关信息,能够确定 BIOS 的出品公司名称、主板型号和所用的 BIOS 当前版本;从屏幕的最后一行也可以得知机器的相关信息,如 03/03/2000-694X-686A-2A6LJPA9C-00 的 03/03/2000 代表 BIOS 更新的日期,694X 代表该主板所使用的芯片组,2A6LJPA9C 就是所谓的 BIOS-ID。

由于升级 BIOS 要求十分严格,主板与 BIOS 型号规格必须完全对应,如果弄错了主板类型或者升级程序有问题,后果将非常严重,所以要特别慎重。

(2) 确定 BIOS 的种类和版本

BIOS 的分类及版本:目前国内市面上较流行的主板 BIOS 主要有 Award BIOS、AMI BIOS。另外,国外高档的原装品牌机和笔记本电脑多使用 Phoenix BIOS(目前 Phoenix 与 Award 已经合并)。主板采用的是何种 BIOS 类型,一般从开机画面及主板上的 BIOS 芯片的商标上可以得知,也可以用相关的测试软件来测得。

BIOS 芯片类型的确定:要想升级 BIOS,前提是主板上的 BIOS 必须是 Flash ROM,普通的 BIOS 是不能用软件方法升级的。

识别其是否是 Flash ROM,可以查看电脑主板的使用手册(现在新出的主板基本上都采用了 Flash BIOS),也可以直接查看主板上 BIOS 芯片的型号,方法是揭掉 BIOS 芯片上面的标签,观察芯片的型号。如果芯片上面的号码中有 28 或 29 的数字,那么该 BIOS 可以升级。另外,还可根据主板的品牌及型号,到主板生产公司的网页上查看有无该型号主板的 BIOS 新版本,如有,当然就可判断 BIOS 为 Flash BIOS。

2) 选择与 BIOS 类型相对应的刷新程序

Award、AMI 和 Phoenix 等 BIOS 类型分别有相应的 BIOS 刷新程序(或称擦写器)。例如:Award BIOS 采用软件 AWD Flash 来擦写;AMI BIOS 采用 AMI Flash 来擦写。但

是需要注意的是,一些著名的主板厂商会提供专门的擦写器程序,针对其产品进行 BIOS 擦写。另外,有的主板厂商把刷新软件与 BIOS 升级软件合并做成一个可执行文件,运行该程序即可完成对 BIOS 的升级。

3) 判定下载的 BIOS 文件是否正确

Modbin. exe 是 Award 公司的 BIOS 修改软件,该软件可以显示 BIOS 文件的 BIOS-ID,借助于该软件可以判定 BIOS 文件是否正确。判断的依据是,同一主板的 BIOS 文件的 BIOS-ID 必定相同。因此,我们首先要记录下本机的 BIOS-ID 代码,然后,启动 Modbin 软件读出下载文件的 BIOS-ID,如果对比二者正确无误,就说明找到的 BIOS 文件是正确的。

**3. 升级 BIOS 实例**

1) 常规升级方法

步骤 1:首先开机进入 BIOS 设置界面,在 CMOS Chipset Feature Setup 项中,将 System BIOS Cacheable 和 Video BIOS Cacheable 项禁用,保存设置并退出;重启计算机,以 MS-DOS 方式引导并避免加载任何可能驻留内存的程序。如在 Windows 98 中,当硬盘引导至 Starting Windows 98 时,按 F8 键进入 MS-DOS 模式,并避免 Drvspace. bin 程序的加载,保证有足够大的常规内存。

步骤 2:系统启动成功后,在提示符下输入 Awdflash(以 Award BIOS 为例),并按 Enter 键,即可运行刷新程序。

步骤 3:首先提示输入新的 BIOS 数据文件的名称,然后提示是否保存旧版本的 BIOS,将旧版本的 BIOS 文件以一个新名保存下来,如果升级后的 BIOS 存在问题,还可以用原来的 BIOS 版本恢复。刷新程序会再次确定是否真的要改写 BIOS 的内容,回答 Y 后,BIOS 升级正式开始。改写结束后,刷新程序提示按 F1 键重新启动计算机,按 F10 键回到 DOS 状态。

步骤 4:重新启动计算机,出现正常的显示,表示升级成功。这时需进入 BIOS 设置界面,在 CMOS Chipset Feature Setup 项中,将 System BIOS Cacheable 和 Video BIOS Cacheable 项启用,保存设置并退出。至此,整个 BIOS 的升级过程即全部完成。

2) 在 Windows 下升级方法

由于 Windows 2000/XP 已取消了 MS-DOS 方式,常规升级方法极为不便。因此,技嘉开发的@BIOS flasher 能在 Windows 下对技嘉主板的 BIOS 升级,借助于这种方法也可以实现对其他主板 BIOS 的升级。

操作方法如下。

@BIOS flasher 程序运行后能自动侦测出主板的 BIOS 芯片类型、电压、容量和版本号。在 BIOS 信息的左下方是默认的执行操作,共有 4 项,除第一项 Internet Update(网络在线升级)外,其余均为不可更改。选项右边有个按钮,从上到下依次为:Update New BIOS(升级新的 BIOS)、Save Current BIOS(保存现有的 BIOS)、About This Program(关于这个程序)、Exit(退出)。

因为@BIOS flasher 不支持非技嘉主板在线升级,如果要刷新非技嘉主板 BIOS,就需要在主板厂商站点下载主板最新 BIOS 文件,把主板上防 BIOS 写入的跳线打开,以及在 BIOS 设置程序中将防 BIOS 写入选项设为 Disabled,单击 Update New BIOS 按钮,并在弹出的窗口中选择要刷新的 BIOS 文件,然后在弹出的消息框上单击 Y 按钮,便会自动更新 BIOS。

上述整个操作在 Windows 下进行,更新结束后程序会弹出消息框,提示升级成功,并要求重启计算机。当机器重启后,BIOS 就更新为新的版本了。

# 3.2　实 训 内 容

## 3.2.1　实训项目一：BIOS 基础和 CMOS 参数设置

### 1. 实训目的与要求

(1) 了解 BIOS 基本知识。

(2) 了解 BIOS 与 CMOS 的关系。

(3) 了解 CMOS 参数指标与系统环境的关系。

(4) 掌握 CMOS 参数的设置内容。

(5) 掌握 CMOS 参数的设置方法。

### 2. 实训软硬件要求

(1) PⅣ级以上的 PC 或笔记本电脑。

(2) 虚拟实验环境：参考第 10 章内容。

### 3. 实训步骤

(1) 对所有 BIOS 选项进行逐项了解、学习并设置要点。

(2) 当前系统日期、时间的设置。

(3) 一级、二级缓存设置。

(4) USB 接口屏蔽设置。

(5) 集成显卡、声卡、网卡屏蔽设置。

(6) 查看并了解"电源管理设置"。

(7) 密码的设置(两种方式：System 和 Setup)密码值：stu。

(8) 清除密码设置。

(9) 装载缺省设置和优化设置,查看设置后参数的变化。

## 3.2.2　实训项目二：BIOS 自检与故障排查

### 1. 实训目的与要求

(1) 掌握微机启动全过程。

(2) 掌握 POST 上电自检过程。

(3) 掌握 BIOS 的维护技术。

### 2. 实训软硬件要求

PⅢ级以上的 PC(不同品牌的 BIOS 均可)。

### 3. 实训步骤

(1) 不安装键盘时的开机提示。

(2) 不安装内存条的开机提示。

(3) 用跳线法清除 CMOS 参数值。

(4) 用放电法清除 CMOS 参数值。

(5) 用 DEBUG 法清除 CMOS 密码。

### 3.2.3 实训项目三：BIOS 升级与备份

**1. 实训目的与要求**

(1) 掌握 BIOS 的备份方法。

(2) 掌握 BIOS 的升级方法。

**2. 实训软硬件要求**

PⅢ级以上的 PC(不同品牌的 BIOS 均可)。

**3. 实训步骤**

(1) 确定当前机器 BIOS 类型。

(2) 根据主板判断下载 BIOS 文件。

(3) 根据 BIOS 类型下载 BIOS 刷新程序。

(4) 根据刷新程序的类型选择操作环境(DOS 或 Windows)。

(5) 备份原 BIOS 文件。

(6) 刷新新版本文件。

(7) 重启机器。

## 3.3 相 关 资 源

通过查阅以下相关资料,读者可以进一步巩固本章节知识点。

[1] 本教材学习网站. http://jsjzx. cqit. edu. cn/web/main. htm.

[2] http://www. biosrepair. com/index. html.

[3] http://www. rebios. net.

[4] http://Rebios. 51. net.

[5] BIOS 与注册表编委会. BIOS 与注册表. 北京：电子工业出版社,2009.

## 3.4 练习与思考

**一、选择题**

1. BIOS 存放在主板上一块特殊的 RAM 芯片,它的名称是_____。

    A. ROM         B. CPU         C. CMOS         D. Award

2. 当按下主机电源,一般情况下,按_____即可进入 BIOS 设置。

    A. Shift 键     B. Ctrl 键     C. Del 键     D. Alt 键

3. BIOS 芯片是_____的一部分。

    A. 内存         B. CPU         C. 硬盘         D. 主板

4. 主板上的 CMOS 是一种_____。

    A. 电池         B. 存储器     C. 设置程序     D. 二极管

5. 进入 BIOS 设置界面的方法有_____。

    A. 开机时使用热键              B. 使用系统提供的软件

    C. 使用可读/写 CMOS 的应用软件    D. 以上均可

6. 有关 BIOS 的说法,_____是错误的。

    A. 以低级语言编写的控制程序

    B. 负责管理计算机各项基本组件的操作

    C. 专供用户程序利用的工作区域

    D. 负责管理主机和外围设备之间的数据传输

7. 当要求用户输入开机密码时,需将 BIOS 设置中 Security Option(安全选项)设置为_____,并在密码设置中设置口令。

    A. Setup                  B. User Password

    C. Supervisor Password        D. System

8. 在不了解硬盘容量的情况下,进入 BIOS 的 Standard CMOS Setup(标准 CMOS 设置),应把硬盘的 MODE 设为_____。

    A. Normal       B. Large       C. None       D. Auto

9. CMOS RAM 的供电电池电压约为_____V。

    A. 1.5         B. 3           C. 4.5         D. 6

10. EPROM 的擦除条件是_____。

    A. 加电使之升温    B. 12V 电压     C. 紫外线照射     D. 加 5V 电压

11. 有关 CMOS 的描述,正确的是_____。

    A. 关机后 CMOS 的信息就会丢失

    B. CMOS 参数设置又称为系统参数设置

    C. 开机后 CMOS 由主板上的 3.6V 电池供电

    D. CMOS 信息保存在硬盘上

12. 一台微机开机后,报键盘错,可能是由于_____。

    A. 鼠标坏了              B. 键盘接口电路出问题

    C. 键盘有按下的键         D. 键盘冒码

13. 使用 Award BIOS 主板电脑开机时,发出一长两短声,故障一般出在_____上。

    A. 显示器或者显示卡       B. 主板

    C. 内存条              D. 硬盘

14. 电脑开机时,发出不间断长鸣声,故障出在_____上。

    A. 显示卡或者显示器       B. 声卡

    C. 主板               D. 内存条

15. 如果在 BIOS 升级过程中,系统提示 BIOS 芯片的类型为 UNKNOWN,通常都是由于_____所致。

    A. 用户没有打开主板上的 BIOS 升级跳线

    B. 未在 BIOS 设置程序中将 BIOS 设置为升级

    C. 需要激活 BIOS 升级跳线

    D. 以上所有原因

## 二、思考题

1. BIOS 存放在什么地方？
2. BIOS 的作用？
3. CMOS 信息包含哪些内容？
4. 启动计算机的顺序？
5. 什么是主板的 CMOS 设置？
6. CMOS 和 BIOS 有何异同？
7. 哪些情况下需要进行 CMOS 设置？
8. 怎样才能进入 CMOS 设置？
9. 当 CMOS 数据设置混乱后，怎样进行正确处理？
10. CMOS 的口令有几种？每一种口令设置的意义是什么？
11. 常用的 CMOS 密码解除方法是什么？
12. Award BIOS 和 AMI BIOS 响铃声的一般含义是什么？
13. CMOS 设置模块的故障分类？
14. 常见 BIOS 提示信息有哪些？有哪些含义？
15. 主板 BIOS 的功能是什么？
16. 只有主板才有 BIOS 吗？
17. 市场上的 BIOS 主要有哪些品牌？
18. 为什么要升级 BIOS？什么样的 BIOS 才能升级？
19. 为什么 BIOS 升级具有很大的危险性？
20. 什么是 ROM、EPROM、EEPROM、Flash ROM？
21. BIOS 损坏后有哪些维修方法？
22. BIOS 工作原理是什么？（补充知识）
23. 简述 Award BIOS 的刷新步骤。（补充知识）
24. 如何设置系统软开机？（补充知识）

# 第4章　硬盘分区与系统软件安装

## 4.1　实训预备知识

### 4.1.1　硬盘分区原理

硬盘处理的全过程应包括如下序列：

（1）在 CMOS 中设置好硬盘参数（现在的主板一般都能自动识别并设置硬盘参数，此步骤可省略）；

（2）低级格式化硬盘；

（3）对硬盘进行分区；

（4）硬盘进行高级格式化；

（5）安装操作系统和应用软件等。

事实上，工厂出厂的硬盘必须经过低级格式化、分区和高级格式化（以下简称格式化）3 个处理步骤后，电脑才能利用它们存储数据。其中磁盘的低级格式化通常是由生产厂家完成的，其目的是划定磁盘可供使用的扇区和磁道并标记有问题的扇区。用户则需要使用操作系统提供的磁盘工具程序对硬盘进行硬盘分区和格式化。

我们常常将每块硬盘（即硬盘实物）称为物理盘，而将在硬盘分区之后所建立的具有"C："或"D："等各类"Drive/驱动器"称为逻辑盘。逻辑盘是系统为控制和管理物理硬盘而建立的对象，一块物理盘可以设置成一块逻辑盘也可以设置成多块逻辑盘用。

在对硬盘进行分区和格式化处理步骤中，建立分区和逻辑盘是对硬盘进行格式化处理的必要条件，用户可以根据物理硬盘容量和自己的需要建立主分区、扩展分区和逻辑盘符后，再通过格式化处理来为硬盘分别建立引导区、文件分配表和数据存储区，只有经过以上处理之后，硬盘才能在电脑中正常使用。

经过低级格式化的硬盘必须进行分区。即使整盘容量供一个操作系统使用也必须分区。分区的目的是为了在同一个硬盘上可以有多个不同的操作系统共存；通过分区把主引导程序和分区信息表写入硬盘的第一扇区，为操作系统对硬盘的管理写标识，否则操作系统不能识别硬盘。

**1. 分区的基本知识**

一个硬盘的主分区也就是包含操作系统启动所必需的文件和数据的硬盘分区，要在硬盘上安装操作系统，则该硬盘必须要有一个主分区。

扩展分区也就是除主分区外的分区，但它不能直接使用，必须再将它划分为若干个逻辑分区才行。

逻辑分区也就是我们平常在操作系统中所看到的 D、E、F 等盘。

**2. 分区格式**

（1）FAT16：能够被 DOS、Windows 3.X/95/97/98/Me/NT/2000/XP、Linux 等系统识别，它采用 16 位的文件分配表，能支持的最大分区为 2GB，但是 FAT16 分区格式有一个最大的缺点，那就是硬盘的实际利用效率低。

（2）FAT32：能够被 Windows 97/98/Me/2000/XP、Linux 等系统所识别，无分区容量限制，是目前应用最广的一种硬盘分区格式，其对磁盘的管理能力也大大增强。

（3）NTFS：是 Windows NT/2000/XP 所特有的一种文件格式，其显著的优点是安全性和稳定性极其出色，在使用中不易产生文件碎片，对硬盘的空间利用及软件的运行速度都有好处。它能对用户的操作进行记录，通过对用户权限进行非常严格的限制，使每个用户只能按照系统赋予的权限进行操作，充分保护了网络系统与资料的安全。

（4）EXT2：是 Linux 所特有一种具有代表性的文件格式，拥有最快的运行速度和最小的 CPU 占用率。结合 Linux 操作系统后，死机的机会大大减少。

**3. 分区原则**

不管使用哪种分区软件，我们在给新硬盘上建立分区时都要遵循以下的顺序：建立主分区→建立扩展分区→建立逻辑分区→激活主分区→格式化所有分区（如图 4-1 所示）。

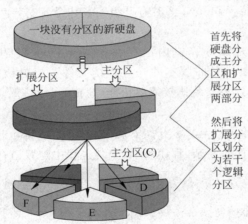

图 4-1　建立分区顺序示意图

**4. 分区方法**

可以使用 Windows 安装程序进行分区，也可以使用其他第三方分区软件进行分区。具体分区方法详见本章实训项目一。

## 4.1.2　传统安装操作系统

对硬盘进行分区并格式化后，接着就是安装操作系统、驱动程序以及其他应用软件。

**1. Windows 7 操作系统的安装**

1）安装 Windows 7 的硬件配置

Microsoft（微软）公司于 2009 年推出 Windows 7 操作系统后，以其出色的性能和稳定性，得到了越来越多的用户的青睐。目前 Windows 7 已应用广泛，将逐步取代 Windows XP

这一旧版本。在安装之前,必须要了解 Windows 7 的最低硬件配置要求。

- 处理器:主频 1GHz 的 CPU。
- 内存容量:512MB。
- 硬盘大小:不低于 16GB 可用空间。
- 显示卡:有 WDDM 1.0 或更高版驱动的集成显卡 64MB 以上。
- 其他设备:DVD-R/RW 驱动器或者 U 盘等其他存储介质。

如果仅仅使用最低硬件配置运行 Windows 7 操作系统,系统的运行速度和性能都将受到非常大的限制,为了能较好地运行和体验 Windows 7 操作系统,建议使用以下推荐配置。

- 处理器:1GHz 及以上的 32 位或 64 位处理器(Windows 7 包括 32 位及 64 位两种版本,如果您希望安装 64 位版本,则需要 64 位运算的 CPU 的支持)。
- 内存容量:1GB(32 位)/2GB(64 位)。
- 硬盘大小:20GB 以上可用空间。
- 显示卡:有 WDDM 1.0 驱动的支持 DirectX 10 以上级别的独立显卡。
- 其他设备:DVD-R/RW 驱动器或者 U 盘等其他存储介质。

2) Windows 7 的安装模式

由于 Windows 7 是在 Windows Vista 的内核基础上发展起来的功能更强、性能更好的一种操作系统,因此在安装 Windows 7 时有升级安装和全新安装两种模式。

(1) 升级安装

顾名思义,升级安装是在计算机内已存在比 Windows 7 更低版本的操作系统(如 Windows Vista)基础上,通过对旧版本的一些系统文件进行升级,达到性能的提升,完成 Windows 7 安装的方法。这种安装比较简单快捷,花费的时间短。

(2) 全新安装

所谓全新安装,指在计算机上从零开始安装 Windows 7,实际上是一个从无到有的安装过程。这种安装过程相对比较复杂,程序烦琐,安装过程中配置稍有错误,就会前功尽弃,因此耗时较长。

3) 安装前的准备

在使用安装光盘前,我们建议依次做好如下准备工作。

(1) 关闭计算机,切断电源。

(2) 断开与计算机连接的外设如打印机、扫描仪、外置 Modem、ZIP 设备、数码相机等。如果不断开这些外设,安装过程中可能会出现资源冲突,造成安装程序死锁。

(3) 接通电源,开机,配置计算机的 BIOS,使其能从光驱启动。

4) 如何选择软件的安装模式

目前应用软件的安装过程都比较简单,一般采取安装向导的方式,需要用户选择安装模式、安装位置等内容。安装模式指用户根据需要选择安装哪些内容,小型软件一般分为全部安装、典型安装和自定义安装。如果对软件比较了解,可以使用自定义安装。如果对该软件不是十分了解,不建议使用自定义安装,一般使用典型安装即可。

5) 安装步骤

(1) 将安装光盘放入光驱。

(2) 重新启动计算机,计算机将从光驱引导,安装程序将检测计算机的硬件配置,从重新安装光盘提取必要的安装文件,之后出现初始界面(如图 4-2 所示)。

图 4-2　Windows 7 安装启动界面

在完成初始安装文件的加载后,首先会出现用户参数选择的画面(如图 4-3 所示)。

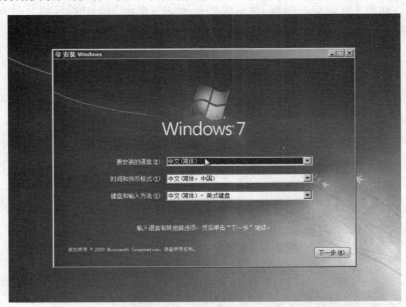

图 4-3　用户参数选择画面

(3)用户根据自己的使用习惯,选择相应的个人参数。单击"下一步"按钮进入安装准备画面(如图 4-4 所示)。

在此时可以选择"现在安装"和"修复计算机"。选择"现在安装"将进入安装的第二阶段,选择"修复计算机"将启动到 WinRE 环境。

(4)单击"现在安装"将显示"安装程序正在启动"消息。安装向导中的第一步是"请阅

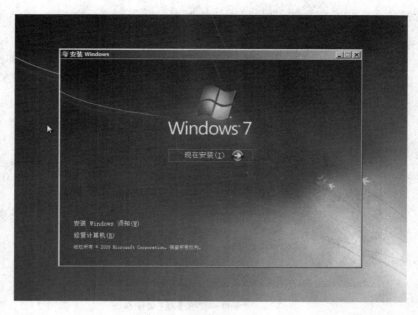

图 4-4　安装准备画面

读许可条款",如图 4-5 所示。勾选"我接受许可条款",单击"下一步"按钮开始安装。

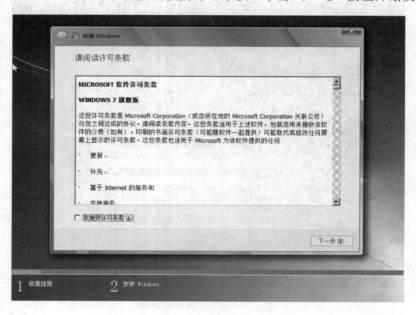

图 4-5　许可条款

接下来出现的是询问"您想进行何种类型的安装?",如图 4-6 所示。

常见的安装方式分为两种,升级安装和自定义安装。

升级安装:升级到较新的 Windows 并保留文件、设置和程序。"升级"选项仅在运行现有版本的 Windows 时才可用。选择此操作前务必备份现有的重要数据和文件。

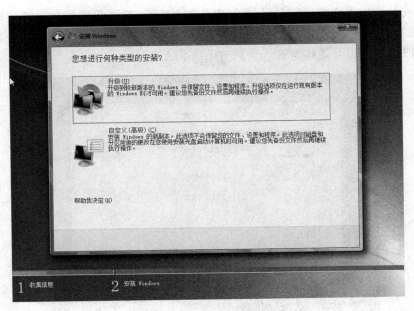

图 4-6　安装类型选择

自定义安装：安装 Windows 的新副本。此选项不会保留文件、设置和程序。此选项对磁盘和分区所做的更改在您使用安装光盘启动计算机时可用。选择此操作前务必备份现有的重要文件和程序。

（5）选择安装类型后，进入安装目标分区选择，如图 4-7 所示。在这里需要注意的是 Windows 7 可以安装在主硬盘分区或扩展分区上，但需保证硬盘具有 16GB 的分区。建议为 Windows 7 准备 30GB 以上的硬盘分区，当然，分区越大越好。

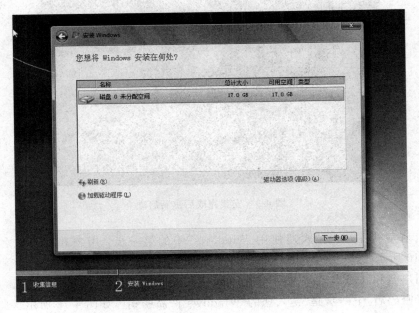

图 4-7　安装目标分区选择

硬盘分区与系统软件安装

　　至此,安装过程中所需的信息已经全部收集完毕了,安装程序将会自动完成剩余的操作。用户将看到如图 4-8 所示的界面,需要等待 20 分钟左右(具体时间取决于用户的计算机速度)的时间就可以开始体验这一全新的操作系统了。

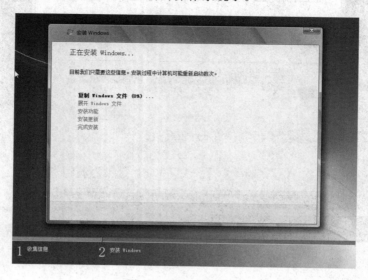

图 4-8　正在安装系统

　　安装完成后,计算机将自动重新启动,如图 4-9 所示。

图 4-9　安装完成后重新启动

　　重新启动完成后,来到"欢迎使用 Windows"中的第一步:用户和计算机名称输入屏幕,如图 4-10 所示。

　　输入用户名和计算机名后,接下来是为账户设置密码界面,如图 4-11 所示。

　　设置好密码后,下一步是"键入您的 Windows 产品密钥",如图 4-12 所示。此步骤还提供了一个配置激活行为的选项,这与 Windows Vista 安装程序中提供的一样。注意,该步

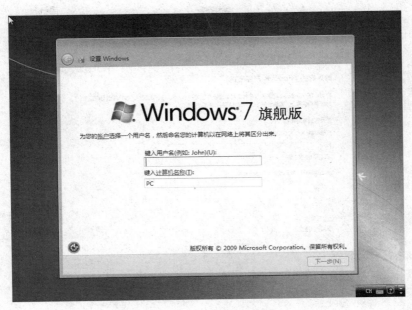

图 4-10　输入用户和计算机名

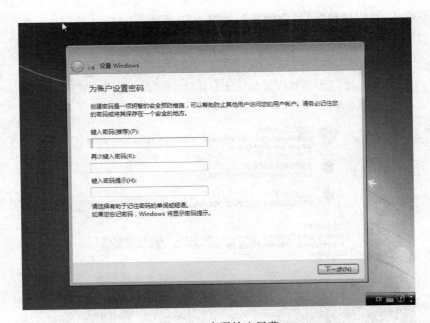

图 4-11　密码输入屏幕

骤已移动到 Windows 7 安装程序中的"欢迎使用 Windows"。

　　下一步是"帮助您自动保护计算机以及提高 Windows 的性能",可以选择"使用推荐设置","仅安装重要的更新"或"以后询问我"选项。

　　"使用推荐设置":安装重要和推荐的更新。提高浏览 Internet 的安全性并联机查看解决问题的方案。

　　"仅安装重要的更新":只安装 Windows 的安全更新和其他重要更新。

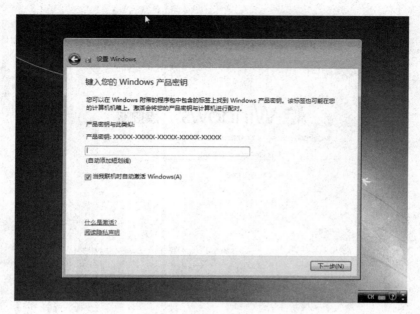

图 4-12　产品密钥

如果不确认,可以选择"以后询问我",如图 4-13 所示。

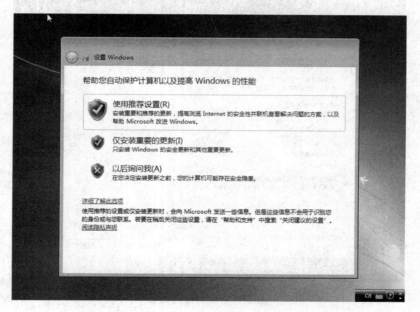

图 4-13　计算机更新设置

下一步是计算机"查看时间和日期设置",根据实际时区日期和时间进行设定,如图 4-14 所示。

下一步是"加入无线网络",可以通过此步骤连接到无线网络。注意,此步骤是可选的,如果想在系统安装完成之后设置,单击"跳过"按钮,如图 4-15 所示。

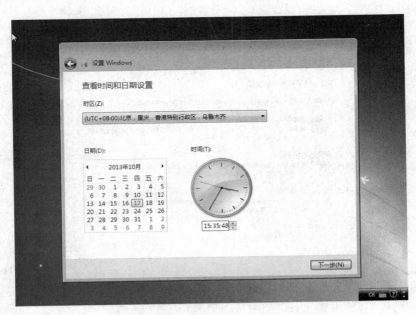

图 4-14　时间和日期设置

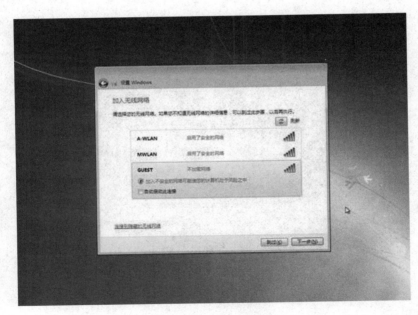

图 4-15　设置无线网络

　　如果安装程序时检测到活动网络连接(无论是有线还是无线),那么现在可以选择网络位置,如图 4-16 所示。

　　设定完成后,就结束了"欢迎使用 Windows",然后会看到登录屏幕,如图 4-17 所示。

**2. Linux 操作系统的安装**

　　Linux 是一套免费使用和自由传播的类 UNIX 操作系统,它主要用于基于 Intel x86 系列 CPU 的计算机上。这个系统是由全世界各地的成千上万的程序员设计和实现的。其目

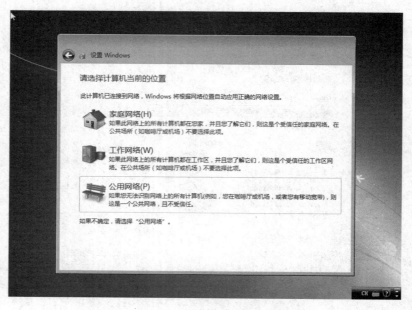

图 4-16　选择计算机网络位置

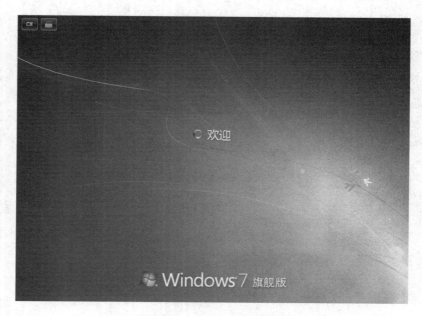

图 4-17　Windows 7 登录屏幕

的是建立不受任何商品化软件的版权制约的、全世界都能自由使用的 UNIX 兼容产品。
Linux 以它的高效性和灵活性著称。它能够在 PC 上实现全部的 UNIX 特性,具有多任务、
多用户的能力。Linux 操作系统软件包不仅包括完整的 Linux 操作系统,而且还包括了文
本编辑器、高级语言编译器等应用软件。它还包括带有多个窗口管理器的 X-Windows 图形
用户界面。

　　Linux 之所以受到广大计算机爱好者的喜爱,主要原因有两个,一是它属于自由软件,

用户不用支付任何费用就可以获得它和它的源代码,并且可以根据自己的需要对它进行必要的修改,无偿对它使用,无约束地继续传播。另一个原因是,它具有 UNIX 的全部功能,任何使用 UNIX 操作系统或想要学习 UNIX 操作系统的人都可以从 Linux 中获益。因此,学习和安装 Linux 操作系统已经成为一种风气。

1) 安装前的准备工作

Red Hat Linux 9.0 使用的磁盘空间必须和在用户的系统上可能安装的其他 OS 所用的磁盘空间分离,如 Windows、OS/2、甚至于不同版本的 Linux。至少两个分区(/和 swap)必须要专用于 Red Hat Linux 9.0。

安装对磁盘空间的需求如下。

(1) 个人桌面

个人桌面安装,包括图形化桌面环境,至少需要 1.7GB 空闲空间。若兼选 GNOME 和 KDE 桌面环境,则至少需要 1.8GB 的空闲空间。

(2) 工作站

工作站安装,包括图形化桌面环境和软件开发工具,至少需要 2.1GB 空闲空间。兼选 GNOME 和 KDE 桌面环境至少需要 2.2GB 空闲空间。

(3) 服务器

最基本的没有 X(图形化环境)的服务器安装需要 850MB 空闲空间;若要安装除 X 以外的所有软件包组,需要 1.5GB 空闲空间;若要安装包括 GNOME 和 KDE 桌面环境的所有软件包,至少需要 5.0GB 空闲空间。

(4) 定制

基本的定制安装需要 475MB,如果选择了每一个软件包,则至少需要 5.0GB 空闲空间。

2) 安装步骤

把 Red Hat Linux 9.0 第一张安装盘放入光驱,当然,事先要在 BIOS 中设置光盘优先启动。当屏幕出现 Red Hat Linux 9.0 的安装界面时(如图 4-18 所示)按 Enter 键进入。

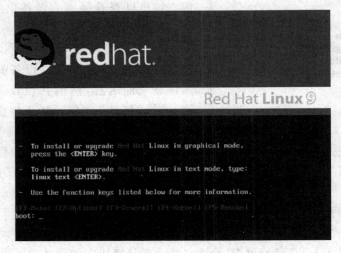

图 4-18　Red Hat Linux 9.0 欢迎安装界面

### 4.1.3 驱动程序原理

#### 1. 驱动程序的作用

驱动程序是直接工作在各种硬件设备上的软件,其"驱动"这个名称也十分形象地指明了它的功能。正是通过驱动程序,各种硬件设备才能正常运行,达到既定的工作效果。

从理论上讲,所有的硬件设备都需要安装相应的驱动程序才能正常工作。但像 CPU、内存、主板、软驱、键盘、显示器等设备却并不需要安装驱动程序也可以正常工作,而显卡、声卡、网卡等却一定要安装驱动程序,否则便无法正常工作。这是为什么呢?

这主要是由于这些硬件对于一台个人计算机来说是必需的,所以早期的设计人员将这些硬件列为 BIOS 能直接支持的硬件。换句话说,上述硬件安装后就可以被 BIOS 和操作系统直接支持,不再需要安装驱动程序。从这个角度来说,BIOS 也是一种驱动程序。但是对于其他硬件,例如网卡、声卡、显卡等却必须要安装驱动程序,不然这些硬件就无法正常工作了。

驱动程序的安装一般遵循:"主板、各种板卡、外设"这样一个顺序来进行安装。以求尽可能地保证软件间的兼容性。

#### 2. 如何获取正确版本的驱动程序

要正确安装各种设备的驱动程序,就必须要了解驱动程序的信息,必须首先知道计算机中都装有哪些硬件设备,并且对这些设备的型号、厂商等要做进一步的了解。通常情况下,可以通过计算机中的"设备管理器"来对它们进行详细的查看。

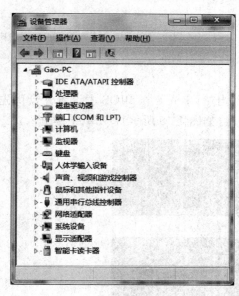

图 4-19 设备管理器

1) 用"设备管理器"参看驱动信息

右键单击"我的电脑",选择"属性"命令,单击"设备管理器"按钮,以打开相应对话框,如图 4-19 所示。

这时显示的都是当前系统中的所有硬件设备。在此可以对其中某一设备信息做相应的了解。这里以查看显卡的设备信息和驱动程序为例,具体的操作如下。

在"设备管理器"对话框中,找到"显示适配器"设备,然后单击该硬件设备前的三角符号,显示该显卡的名称,然后在该设备名称上单击右键,选择"属性"命令。打开相应的"属性"对话框,单击"驱动程序"选项卡,则显示当前驱动程序提供商、驱动程序日期、驱动程序版本、数字签名程序等信息。在此界面可以查看驱动程序详细信息、更新驱动程序、回滚驱动程序、禁用所选设备、卸载驱动程序,如图 4-20 所示。

2) 使用工具软件查看驱动信息

除了通过系统的"设备管理器"这个途径来查看计算机中的硬件以及驱动程序的信息之外,还可以通过各种工具来查看。这里向大家介绍名为 AIDA64 的工具。

图 4-20　驱动程序信息

　　图 4-21 所示为 AIDA64 的主界面。从中可以看到，AIDA64 可以查看计算机中的几乎各个方面的信息。

图 4-21　AIDA64 主界面

　　图 4-22 所示为用 AIDA64 查看计算机信息时的截图。从中可以看到，AIDA64 清楚地显示出了计算机中各项硬件的信息。这样就为用户选择合适的驱动程序提供了很好的帮助。

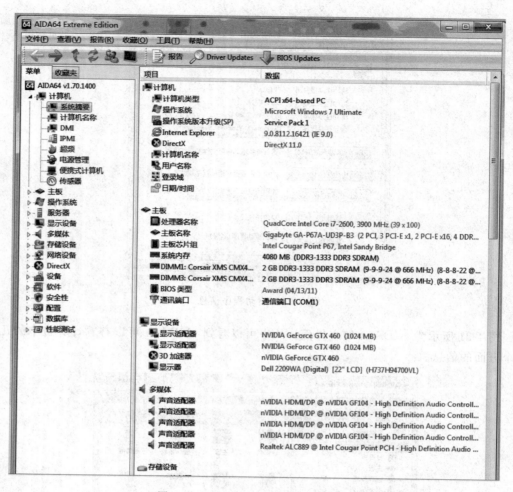

图 4-22 用 AIDA64 查看计算机信息

AIDA64 还内置了各项硬件的驱动程序下载链接(如图 4-23 所示)。这样,用户就可以方便地更新驱动了。

通过查询计算机中安装的硬件信息,并借助 AIDA64 等工具的帮助,用户就可以方便地为硬件找到正确版本的驱动程序了。

**3. 获取驱动程序**

既然了解了驱动程序的相关信息,那该如何取得相关硬件设备的驱动程序呢?这主要有以下几种途径。

1)使用操作系统提供的驱动程序

Windows 7 系统中已经附带了大量的通用驱动程序,这样在安装系统后,无须单独安装驱动程序就能使这些硬件设备正常运行了。

不过系统附带的驱动程序总是有限的,所以在很多时候系统附带的驱动程序并不合用,这时就需要手动来安装驱动程序了。

2)使用附带的驱动程序盘中提供的驱动程序

一般来说,各种硬件设备的生产厂商都会针对自己硬件设备的特点开发专门的驱动程

图 4-23  显示详细的硬件信息

序,并采用软盘或光盘的形式在销售硬件设备的同时一并免费提供给用户。这些由设备厂商直接开发的驱动程序都有较强的针对性,它们的性能无疑比 Windows 附带的驱动程序要高一些。

3) 通过网络下载

除了购买硬件时附带的驱动程序盘之外,许多硬件厂商还会将相关驱动程序放到网上供用户下载。由于这些驱动程序大多是硬件厂商最新推出的升级版本,它们的性能及稳定性无疑比用户驱动程序盘中的驱动程序更好,有上网条件的用户应经常下载这些最新的硬件驱动程序,以便对系统进行升级。

**4. 驱动程序的安装顺序**

一般来说,在系统安装完成之后紧接着要安装的就是驱动程序了。而各种驱动程序安装的顺序比较普遍的如下。

1) 主板

这里所谓的主板在很多时候指的就是芯片组的驱动程序。

2) 各种板卡

在安装完主板驱动之后,接着要安装的就是各种插在主板上的板卡的驱动程序了。例如显卡、声卡、网卡之类。

硬盘分区与系统软件安装

3）各种外设

在进行完上面的两步工作之后，接下来要安装的就是各种外设的驱动程序了。例如打印机、鼠标、键盘等。

**5. 驱动程序的安装方法**

1）安装傻瓜化——双击安装

现在硬件厂商已经越来越注重其产品的人性化，其中就包括将驱动程序的安装尽量简单化，所以很多驱动程序里都带有一个 Setup.exe 可执行文件，只要双击它，然后单击 Next（下一步）就可以完成驱动程序的安装。有些硬件厂商提供的驱动程序光盘中加入了 Autorun 自启动文件，只要将光盘放入到计算机的光驱中，光盘便会自动启动。然后在启动界面中单击相应的驱动程序名称就可以自动开始安装过程，这种十分人性化的设计使安装驱动程序非常的方便。

2）从设备管理器里自己指定安装

如果驱动程序文件里没有 Autorun 自启动也没有 Setup.exe 安装可执行文件，可自己指定驱动程序文件，手动安装。

从设备管理器中来自己指定驱动程序的位置，然后进行安装。当然这个方法要事先准备好所要安装的驱动程序，该方法还适用于更新新版本的驱动程序（详细步骤见本章实训项目四 驱动程序的安装）。

3）让 Windows 自动搜索驱动程序

前面说过，高版本的操作系统支持即插即用，所以当安装了新设备后启动计算机，在计算机进入操作系统（如 Windows）时，若用户安装的硬件设备支持即插即用功能，则在计算机启动的过程中，系统会自动进行检测新设备，当 Windows 检测到新的硬件设备时，会弹出"添加硬件"对话框（如图 4-24 所示）。

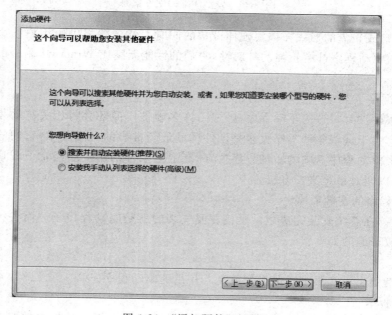

图 4-24 "添加硬件"对话框

首先可尝试让其自动安装驱动程序,选择"自动安装硬件"选项,然后单击"下一步"按钮,如果操作系统里包含了该设备的驱动程序,操作系统就会自动安装。如果没有,就无法安装这个硬件设备了。

　　这时就要用户自己来指定驱动程序文件的位置了。单击"上一步"按钮,回到刚才的"添加硬件到新硬件向导"对话框。然后选择"安装我手动从列表选择的硬件"选项,接着单击"下一步"按钮。接下来的步骤就跟使用设备管理器的"硬件更新向导"一样,自己指定驱动程序的位置,然后安装。接着就找到准备好的驱动程序文件夹,有时候里面会有多个设备,而且还会有不同的操作系统版本,如 For Windows 7 的,注意选择正确的设备和操作系统版本。单击"确定"按钮之后,单击"下一步"按钮。片刻之后,就可以完成这个设备的驱动程序安装了。

## 4.1.4　实用快捷安装操作系统

　　除了使用 Windows 7 安装光盘来安装操作系统外,还可以用其他方式来安装。下面介绍几种常见的安装方法。

### 1. 使用 U 盘安装操作系统

　　随着网络和闪存介质的迅速发展,光盘的使用率越来越低,很多计算机已经不再配备光驱了。那么在没有光驱的情况下,如何安装操作系统呢?

　　我们可以选择使用 U 盘作为存储介质来安装操作系统。

　　由于目前操作系统容量都比较大,所以在进行操作之前我们需要准备一个至少 4GB 以上容量的 U 盘,用于存储 Windows 7 安装文件。

　　为了能够让用户更加方便地安装 Windows 7 操作系统,微软官方为用户提供了一个应用软件,其名字为 WINDOWS 7 USB/DVD DOWNLOAD TOOL,这款软件是由微软官方提供的,所以具备非常高的可靠性,用户可以放心使用。WINDOWS 7 USB/DVD DOWNLOAD TOOL 是一款专门制作 U 盘版 Windows 7 安装源的工具,不仅如此,它还可以帮助用户把 Windows 7 镜像文件刻录成安装光盘。这款软件的界面非常简洁,整个操作过程也很简单。

　　启动 WINDOWS 7 USB/DVD DOWNLOAD TOOL,进入软件起始界面,如图 4-25 所示。

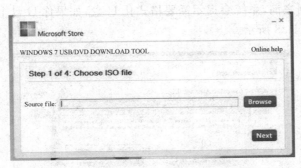

图 4-25　软件起始界面

　　在打开软件之后,单击 Browse 按钮选择 Windows 7 镜像文件。在这里需要强调的是,Windows 7 镜像文件需要用户自行准备,大家可以直接去网络上下载,一个 Windows 7 镜像文件的体积大约在 3GB 左右,如图 4-26 所示。

　　选择镜像文件后,进入下一步,选择要制作的安装盘将使用的 U 盘,如图 4-27 所示。

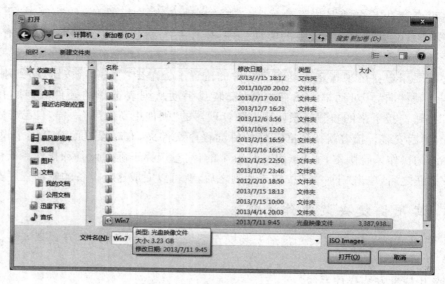

图 4-26　选择 Windows 7 镜像文件

图 4-27　选择 U 盘

在进行数据复制之前,系统会提示需要格式化 U 盘,如果你 U 盘上有重要数据,一定要记得进行备份,如图 4-28 所示。

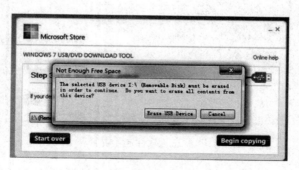

图 4-28　备份 U 盘数据

确定数据备份完毕后,就可以开始格式化 U 盘,复制数据了,如图 4-29 所示。

数据复制完成后,U 盘系统安装盘就制作成功了,如图 4-30 所示。

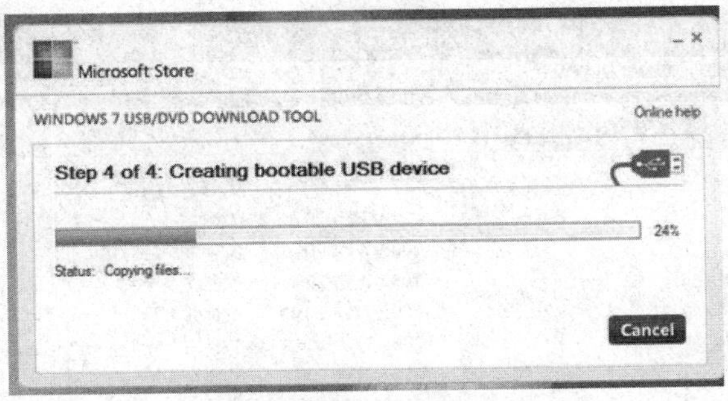

图 4-29　复制安装数据

图 4-30　制作完成

在成功制作完系统文件之后,下面就要进行安装。进入计算机的 BIOS 界面,确保启动项第一项为 USB 设备,如图 4-31 所示。

把 BIOS 中的启动项设置好,重新启动计算机之后就可以成功进入 Windows 7 系统安装界面了,这时剩下的操作就和使用光盘安装的方法没有任何区别了。用户依然可以在 Windows 7 系统安装界面进行格式化硬盘、建立主分区等操作。

图 4-31　设置 U 盘为第一启动设备

**2. 使用硬盘安装操作系统**

如果既没有 Windows 7 安装光盘,也没有合适的 U 盘可供制作系统安装盘,那么还可以采取直接从硬盘安装 Windows 7 系统。

从网络下载 Windows 7 安装程序,解压后找到 setup.exe 安装程序,如图 4-32 所示。

双击运行 setup.exe 即可进行安装,如图 4-33 所示。

开始安装后,后续操作方法和光盘安装类似。

此方法适用于安装相同位数的版本操作系统,但如果在 32 位操作系统上安装 64 位操作系统,会因为无法运行 64 位应用程序而失败。

下面介绍一种可兼容安装 32 位/64 位操作系统的方法。

把系统 ISO-RAR 光盘文件用 UltraISO 打开后全选提取,或用 Winrar 解压至硬盘一非系统分区的根目录(注意:是复制或解压至根目录而不是某个文件夹),如图 4-34 所示。

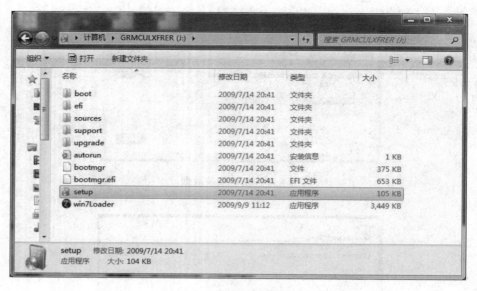

图 4-32　安装程序 setup.exe

图 4-33　安装系统

　　这时我们需要使用 NT6 HDD Installer 软件来协助安装。NT6 HDD Installer 是一款硬盘安装 WinXP/WinVista/Win7 软件,使用这款软件可以轻松实现在 32 位系统下安装 64 位系统。

　　运行软件,进入如图 4-35 所示的画面,有"自动安装"、"自动卸载"、"在线帮助"、"退出程序"等选项。

　　选择 1.自动安装,进入如图 4-36 所示的画面。

　　按任意键开始安装,进入如图 4-37 所示的画面。

　　按任意键退出。软件安装完成。重启后可以看到 NT6 的启动菜单,然后即可进入系统安装,如图 4-38 所示。

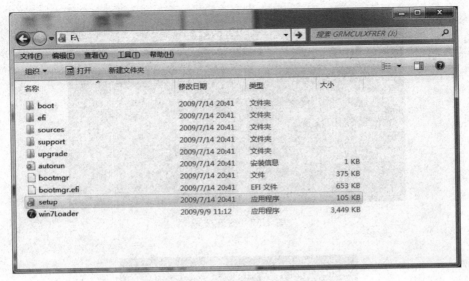

图 4-34 解压安装文件至非系统分区的根目录

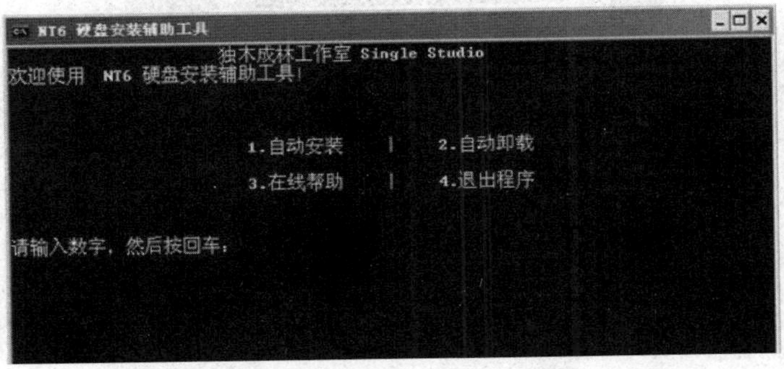

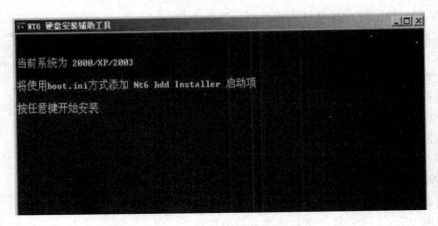

图 4-35 NT6 HDD Installer 主界面

图 4-36 自动安装

图 4-37  安装完成

图 4-38  NT6 启动菜单

# 4.2  实 训 内 容

## 4.2.1  实训项目一：硬盘分区实战演练

### 1. 实训目的与要求

(1) 了解硬盘处理的全过程。

(2) 掌握用 Windows 7 安装程序实现硬盘分区的原则、方法和步骤。

(3) 掌握用第三方分区软件实现硬盘分区的步骤。

### 2. 实训软硬件要求

(1) 已经组装完毕的计算机一台，其基本配置如下。

· 处理器：主频 1GHz 或更高的 CPU。

· 内存容量：1GB 或以上。

· 硬盘大小：系统盘容量保证 20GB 空余空间。

· 显示器和显示卡：分辨率 1024×768 像素或以上显示卡和显示器。

· 具有光盘驱动器。

(2) Windows 7 操作系统。

### 3. 实训步骤

1) 使用 Windows 安装程序对硬盘进行分区

进入分区界面，单击"驱动器选项(高级)"按钮，如图 4-39 所示。

单击"新建"按钮，创建分区，如图 4-40 所示。

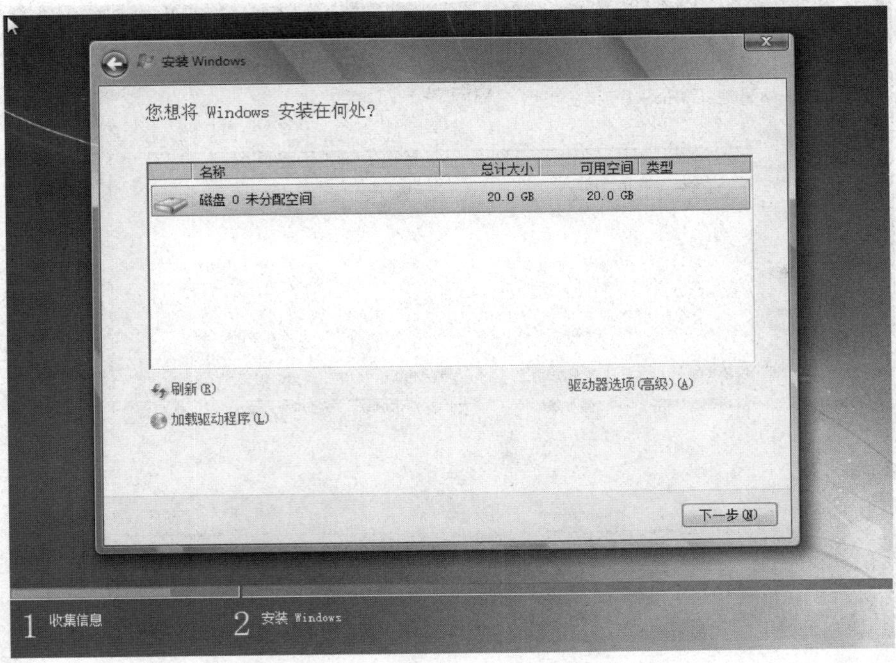

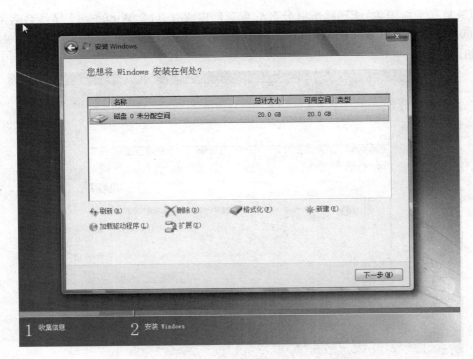

图 4-39　单击"驱动器选项（高级）"按钮

图 4-40　新建分区

设置分区容量并单击"下一步"按钮。请注意：分区大小不能超过该磁盘本身的容量，例如，创建 15GB 左右的系统分区，如图 4-41 所示。

硬盘分区与系统软件安装

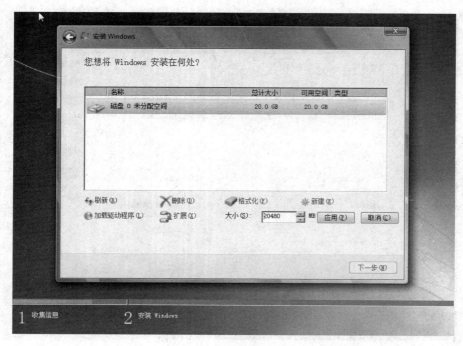

图 4-41　设置分区大小

如果是在全新硬盘，或删除所有分区后重新创建所有分区，Windows 7 系统会自动生成一个 100MB 的空间用来存放 Windows 7 的启动引导文件，出现如图 4-42 的提示，单击"确定"按钮。

图 4-42　引导文件分区提示

创建好 C 盘后的磁盘状态,这时会看到,除了创建的 C 盘和一个未划分的空间,还有一个 100MB 的空间,如图 4-43 所示。

图 4-43　系统保留分区

与上面创建方法一样,将剩余空间创建好(即将 5.3GB 的未分配空间创建成主分区),如图 4-44 所示。

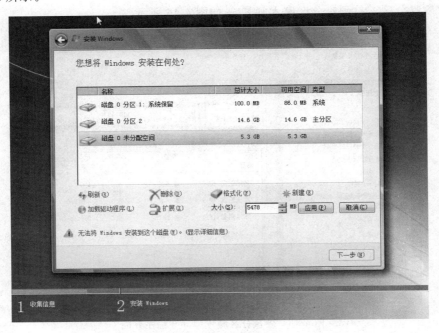

图 4-44　划分剩余空间

第
4
章

硬盘分区与系统软件安装

至此,磁盘分区就划分完成了,下面选择要安装系统的分区,单击"下一步"按钮即可开始安装操作系统了,如图 4-45 所示。

图 4-45　分区完成

2) 使用其他工具对硬盘进行分区或调整

运行磁盘分区工具硬盘分区魔术师 8.0,如图 4-46 所示。

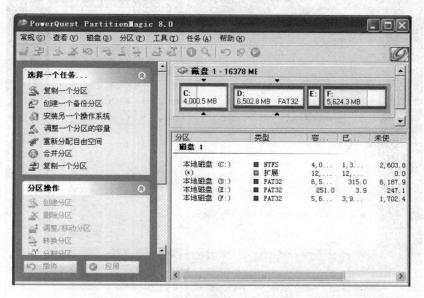

图 4-46　硬盘分区魔术师 8.0 程序界面

在右侧分区列表中,单击选中的分区后可对该分区进行各类常规操作(窗口左下角的"分区操作"栏目列出了各操作项目)。程序窗口左侧的"选择一个任务"列表中,列出的各项任务是对整个硬盘进行操作。鼠标指向"调整一个分区的容量"选项,准备对 C 盘的容量进行调整,如图 4-47 所示。

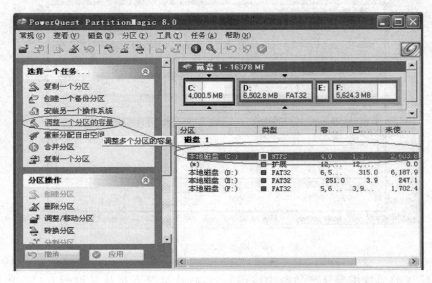

图 4-47　调整分区容量

　　单击"调整一个分区的容量"选项,即弹出任务向导窗口,再单击"下一步"按钮,直到出现如图 4-48 所示的对话框。

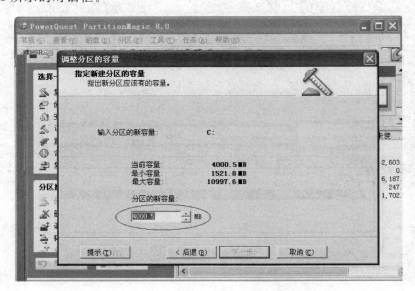

图 4-48　调整分区容量对话框 1

　　在分区的新容量栏目中将容量由 4000.5MB 改为 4500MB(该数值,程序会根据实际情况自动改为最合适并最接近的数值),改动后单击"下一步"按钮会变为可操作。单击"下一

硬盘分区与系统软件安装

步"按钮，出现如图 4-49 所示的对话框。

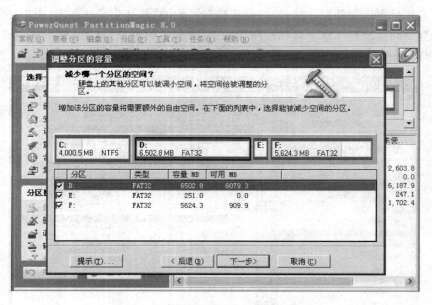

图 4-49　调整分区容量对话框 2

　　增加 C 盘的容量需要从其他盘中取得空间，默认情况下是从其他所有分区中均匀地提取。这里只需从 D 盘中提取空间给 C 盘，因此单击分区列表中的 E 和 F 分区，取消 E 和 F 分区前面的钩，只保留 D 盘前的钩，如图 4-50 所示。

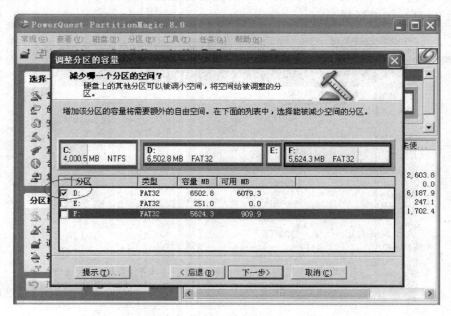

图 4-50　调整分区容量对话框 3

　　选择完提取空间的分区后，单击"下一步"按钮，出现如图 4-51 所示的对话框。
　　图 4-51 显示出调整分区空间前和调查分区空间后的对比图，确认正确后，单击"完成"

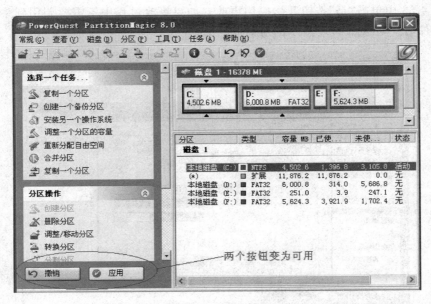

图 4-51　调整分区容量对话框 4

按钮关闭向导,否则单击"后退"按钮返回上一步再操作。单击"完成"按钮后显示如图 4-52 所示。

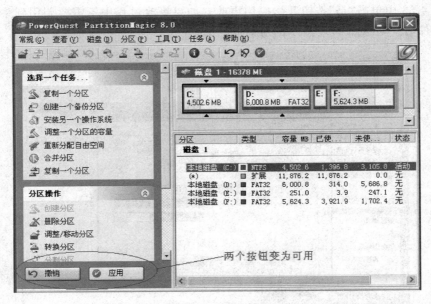

图 4-52　调整分区容量后应用按钮

　　图 4-52 显示出各分区在调整后的状态,但实际上硬盘中的分区还没有改变。从图 4-52 可见,程序窗口左下角的"撤销"和"应用"两个按钮在关闭向导后变为可操作状态,只有在按下这两个按钮后,程序才做出相应动作。

　　在确认已经关闭其他所有应用程序(包括防毒软件)后,单击"应用"按钮,开始调整分区容量,出现如图 4-53 所示的对话框。

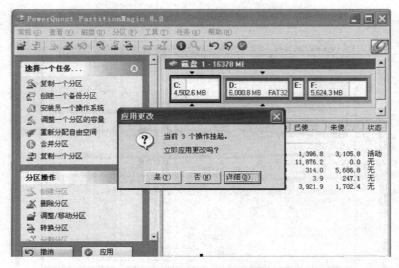

图 4-53　"应用更改"对话框

图 4-53 提示应用更改需要 3 个操作过程(程序会自动完成),是否立即应用。单击"是"按钮开始应用更改。如果更改过程中需要调用系统程序所占用的文件时,程序会要求重新启动并在重启时自动完成更改。

在图 4-53 中单击"是"按钮开始应用更改。如果更改过程中不需要调用到系统程序所占用的文件时会显示图 4-54 所示的对话框。

图 4-54　更改过程进度对话框

图 4-54 显示了调整分区容量过程。完成后如图 4-55 所示。

单击"确定"按钮关闭过程窗口,如图 4-56 所示。

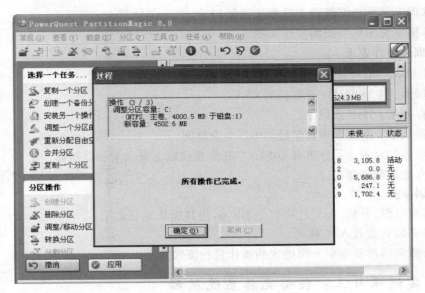

图 4-55　更改过程完成对话框

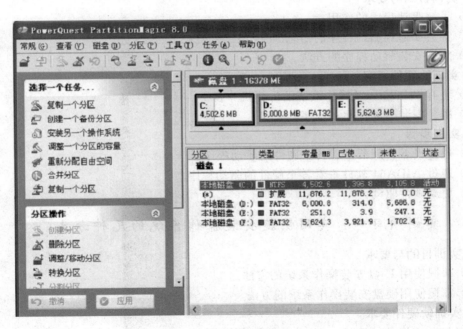

图 4-56　各分区的最新状态

## 4.2.2　实训项目二：Windows 7 操作系统安装

### 1. 实训目的与要求

（1）了解计算机操作系统应具备的最低硬件配置。

（2）了解安装系统软件前应做的准备。

（3）掌握安装操作系统时的分区操作和文件格式的选择。

（4）掌握安装操作系统的方法和注意事项。

（5）掌握安装操作系统的操作步骤。

**2. 实训软硬件要求**

已经组装完毕的计算机一台，其基本配置如下。

- 处理器：主频 1GHz 或更高的 CPU。
- 内存容量：1GB 或以上。
- 硬盘大小：系统盘容量保证 20GB 空余空间。
- 显示器和显示卡：分辨率 1024×768 像素或以上显示卡和显示器。
- 具有光盘驱动器。

**3. 实训步骤**

（1）接通电源，开机，配置计算机的 BIOS，使其能从光驱启动。

（2）将安装光盘放入光驱。

（3）按照实训预备知识介绍的安装操作进行安装。

## 4.2.3　实训项目三：轻松玩转系统驱动

**1. 实训目的与要求**

（1）了解驱动程序的作用。

（2）学会如何查驱动程序的信息。

（3）掌握安装驱动程序的方法。

**2. 实训软硬件要求**

（1）装有 Windows 7 操作系统的计算机一台。

（2）准备安装的硬件驱动程序。

**3. 实训步骤**

（1）通过设备管理器查看各个硬件的驱动程序。

（2）通过 AIDA64 软件查看各个硬件的驱动程序。

（3）更新硬件驱动。

## 4.2.4　实训项目四：实用快捷安装操作系统的几种方法

**1. 实训目的与要求**

（1）掌握使用 U 盘安装操作系统的方法。

（2）掌握使用硬盘安装操作系统的方法。

**2. 实训软硬件要求**

已经组装完毕的计算机一台，其基本配置如下。

- 处理器：主频 1GHz 或更高的 CPU。
- 内存容量：1GB 或以上。
- 硬盘大小：系统盘容量保证 20GB 空余空间。
- 显示器和显示卡：分辨率 1024×768 像素或以上显示卡和显示器。
- 容量在 4GB 以上的 U 盘。

**3. 实训步骤**

（1）使用工具制作 U 盘系统安装盘。

（2）使用 U 盘系统安装盘安装操作系统。

（3）使用硬盘安装操作系统。

# 4.3 相 关 资 源

[1] 微软官方网站. http://windows.microsoft.com/zh-CN/windows7/products/home/.

[2] 计算机硬件组装与维护技术. http://jsjzx.cqut.edu.cn/web/main.htm.

[3] Linux 频道. http://linux.chinaitlab.com/.

[4] Win7 之家. http://www.win7china.com/.

[5] 驱动之家. http://www.mydrivers.com/.

[6] 太平洋电脑网. http://www.pconline.com.cn/.

# 4.4 练习与思考

1. 简述硬盘分区的必要性。

2. 解释物理磁盘、逻辑磁盘与主分区、扩展分区这两组概念。

3. 对硬盘进行分区应遵循哪些原则？

4. 想想有哪些方法可以对硬盘进行分区？

5. Fdisk、DM、PQMagic 是 3 款常用的分区软件，它们各有什么特点？

6. 什么是操作系统？

7. 试述安装 Windows 7 时操作系统的几大步骤。

8. 安装 Linux 系统对分区有什么要求？

9. 操作系统和驱动程序在计算机中的主要作用有哪些？

10. 如何寻找没有正确安装的驱动程序？

11. 安装系统硬件驱动程序有哪几种常用的方法？

# 第5章　计算机性能测试与优化

## 5.1　实训预备知识

### 5.1.1　整机性能测试软件

**1. SiSoft Sandra Standard**

1) SiSoft Sandra Standard 简介

SiSoft Sandra 最大的特点是能够帮助用户了解自己计算机中软件、硬件的配置情况究竟如何，可对 CPU、硬盘、光驱、内存进行全面的速度评测，它通过与相关档次产品的比较来给出一个被测机器配件的得分供用户参考，同时还会为用户提出许多中肯的配置建议，以便提高系统的性能。

SiSoft Sandra 2013 有两个版本：一个是绝大多数人使用的 Standard 版，它是提供给个人用户免费下载使用的版本，其中有一些实用的功能无法使用，不过使用它了解自己机器配件的真实面目还是绰绰有余的；另外一个是 Professional 版，比 Standard 版多了对网络进行 Benchmark 分值测试的功能，但是需要付费注册。

读者可以在 SiSoft Sandra 的主页上获得关于 SiSoft Sandra 2013 更多的信息和下载标准版：http://www.sisoftware.co.uk，这里的讲解基于 SiSoft Sandra Standard 2013。

SiSoft Sandra Standard 2013 的安装非常简单，它完全是计算机用户熟悉的 Windows 应用软件的界面模式。下载完成后，直接双击其安装文件运行即可，然后按照安装向导的提示，单击 Next 按钮，按照默认的设置即可完成安装，软件自动在"开始"菜单中放置并在桌面上设置快捷方式。

2) SiSoft Sandra Standard 界面

SiSoft Sandra Standard 能够在众多整机性能测试软件中脱颖而出，一个很大的原因就在于 SiSoft Sandra Standard 有一个直观、友好、易用的界面。

双击桌面上的 SiSoft Sandra Standard 图标或单击"开始"菜单中的快捷方式都能启动程序，程序启动后，出现在用户眼前的是一个大大的窗口，里面布满了各种各样的功能图标，在图标的下面还有简单的说明。可以看到在软件的主界面上除了简洁的菜单和工具条之外，还将所有的测试、诊断和分析报告项目都罗列在主窗口中，非常方便，如图 5-1 所示。

可以看到，SiSoft Sandra Standard 软件将所有的 58 个功能选项分为 4 个类型，分别是基准模块、硬件模块、软件模块和测试模块。

其中，基准模块主要提供多个重要项目的测试，并把测试数据与其他基准系统（如 Althon、Pentium 等系统）的测试数据进行比较，从而可以判断当前系统的性能优劣，值得注

图 5-1　SiSoft Sandra Standard 界面

意的是，SiSoft Sandra Standard 的基准测试项目是随着硬件环境的变化而变化的。例如，如果计算机没有 3D 显卡，则 SiSoft Sandra Standard 不会提供 3D 显卡的基准测试，一旦升级硬件，SiSoft Sandra 2013 也会提供相应的测试项目让用户来对新硬件进行检测和对比，如图 5-2 所示。

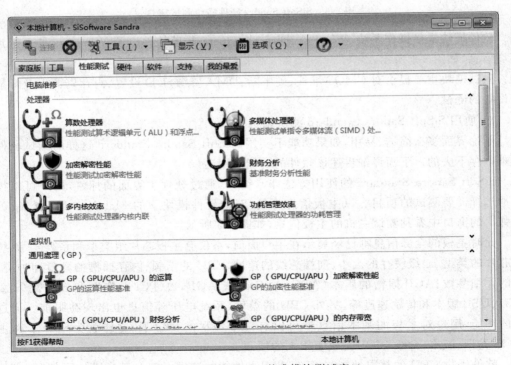

图 5-2　SiSoft Sandra 基准模块测试窗口

计算机性能测试与优化

硬件模块提供对多种主机硬件设备的测试结果,包括主板、CPU、接口、硬盘、电源管理等项目,如图 5-3 所示。

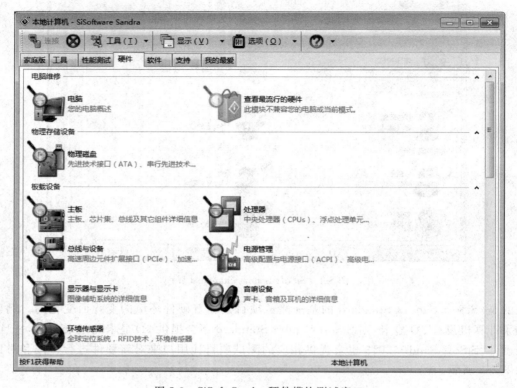

图 5-3　SiSoft Sandra 硬件模块测试窗口

软件模块提供操作系统、Winsock、DirectX、OpenGL 等软件以及 Windows 的系统运行环境信息,如图 5-4 所示。

测试模块主要提供对 CMOS 堆栈、硬中断、DMA 资源、I/O 设置、内存资源以及即插即用设备的测试。

3) 使用 SiSoft Sandra Standard 测试系统

不论界面多么简洁、易用,如果功能不实用,SiSoft Sandra Standard 这样的测试软件是很难生存下去的。下面详细讲述该软件的功能及用法。

SiSoft Sandra Standard 的使用方法非常简单,通过软件主界面的标签,用户可以很方便地选择需要测试的项目。以主板信息为例,双击硬件模块下的 Mainboard 图标,就可以在弹出的窗口中看到测试主机的主板信息,如图 5-5 所示。

此时主板的全部信息都已经展示在用户面前,不仅有主板芯片组类型和系列号、系统控制芯片的类型、二级缓存的大小、前端总线的速度、CPU 的倍频、内存插槽的数量和种类、内存的详细参数、AGP 插槽的版本(APG、APGx2 或 AGPx4)、PCI 的速度和分频数(1/2 或 1/3)、USB 版本和传输速度等,另外 CPU 的温度、系统电压等信息也出现在眼前。通过这样的功能,用户对主板的基本信息就可以有一个详尽的了解了,这样就为用户了解主板 BIOS 类型、版本,升级 BIOS 提供了很大的便利。

软件提供 CPU 的整数性能与 FPU 的浮点性能的测试。双击基准模块下的"算术处理

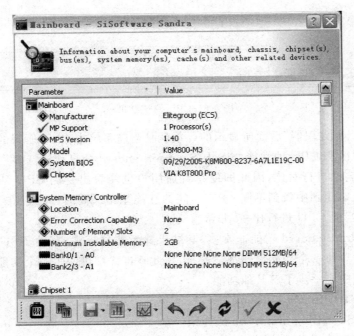

图 5-4　SiSoft Sandra 软件模块测试窗口

图 5-5　主板信息显示

器"图标,此时程序提示不要移动鼠标,也不要按键盘(当然也不能运行其他任何程序),等待几分钟之后便出现了评测结果,如图 5-6 所示。

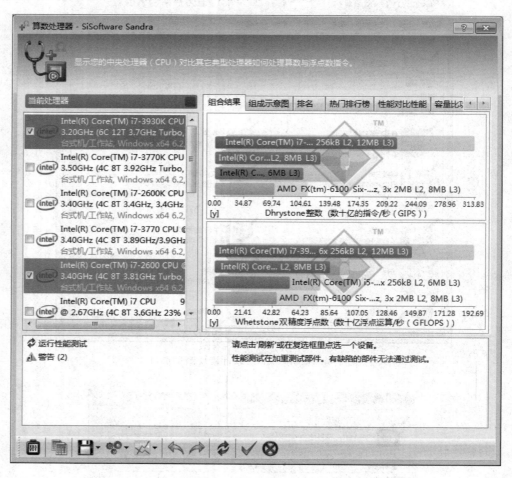

图 5-6　CPU 测试结果

　　图 5-6 中"当前处理器"后面所显示的分数就是当前系统中 CPU 所得的分数,为了更加直观地告诉用户受测 CPU 的性能,SiSoft Sandra Standard 会自动挑选多个与当前 CPU 性能相近的 CPU 与之进行对比,因此即使是普通用户也能看出受测 CPU 处于哪一个档次,同时用户也能从对比图中找到不同 CPU 之间的性能差距。同时还可以在下拉菜单中选择多种 CPU 来和当前 CPU 进行比较,非常直观。

　　SiSoft Sandra Standard 功能非常多,其结果显示非常直观,有助于用户更加详细地了解整机信息。由于每一个功能操作都很简单,在此不再详细讲解每一个功能的使用方法,请读者在使用过程中进一步了解其他功能。

### 2. EVEREST Ultimate Edition

1) EVEREST Ultimate Edition 的介绍

EVEREST(原名 AIDA32)是一个测试软硬件系统信息的工具,它可以详细地显示出PC 每个方面的信息。支持上千种主板,支持上百种显卡,支持对并口、串口、USB 这些 PnP

设备的检测,支持对各式各样的处理器的侦测。

EVEREST Ultimate Edition 是最新的 EVEREST 超强力授权版,和 EVEREST Home Edition,EVEREST Professional 等版本相比都要强大,也强过其他所有即时检测软件。可以显示更多的项目,识别更多的新硬件和进行更多的测试,可在任务栏即时显示 5 项温度、电压信息等。

其功能特点如下。

(1) 升级 CPU、FPU 基准测试

增强 CPU PhotoWorxx、FPU Julia、FPU Mandel、FPU SinJulia 基准测试模块,支持三核心 AMD Phenom、六核心 Intel DunningtonXeon 处理器;对 AMD Phenom、AMD Barcelona Opteron、Intel Penryn 系列处理器的检测进行深入优化。

(2) 改善系统稳定性测试模块

将处理器每个核心的利用率提到最高,加大对 CPU、FPU、缓存、内存和硬盘的压力;增强硬件监控能力,可在稳定性测试过程中监视温度、电压和风扇转速。

(3) 支持 Intel Skulltrail 双路四核心平台和 i5400 芯片组

可显示 Intel Skulltrail 平台及其组件的每一处细节,如 Core 2 Extreme QX9775 处理器、Intel D5400XS 芯片组主板、Intel Seaburg 5400 芯片组等;可在 Intel 5000/5400/7300 芯片组系统上检测 FB-DIMM 内存温度。

(4) 支持最新显卡技术

可检测 ATI Radeon HD 3400/3600/3870 x2、NVIDIA GeForce 8800 GS/8800 GTS 512/9300/9400/9500/9600/9800 Gx2 等最新显卡 GPU 核心、OpenGL 和 DirectX 信息;可监控华硕 EN8800GS/EN8800GT 特殊版显卡的温度;初步支持 NVIDIA GeForce 9800 GTX。

(5) 支持 DDR3 XMP,EPP 2.0 技术

可详细显示 Intel Extreme Memory Profile(XMP)、NVIDIA Enhanced Performance Profiles 2.0(EPP 2.0)技术内存的 SPD 信息,如时钟频率、延迟设定、电压要求等;DDR3 内存频率最高支持 2133MHz。

2) EVEREST 的界面

EVEREST Ultimate Edition 的软件界面友好,操作简单。软件启动后,首先要看的就是计算机"概述",单击"计算机"图标可以打开"概述"。单击"概述"后将在 EVEREST Ultimate Edition 界面左边显示出计算机的一些详细情况。如图 5-7 所示,这里的信息比用户自己在计算机上查看的清楚很多。

用 EVEREST Ultimate Edition 可以查看主板温度、处理器(CPU)温度及硬盘温度。在"计算机"里,单击"传感器"即可详细显示主板、CPU、硬盘的温度及 CPU 的电压,如图 5-8 所示。

在左侧功能选项可以进行相关项目的检测,给出的数据可信度较高。最后一项"性能测试"可以进行相关项目的测试,还会列出其他型号的分值,供用户了解,如图 5-9 所示。

通过菜单"报告"中的"报告向导",可以将相关测试项内容,保存为文本、用电子邮件发送或打印。

EVEREST Ultimate Edition 功能非常多,其结果显示非常直观,有助于用户更加详细

计算机性能测试与优化

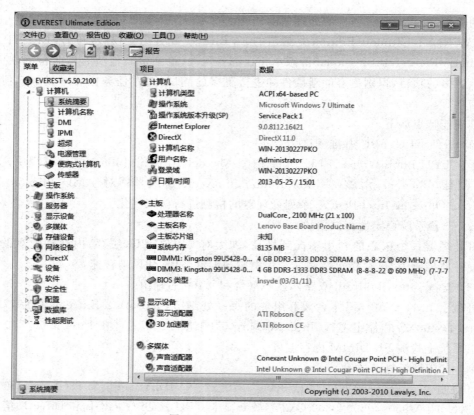

图 5-7　EVEREST 的界面

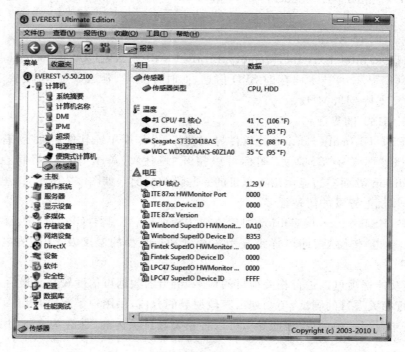

图 5-8　传感器信息

地了解整机信息。由于每一个功能操作都很简单,在此不再详细讲解每一个功能的使用方法,请读者在使用过程中进一步了解其他功能。

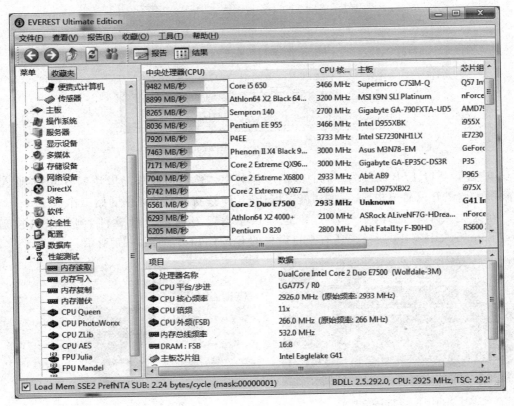

图 5-9　性能测试界面

## 5.1.2　系统性能优化

### 1. CPU 和显卡优化

1) CPU 超频

CPU 超频是为了提高 CPU 的工作频率,也就是 CPU 的主频。而 CPU 的主频计算公式是倍频×外频,例如 Intel Celeron D 310 处理器频率为 2.13GHz,它的倍频是 16×,外频是 133MHz,那它的频率就是 $133.3 \times 16 = 2133MHz$。因此,超倍频或者超外频都可以提升CPU 频率。目前,Intel 处理器都锁住了倍频,因此只能超外频。不过有少数 AMD Athlon XP 倍频和外频都没有锁,可以同时超倍频和外频。不过推荐读者只超 CPU 外频即可,它能够更明显地增加系统整体性能。

超频的主要方式有两种:分别是软件设置和硬件设置。下面分别介绍这两种方法。

(1) 软件设置

使用专门的超频工具进行超频相当简单。它们的一般工作原理都大致相同,都是通过控制时钟发生器的频率来达到超频的目的。下面是一款常见的 CPU 超频软件——ClockGen,如图 5-10 所示。

从软件的主界面上就可以看出其使用方法,打开 ClockGen 后,单击 GetValues 按钮可

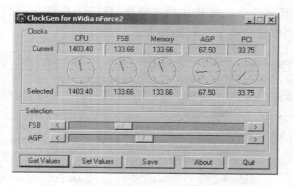

图 5-10　ClockGen 操作界面

以获取当前 CPU、FSB 以及内存和总线的工作频率。然后可以拖动滑块调节 FSB 和 AGP 的频率。调整好以后单击 Save 按钮就可以让 CPU 按新设定的频率开始工作了。

除这类共享软件外,有一些厂家也提供了自己专门的超频软件,例如来自技嘉的 EasyTune 5,如图 5-11 所示。还有来自微星的 CoreCenter,如图 5-12 所示。

图 5-11　EasyTune 5 界面

图 5-12　CoreCenter 界面

上面两款超频软件都是随厂家的主板捆绑销售的,使用这些软件进行超频的操作方法非常简单。另外,如果主板 BIOS 提供的选项相当少,那使用这些软件来超频反而是唯一的手段。严格来说,本书不推荐读者使用这些软件来超频,有以下几个理由。首先,任何软件都存在 BUG,这些潜伏的 BUG 可能会对超频带来不良影响;其次,如果从 BIOS 超频,每次设置后,系统都会重启,众所周知,Windows 在重启的时候,都会对硬件进行一系列检测,如果超频失败,系统将立即自动终止。若使用这些软件超频,系统不会重启;最后,如果要成功使用这些软件,用户不得不仔细阅读难以理解的超频软件手册和主板用户指南。综上所述,本书推荐读者使用 BIOS 超频。

(2) 硬件设置

使用硬件设置的方法进行 CPU 超频主要有两种方法,分别是跳线设置和 BIOS 设置。由于现在很多主板取消了超频跳线和 DIP 开关,因此使用跳线设置进行 CPU 超频的方法已经很少使用,下面主要介绍 BIOS 设置。

前面提到使用外频能够更明显地增加系统整体性能,这是由于计算机系统中的各个部件其实是互连的,很多部件之间的协调是需要同步的。例如,增加 CPU 的总线频率其实也就间接地增加了内存的工作频率,从而增加了系统的整体性能。有时候用户会发现,CPU 其实还有再超的空间,但是内存已经"江郎才尽",导致超频超不上去了。所以说,要超频,选择好的内存也是比较重要的。一般来说,CPU 外频和内存频率是相关的,不过有些主板,如 NVIDIA nForce 4 Intel Edition 可以让用户单独只超 CPU 或者是内存频率。

首先来看一下 BIOS 中的内存频率选项,一般它会在两个地方出现,或者在独立的内存频率和时序设置页,或者在 CPU 频率设置页。第一个一般叫做 Advanced Chipset Features,或简单地叫做 Advanced,ASUS 就采用的是这种风格,第二个一般叫做 Memclock Index Value。另外,它也可能会出现在 Power BIOS Features 页面中,在该页中它被称为 System Memory Frequency 或简称 Memory Frequency,如图 5-13 所示。

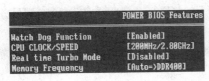

图 5-13　BIOS 内存频率选项

首先,将内存频率尽可能设为最小值。设置内存频率值有几种方式,都依赖于主板商的实际设置。一般可以按 Enter 键进入参数选择页,如果不行可以试试 PageUp、PageDown 按键,或者是"＋"和"－"按键,绝大多数主板都采用的是这三种之一。

先将内存频率设为最小值的原因是,在 CPU 超频的时候,会提升 FSB 频率,同时,内存的频率也会提升,如果将内存频率设为最小,它将存在更多的提升空间。也就是说,要先尽可能地消除内存对 CPU 超频的影响。另外,还可以稍稍将内存时序设高一点,或者为内存加少少电压,当然必须在允许的范围内进行。

然后调整其他总线频率。前面提到,提升 CPU 外频会间接提升内存频率,不过这不是唯一的好处。提升 CPU 外频,同时也会提高其他一些部件的总线频率,如 PCI、SATA、PCIE、AGP 等总线频率。由此可见,只需提高 CPU 的外频,整个系统几乎大部分配件的工作频率都会提升。但是也必须注意,有时候,配件的工作频率如果超过了一定限度,可能会停止正常工作。一般来说,PCI 总线的频率是 33.3MHz,AGP 总线频率是 66.6MHz,SATA 和 PCIE 总线频率是 100MHz。如图 5-14 所示,确定 BIOS 里面的 AGP/PCI 频率为 66/33MHz。

有些超频爱好者有时喜欢不保证让外频工作在 100MHz、133MHz 或是 200MHz 这种标准频率下,这是非常危险的。因为 PC 系统中除了系统总线以外,还有上面提到的 AGP 总线、PCI 总线等,这些总线频率有的是可以独立调节的,有的却要由系统总线的频率来决定。PCI 和 AGP 的标准频率是 33MHz 和 66MHz。在 100MHz 外频下,为了让 PCI 和 AGP 总

图 5-14　AGP/PCI 频率

线工作在标准的频率下,PCI 总线对系统总线就是 1/3 分频,而 AGP 总线对系统总线就是 2/3 分频;而在 133MHz 外频下,它们的分频可以分别设置为 1/4 和 1/2,一样可以保证 PCI 和 AGP 总线分别运行在 33MHz 和 66MHz 的标准频率下。如果超频者将系统外频设置为 120MHz,那么按照 1/3 和 2/3 分频的设置,PCI 和 AGP 总线以及连接在它们上的设备就分别运行在 40MHz 和 60MHz 下。超过标准频率后,这些部件是否一定能够稳定运行呢?这谁也没法保证,硬盘可能会出现读/写错误,声卡可能没法正常发声,网卡和 SCSI 卡可能会出现无法使用的情况,而显示卡有可能会花屏或是造成系统死机。因此,超频至非标准外频的作法是不可取的,势必会造成整体系统的不稳定。

计算机性能测试与优化

当前的所有 Pentium 4 Intel 芯片组、NVIDIA 芯片组和最新的 SiS 芯片组,都将 AGP/PCI 频率设为了标准值。不过,早期的 Intel、SiS 和 VIA 芯片组都没有将这些频率锁定为标准值。如果用户使用的是 VIA K8T800 芯片组主板,那 CPU 外频就不可能超过 225MHz。一旦超过了这个极限值,系统就无法识别相关设备了,甚至集成的声卡也会停止工作。

对于 NVIDIA 推出的 AMD Socket 754/939 芯片组来说,HyperTransport 总线频率是相当重要的,它的默认值是 1000MHz 或者 800MHz。在对 AMD CPU 超频之前,将 HyperTransport 频率值设低一点也是有好处的。如果 HyperTransport 频率为 1000MHz,那它的默认系数关系为 5×,800MHz 默认系数关系为 4×,如图 5-15 所示。

以上几步操作降低了内存频率和 HyperTransport 频率,还锁定 PCI/AGP 工作频率为标准值,下面正式对 CPU 进行超频。

首先进到 BIOS 中的 Frequency/Voltage Control 页面,如图 5-16 所示。

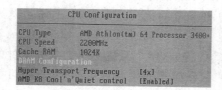

图 5-15　HyperTransport 总线频率

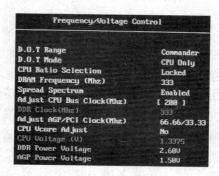

图 5-16　Frequency/Voltage Control 页面

该页面也可能被称做 POWER BIOS Features,如图 5-17 所示。

也有的叫做 JumperFree Configuration,如图 5-18 所示。

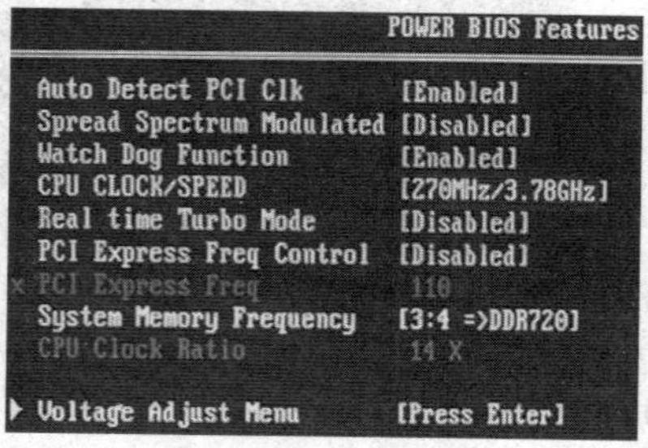

图 5-17　POWER BIOS Features 页面

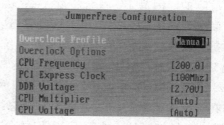

图 5-18　JumperFree Configuration 页面

虽然会存在页面上的不同,但是这对超频丝毫没有影响。在各自的页面中,找到 CPU Host Frequency 或 CPU/Clock 或 External Clock 等选项,这些选项就是用来设定 CPU 外频或 FSB 频率的。

频率提升的幅度没有一个确切的标准。这要取决于计算机的主板、CPU、散热器、电源等的实际情况。最好就是慢慢地提升,例如先将外频默认值每次提高 10MHz。保存并退出 BIOS,重新进入 Windows,确认一下 CPU 是否正常工作,可以使用 CPU-Z 等工具来看看

CPU 具体情况。然后运行几个程序，如 Super PI、Prime95、S&M 或游戏等，来看看系统稳定性。如果系统没有出现任何异常，就证明超频成功。另外别忘了看看 CPU 温度，一般不要让 CPU 超过 60°。

如果用户使用的是 Intel Pentium 4 或者是 Celeron 处理器，可以用 ThrottleWatch 或 RightMark CPU Clock Utility 等工具来检测 CPU 温度。需要提示的是，超频不一定会提升系统整体性能，当 CPU 温度超过一定临界值后，系统性能会迅速下降。所以在超频过程中，掌握好温度是相当重要的。当系统超频出现性能不升反降的时候，ThrottleWatch 或 RightMark CPU Clock Utility 会向用户反馈相关的信息。出现这种情况，一般有两种解决方法——使用更强劲的散热方案或者是使用更"温和"的超频手段。

2）显卡超频

显卡主要是由显示芯片、显存、输出接口、散热系统、显卡 BIOS 组成。如果要超频就要从这些方面下手。目前主流显卡的显示芯片主要由 NVIDIA 和 ATI 两大厂商制造，提高显示芯片的核心频率可以提高显卡处理图像的性能。同一显示芯片一般有多个版本，比如 RV350 显示芯片，也就是 Radeon 9600 系列有 R9600XT、R9600 PRO、R9600、R9600SE、R9550 等几个版本，它们最主要的区别就是其额定的工作频率不同。一般高端产品的核心频率相应也高，超频比较困难，相对而言低端产品超频就比较容易，比如 R9550。

显卡超频一般就是提高显示芯片核心频率和显存频率。显存频率一般和显存的时钟周期有关，越低的时钟周期可以达到的频率就越高。

显卡超频主要有两种方式：一种是通过软件超频；另一种则通过刷新显卡 BIOS 进行超频，或是直接使用高端显卡 BIOS 刷新低端显卡的方式来获得性能的提升。通过软件的超频简单易学，危险性小，超频失败后还可以恢复回来，不会对硬件造成永久性的伤害，非常适合初学者使用。相对而言，刷新 BIOS 的方法可以一劳永逸，适合比较熟练的操作者使用。

（1）软件超频

对显卡超频的软件种类非常多，常见的有 Riva Tuner、Rege3D Tweak、PowerStrip 等。以 PowerStrip 为例，它可以方便地在图形界面中对显卡核心和显存进行超频。

以 GeForce FX 5200 为例，打开 PowerStrip，桌面右下角的任务栏会出现显示器图样 PowerStrip 图标，单击图标，在弹出菜单中选择 Performance profiles→Configure，出现如图 5-19 所示的窗口，在显卡工作频率对话框中能看到显卡出厂默认的核心频率为 250MHz，显存频率为 500MHz。对 FX 5200 超频，只需要调整拉杆重新设定显卡的核心频率和显存频率，设定完成后，单击 Apply 按钮保存即可。

需要注意的是，调整核心频率和显存频率时一般以 5MHz 为单位微调，且调一次后就用软件测试一次。如果这个显存最高可以达到 600MHz，一般设置到 500MHz 或 550MHz 就不要超了，给显存留点余地。

（2）BIOS 超频

BIOS 超频要用到显卡 BIOS 刷新工具，以 NVIDIA 的显卡为例，最常用的就是 Nvflash。第一步是备份显卡 BIOS。

Nvflash 要在 DOS 下操作，进入 DOS 后，在存放 Nvflash.exe 的目录下输入 nvflash -b old.rom，其中 -b 的参数就是进行 BIOS 的备份操作，而 old.rom 则是为原有显卡 BIOS 取

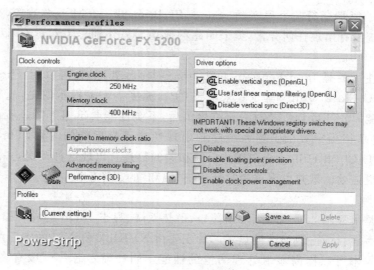

图 5-19　PowerStrip 界面

的名字。执行上述指令后,硬盘中会生成一个 old.rom 文件,这便是当前显卡的 BIOS 文件,将它备份起来,如图 5-20 所示。

第二步是修改 BIOS。备份了显卡 BIOS 之后,需要用 NVIDIA BIOS Editor 对显卡 BIOS 进行修改,这是一款应用非常广泛的超频工具,重要的是它可以修改显卡频率,如图 5-21 所示。

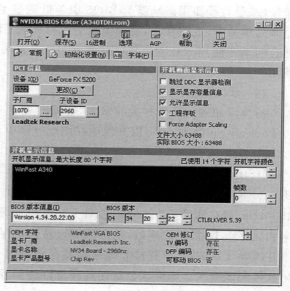

图 5-20　使用 Nvflash 备份显卡 BIOS　　　　图 5-21　修改显卡 BIOS

打开 NVIDIA BIOS Editor,读入刚才备份的显卡 BIOS,单击"初始化设置"按钮。在这个窗口中可以看到显卡出厂的默认工作频率。接下来就可以根据需求适当地调整显卡和显存的工作频率了,调整好后单击窗口下端的 DUP 按钮进行复制,最后单击"保存"按钮,将修改后的频率保存到 BIOS 文件中,这样就制作完成了一个超频后的新 BIOS 文件。

第三步是刷新显卡 BIOS。首先进入 DOS，仍然使用前面备份显卡 BIOS 的工具 Nvflash。在存放有 Nvflash.exe 的目录下，输入 nvflash -f old.rom，将修改后的 BIOS 重新写回显卡，重新启动后，显卡将按照设定的频率进行工作。至此，显卡超频完成，如图 5-22 所示。

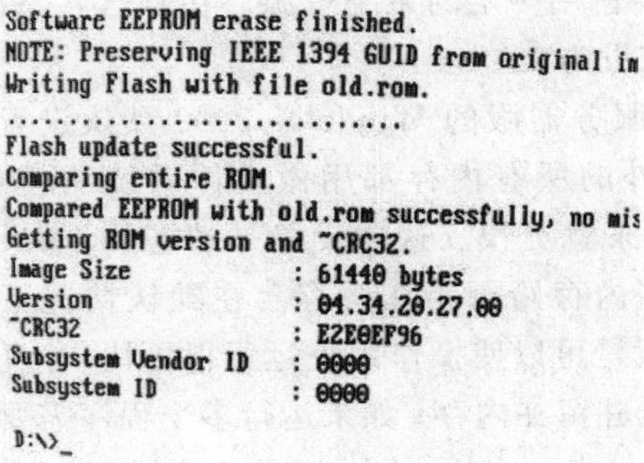

```
Software EEPROM erase finished.
NOTE: Preserving IEEE 1394 GUID from original in
Writing Flash with file old.rom.
.........................................
Flash update successful.
Comparing entire ROM.
Compared EEPROM with old.rom successfully, no mis
Getting ROM version and ~CRC32.
Image Size            : 61440 bytes
Version               : 04.34.20.27.00
~CRC32                : E2E0EF96
Subsystem Vendor ID   : 0000
Subsystem ID          : 0000

D:\>_
```

图 5-22　写入显卡 BIOS

**2. 内存和硬盘优化**

1）内存优化

现在计算机系统的内存容量越来越大，少则 512MB、多则 2GB、4GB，但是在这种情况下，用户在计算机使用过程中经常感觉到系统的可用资源非常紧张。造成这种情况的原因就在于 Windows 操作系统对内存的管理采取默认的方式，如果想进一步发挥大容量内存的性能，增加系统稳定性，就有必要采取针对内存的优化措施。

内存优化常用的方法也有两种，分别是 BIOS 优化和修改注册表进行优化。下面分别进行介绍。

（1）BIOS 优化

在 BIOS 中有若干个与内存有关的选项，下面给读者介绍几个最常用的。

- CAS Latency。CAS 延迟是一个决定系统内存列存取时间的参数。CAS 延迟越小，系统在读取 RAM 中不同数据时的速度就越快。现在大多数 SDRAM CAS 延迟标称值为 3，但基本上都可以达到 2。在市场上也有标称值为 2 的 SDRAM。至于 RDRAM，它的 CAS 延迟要比 SDRAM 大得多，如果把 CAS 延迟设小一点效果非常显著。不过要注意的是改变 CAS 延迟实际上是一种超频，要注意它的稳定性（可以运行如 timedemo loop 之类的稳定性测试软件）。
- RAS To CAS Delay。这项设置指的是行激活命令到读/写命令之间的时间。这个值越小表示越快，在修改它时，也要注意系统的稳定性。
- RAS Precharge Time。这项设置指的是 DRAM 预充电需要多少个周期的时间，越小越好。在修改它的时候，同样要注意稳定性。
- SDRAM Precharge Control。这项设置指的是系统如何管理 SDRAM 的预充电时间，它有两个值：Enabled 和 Disabled，在不同的系统上有不同的结果，建议读者在自己的系统上两者都试一下。
- Shadow System BIOS。如果它为 Enabled，在系统启动时会把 BIOS 中的内容复制到主内存中，对大多数机器来说，启动速度和运行速度都会加快。
- System BIOS Cacheable。当设为 Enabled 时，在必要时系统会把 BIOS 中的内容备份到 L2 缓存中，加快 BIOS 的运行速度，效果比 Shadow System BIOS 还要好。当 Shadow System BIOS 也设为 Enabled 时，效果最佳。

（2）注册表修改

在注册表中有若干个关于内存的设置，但在修改时要注意，因为稍有错误就会导致系统崩溃。所以在修改前要把注册表做一个备份，以备在出现问题时恢复。

135

首先在注册表中找到 HKLM/System/CurrentControlSet/Control/Session Manager/Memory Management，然后会发现下面几个选项。

DisableExecutivePaging——设为 Enabled 时，Windows 2000 在运行可执行文件时不用硬盘上的交换文件，这样操作系统和文件执行的速度会更快。但本书推荐只有在系统内存大于 128MB 时，才将它设为 Enabled，因为它也要占用一定的系统资源。在默认状态下，它的值为 0（Disabled），如果要设为 Enabled，就将它设为 1。

LargeSystemCache——当它设为 Enabled 时（服务器版的 Windows 2000 默认设置为 Enabled），系统会把除了 4MB（作为硬盘缓存）以外的所有内存都用做文件系统的缓存。Windows 会把自己的内核放到内存中，这样运行起来就更快。这项设置是动态的，如果在某些情况下硬盘需要更多的缓存，系统会释放一些内存给硬盘作缓存。在默认情况下有 8MB 内存是留作此用途的。此项设置的主要好处就是可以使操作系统运行得更快，并且它还是动态的，当内存需求不大时，Windows 的内核就驻留在内存；如果运行多个程序需要大量内存，Windows 2000 会把它的内核从内存中释放出来。0 表示 Disabled，1 表示 Enabled。不过如果把它设为 Enabled，系统会占用更多的内存，在一些任务很密集的情况下，系统性能会下降。根据 Micorsoft 的说法，对那些自己进行缓存的应用程序如 Microsoft SQL，和需要大量内存才能得到最好性能的程序如 IIS 来说，此项设置最好设为 0。

IOPageLockLimit——这项设置主要是服务器应用。如果设置合理，在进行大数据量的文件传送和类似的操作时，可以提升系统的 I/O 性能。但是如果系统内存不足 128MB，那么这项设置不会有任何作用。如果系统内存超过 128MB，可以把它设为 8～16MB，性能的提升会比较明显。默认值是 0.5MB（512KB），在设置时要注意它是以字节数表示的，0.5MB 为 $0.5 \times 1024 \times 1024 = 524\ 288$ 字节。在修改时，多设几个值试一试，以得到最佳效果。

2）硬盘优化

对于一台电脑，硬盘的重要性是不言而喻的。尽量延长硬盘的使用寿命，不仅仅是节约的问题，更重要的是关系到数据安全的问题。

现在的硬盘容量越来越大、速度越来越高，就是说盘片的密度越来越高，转速越来越快了，这使本来就十分娇贵的硬盘更加脆弱了。

一般情况下，对于诸如防震和散热等硬盘的外部使用环境问题，用户都会很注意的，但是仅仅这些还是不够的。因为，现在的网络资源越来越丰富，宽带已经走进家庭，上网变得非常方便，大多数人都喜欢一边下载大文件（如音乐、电影、软件等），一边干其他工作，这样硬盘就需要同时进行多项读/写操作，大大加重了硬盘的负担。如果，又是使用 BT 之类的下载工具来下载大文件，那对硬盘的损伤就更大了。所以，还要从硬盘盘片的转速和磁头在盘片滑动等内部读/写操作方面进行优化。从而使硬盘能够健康长寿。

通过系统对硬盘进行一些优化，不仅可以大幅度地提高硬盘的性能，而且对于延长硬盘的使用寿命也有一定的效果。下面为读者介绍几种硬盘优化方法。

（1）打开硬盘的 DMA 传输模式

打开硬盘的 DMA（直接存储器存取）传输模式不仅能提高传输速率（读/写硬盘时一般不会先响上一阵子了），而且还会降低硬盘读/写时对 CPU 时间的占用。整个系统的效率也就得以提高了。

一般情况下，DMA 传输模式是自动打开的。但对于 DIY 族来说，自己攒的机器也有可能没有把 DMA 传输模式打开。所以不妨看看自己机器的 DMA 传输模式是否打开了，如果没有打开，就在"设备管理器"中手动地将其打开。操作方法如下。

① 从"我的电脑"的快捷菜单中选择"设备管理器"；

② 在"设备管理器"窗口中展开"IDE ATA/ATAPI 控制器"项；

③ 从 ATA Channel 0 的快捷菜单中选择"属性"；

④ 在"高级设置"选项卡中进行设置，如图 5-23 所示。

（2）取消硬盘的自动关闭功能

Windows 系统为了防止电脑"空转"（在一定时间内没有对硬盘进行任何读/写操作）过久而损坏显示器和硬盘，就规定"空转"一定的时间后会自动关闭显示器和硬盘。

硬盘的自动关闭功能对于小内存的电脑确实是有好处的，但对于拥有 512MB 或者更大内存的电脑而言，不但没有什么益处，有时甚至是有害的。比如，您在内存为 1GB 的电脑上做某件事情，软件启动以后就不会再读/写硬盘了，这样到了规定的时间系统就会认为硬盘在"空转"而将硬盘关闭，等您把工作做完再回到桌面时就可能会因为硬盘处于关闭状态而死机。这无论是对于系统还是对于硬盘都是不利的，所以应该取消硬盘的自动关闭功能。操作方法是：

① 打开"控制面板"中的"电源选项"对话框；

② 在"电源使用方案"选项卡中选择"更改计划的设置"选项；

③ 在"更改计划的设置"选项卡中选择"更改高级电源设置"选项；

④ 在"高级设置"选项卡中将硬盘时间设置为"从不"，如图 5-24 所示。

图 5-23　打开硬盘的 DMA 传输模式

图 5-24　取消硬盘自动关闭

（3）定期清理垃圾文件

大多数软件（系统软件或应用软件）在运行期间都会建立一些临时文件，如果软件正常结束，则它会清除那些临时文件，如果异常结束，则那些临时文件就会留在硬盘上成为垃圾

计算机性能测试与优化

文件。所以,任何系统,只要在使用,硬盘上就会有垃圾文件,使用的愈久,垃圾文件就愈多。如果长时间不清理,可能会积累成百上千个垃圾文件。

　　硬盘上的垃圾文件通常不会占用太大的存储空间,但如果数量庞大,就会产生大量的磁盘碎片,这不仅会使文件读/写的速度变慢(在硬盘上寻找文件所花的时间变长了),也会影响硬盘的使用寿命(硬盘的读/写次数增多了)。所以对硬盘的各种垃圾文件应该定期进行清理。

　　清理垃圾文件可以手工进行。比如,卸载了一个软件之后,立即将该软件残留的文件夹删除,并且查一查注册表,把系统文件夹中那些不再有软件使用的垃圾 DLL 文件也删除;一个软件运行时死机了,重新启动后将其文件夹中残留的临时文件删除掉。虽然手工也能清除垃圾文件,但效率太低,而且需要有一定的经验,不是每一个人都能办到。所以最好使用工具软件进行这项工作,如图 5-25 所示。

图 5-25　磁盘清理

　　能够清除硬盘上垃圾文件的软件有许多,比如,"完美卸载"以及其中附带的"硬盘垃圾清理工具"。该软件不仅操作方法简单、扫描速度快,而且扫描垃圾文件的类型也非常多。

　　(4) 定期碎片整理

　　磁盘碎片应该称为文件碎片,是因为文件被分散保存到整个磁盘的不同地方,而不是连续地保存在磁盘连续的簇中形成的。硬盘在使用一段时间后,由于反复写入和删除文件,磁盘中的空闲扇区会分散到整个磁盘中不连续的物理位置上,从而使文件不能存在连续的扇区里。这样,再读/写文件时就需要到不同的地方去读取,增加了磁头的来回移动,降低了磁盘的访问速度。

　　磁盘碎片整理,就是通过系统软件或者专业的磁盘碎片整理软件对计算机磁盘在长期使用过程中产生的碎片和凌乱文件重新整理,释放出更多的磁盘空间,可提高计算机的整体性能和运行速度。

　　Windows 自带磁盘碎片整理程序,如图 5-26 所示,操作方法如下:

　　① 从"开始"菜单中选择"程序";

② 在"程序"中选择"附件"；

③ 在"附件"中选择"系统工具"；

④ 在"系统工具"中选择"磁盘碎片整理程序"。

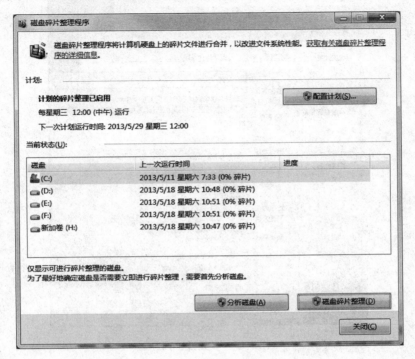

图 5-26　磁盘碎片整理程序

（5）将虚拟内存设置为固定值

如前所述，磁盘碎片的增多会影响硬盘的使用寿命。将虚拟内存设置为固定值，也可以减少系统所在盘上磁盘碎片的产生。

在默认状态下，系统是根据磁盘剩余空间的大小来动态设定虚拟内存的大小的，这样就会造成虚拟内存的大小经常发生变化，这种变化就会产生磁盘碎片。系统默认是将虚拟内存放在系统盘上的，为了防止系统盘产生大量磁盘碎片，可以将虚拟内存设置固定值（该值在物理内存的 1.5～3 倍之间为宜），而且如果硬盘有两个以上分区，最好将虚拟内存改放到非系统盘（分区）上。操作方法如下：

① 从"我的电脑"的快捷菜单中选择"属性"；

② 在"系统属性"对话框中选择"高级系统设置"选项卡；

③ 单击"性能"框中的"设置"按钮，打开"性能选项"对话框；

④ 在"性能选项"对话框中选择"高级"选项卡；

⑤ 单击"虚拟内存"框中的"更改"按钮，打开"虚拟内存"对话框；

⑥ 在"虚拟内存"对话框中，选定作为虚拟内存的驱动器，选中"自定义大小"单选按钮，在"初始大小"和"最大值"编辑框中输入相同的值，建议设置为物理内存的 1.5 倍，并单击"设置"按钮；

⑦ 在"虚拟内存"对话框中，选定系统所在的驱动器，选中"无分页文件"单选按钮，并单

计算机性能测试与优化

击"设置"按钮;

⑧ 单击"确定"按钮,按系统要求重新启动系统,如图 5-27 所示。

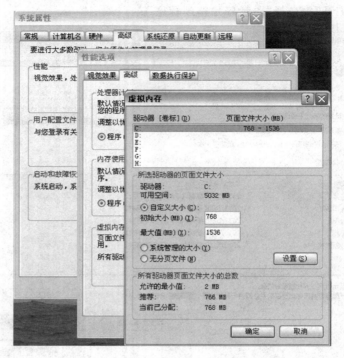

图 5-27 设置虚拟内存

建议在设置虚拟内存之前将磁盘碎片整理一下,对硬盘的加速效果会更佳。

(6) 设置适当的磁盘缓存

磁盘缓存的大小会直接影响几乎所有软件(系统软件或应用软件)的运行速度和性能。在默认状态下,是由 Windows 自己管理的,它通常很保守,不启用磁盘缓存,因此硬盘性能不能得到充分的发挥。可以自己动手来设置磁盘缓存,以提高硬盘性能。操作方法如下:

① 打开注册表编辑器;

② 寻找 HKEY_LOCAL_MACHINE\SYSTEM\CurrentControlSet\Control\Session Manager\Memory Management 项下的 IoPageLimit 值,如果没有,就建立该值;

③ 打开 IoPageLimit 的快捷菜单,并从中选择"修改"选项(打开"编辑 DWORD 值"对话框);

④ 在"编辑 DWORD 值"对话框中,选中"十进制"单选按钮,并在"数值数据"输入框中输入磁盘缓存的大小(单位为 KB),推荐设置值为 16 384(即 16M)或者 32 768(即 32MB),完成后单击"确定"按钮,如图 5-28 所示。

设置完成后重新启动计算机。经过这样的设置,再进行磁盘读/写比较频繁的操作时,您可以感到硬盘灯的闪动频率比以前明显下降了(即硬盘读/写的频率降低),比如,使用 BT 下载大文件时,会有较为明显的

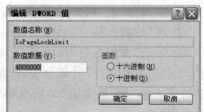

图 5-28 设置磁盘缓存

感觉。

**3. Windows 7 系统优化专题**

1）Windows 7 操作系统简介

Windows 7 是由微软公司（Microsoft）开发的操作系统，核心版本号为 Windows NT 6.1。Windows 7 可供家庭及商业工作环境、笔记本电脑、平板电脑、多媒体中心等使用。2009 年 7 月 14 日 Windows 7 RTM 正式上线，2009 年 10 月 22 日微软于美国正式发布 Windows 7。Windows 7 同时也发布了服务器版本——Windows Server 2008 R2。2011 年 2 月 23 日凌晨，微软面向大众用户正式发布了 Windows 7 升级补丁——Windows 7 SP1。

Windows 7 主要包括简易版、家庭普通版、家庭高级版、专业版、企业版和旗舰版。

Windows 7 旗舰版属于微软公司开发的 Windows 7 系列中的终结版本。Windows 7 的旗舰版含以下所有功能：有无线应用程序、实时缩略图预览、增强视觉体验、高级网络支持（ad-hoc 无线网络和互联网连接支持 ICS）、移动中心（Mobility Center）。Aero Glass 高级界面、高级窗口导航、改进的媒体格式支持、媒体中心和媒体流增强（包括 Play To）、多点触摸、更好的手写识别等。毛玻璃透明特效功能、多触控功能、多媒体功能（播放电影和刻录 DVD）、组建家庭网络组。支持加入管理网络（Domain Join）、高级网络备份和加密文件系统等数据保护功能、位置感知打印技术（可在家庭或办公网络上自动选择合适的打印机）等。加强网络的功能，比如域加入、高级备份功能、位置感知打印、脱机文件夹、移动中心、演示模式（Presentation Mode）。BitLocker，内置驱动器数据保护（bitlocker to go 外置驱动器数据保护）；AppLocker，锁定非授权软件运行；DirectAccess，无缝连接基于 Windows Server 2008 R2 的企业网络；BranchCache，Windows Server 2008 R2 网络缓存等。Branch 缓存、DirectAccess、BitLocker、AppLocker、Virtualization Enhancements（增强虚拟化）、Management（管理）、Compatibility and Deployment（兼容性和部署）、VHD 引导支持。强大的语音控制功能够实现人机一体化！

2）Windows 7 操作系统优化技巧

计算机新装系统，开机速度很快，但使用一段时间后会发现开机启动越来越慢，其实导致开机启动越来越慢的原因有很多，因为计算机使用久了，不知不觉启动的项目就多了，系统垃圾也多了，并且磁盘反复读/写与删除等都会一定程度上影响计算机的开启速度，不过养成良好的计算机维护技巧与定时清理磁盘垃圾，开机速度影响将变得很小。下面介绍 Windows 7 的优化设置。

（1）显示效果优化

Windows 7 系统一个引人入胜的特性就是其漂亮的外观效果，但是显示如此美观的效果的背后是消耗大量的系统资源。因此，可以关闭一些显示效果。在保留一些显示效果并提高性能的前提下，可做如下设置："我的电脑"→"属性"→"高级系统属性"→"性能选项"，如图 5-29 所示。

在"视觉效果"标签里选择自己需要的选项，如图 5-30 所示。

如果 Windows 运行缓慢，可以禁用一些视觉效果来加快运行速度。这就涉及外观和性能何者更优先的问题了。是愿意让 Windows 运行更快，还是外观更漂亮呢？如果计算机运行速度足够快，则不必面对牺牲外观的问题，但如果计算机仅能勉强支持 Windows 7 的运行，则减少使用不必要的视觉效果会比较有用。

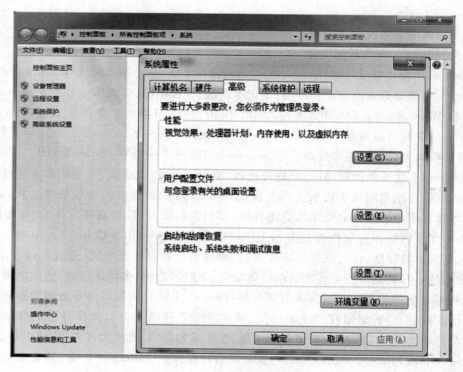

图 5-29　显示效果优化

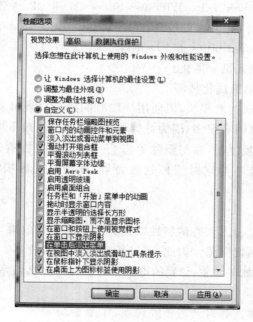

图 5-30　显示效果优化

（2）优化开机启动项

使用 msconfig（系统配置实用程序）程序设置系统启动加载项。该程序为系统启动和加载项设置,合理地配置可以大大提升系统的启动速度和运行效率。可以做如下设置:"开始"→"运行"→"mscongfig.exe",如图 5-31 所示。

图 5-31　优化开机启动项

可以通过启动项目的选择,加快系统启动速度。对于启动项目的加载选择,给出以下建议:

- 声卡、显卡相关的驱动开机加载程序,一般可以直接禁止。
- QQ、MSN 等聊天软件,根据个人喜好进行设置。
- 杀毒软件、系统防火墙一般都会允许开机自动加载。
- 涉及输入法类的加载项可以禁止,例如 Microsoft 拼音等。
- 播放器类的加载项可以禁止。
- IE 浏览器插件类的开机启动项可以直接禁止。
- Windows 7 系统桌面的小工具,根据个人喜好进行设置。
- 未知的程序,请大家自己在搜索引擎里面搜索一下,然后决定。

(3) 关闭不需要的服务

Windows 系统资源直接关系到系统整体的运行速度,随着安装的软件越来越多,许多软件在系统启动时都会自动加载一些服务,占用系统资源,而这些服务大多是处于闲置状态的。Windows 系统本身也有一些这样的服务,正常情况下,大多数用户都不会使用,如果能够将这些服务停止,就可以释放出被这些服务占用的系统资源,对提高系统整体运行速度有很大帮助。可以进行如下设置:"控制面板"→"管理工具"→"服务",如图 5-32 所示。

读者可以根据自己的情况进行服务"启动类型"的选择。启动类型主要分 4 项,具体说明如下。

- 启动:指计算机启动时同时加载该服务项,以便支持其他在此服务基础上运行的程序。
- 自动(延时启动):采用这种方式启动,可以在系统启动一段时间后延迟启动该服务项,可以很好地解决一些低配置计算机因为加载服务项过多导致计算机启动缓慢或启动后响应慢的问题。是 Windows 7 以后版本中特有的一种启动类型。
- 手动:服务虽然关闭,但依然可以在特定情况下被激活启动。
- 禁用:除非用户手动修改启动属性,否则服务将无法自动启动运行。

图 5-32　关闭不需要的服务

（4）工具栏优化

Windows 7 的工具栏预览功能是一项非常酷的功能，让很多用户爱不释手，但是对于一些计算机配置较低的用户来说，这可是不太好用。直接关闭了工具栏的预览功能总有点不舍，怎么说这也是 Windows 7 的象征，但要使用预览每次都需要等待很长时间，真的让人头疼。如果你的计算机不是那么流畅，我们可以试着将窗口的预览时间缩短，以此来加快预览速度。

在 Windows 开始菜单中的搜索栏中输入 regedit 打开注册表编辑器，然后仔细找到 HKEY ＿ CURRENT ＿ USER/Software/Microsoft/Windows/CurrentVersion/Explorer/Advanced 文件夹，右键单击该文件夹选择"编辑 DWORD（32 位）值"，然后将其命名为 ThumbnailLivePreviewHoverTime，如图 5-33 所示。

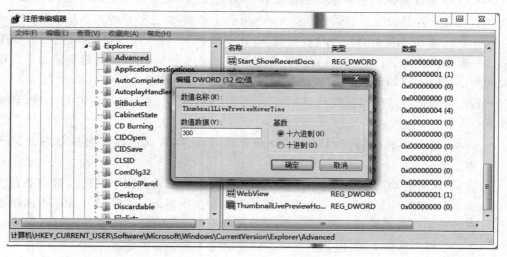

图 5-33　工具栏优化

紧接着将此项的值修改为十进制的数值,因为单位时间是 ms,所以你可以随意填写一个三位数的值即可,如 200,300,…,一般情况下可以根据个人的使用习惯随时修改。

修改完成后关闭注册表编辑器,重启计算机将生效。因为此处涉及修改注册表,建议不熟悉注册表的用户一定要小心仔细看清每一步再动手。

(5) 控制系统保护空间

系统保护(系统还原),在 Windows 7 系统下已经改良了许多,相对之前的系统还原功能,实用性更强了。但是其不可避免地会占用大量的硬盘空间作为还原数据的备份之用,因此这个功能我们可以将其关闭部分磁盘功能以节约更多的磁盘空间出来。建议打开系统盘的系统保护,并根据磁盘情况控制系统保护最大使用量。具体操作如下:"控制面板"→"系统"→"高级系统设置"→"系统保护",如图 5-34 所示。

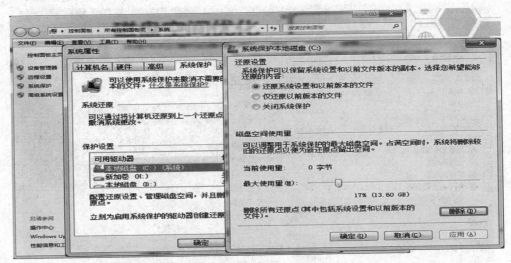

图 5-34 控制系统保护空间

(6) 关闭休眠文件

Windows 7 系统的休眠,是将所有内存当中的东西写入到磁盘存放,然后关闭系统,到下次启动计算机的时候再将写入磁盘的文件放回到内存当中,以达到超快速开机的功能。开机速度是快了,但是问题随之而来,休眠功能所占用磁盘的容量等于物理内存的容量,也就是说如果内存是 2GB,那么休眠功能就占用 2GB 的磁盘空间,假设内存有 8GB,那么休眠功能则占用 8GB 的磁盘空间。关闭休眠功能的具体方法:"开始"→"附件"→"命令提示符",右键以管理员方式运行,输入 powercfg -h off,就顺利关闭了,如图 5-35 所示。

图 5-35 关闭休眠文件

计算机性能测试与优化

### 5.1.3 软件系统维护

#### 1. 硬盘克隆工具 Ghost

1) Ghost 简介

Ghost 是一款常用的硬盘备份软件,可以将整个硬盘或硬盘中的一个分区制作成镜像文件,然后在恢复系统时,把备份的硬盘完整地复制到另一个硬盘或分区中,因此也把 Ghost 叫做磁盘克隆工具。传统的 Ghost 都是在 DOS 环境下运行,缺少一个图形化的界面,这对于一些生疏的使用者来说就产生了一些使用上的困难。因此,Ghost 自 9.0 版本开始全面转向 Windows 操作环境,让人体验到脱胎换骨的变化。打开 Ghost 9.0 之后,软件主界面如图 5-36 所示。

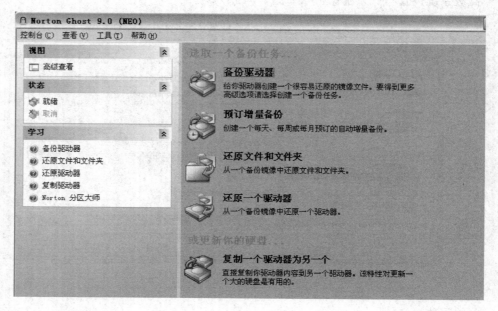

图 5-36　Ghost 9.0 界面

要创建一个分区的完整备份,步骤如下。

(1) 单击窗口右侧面板上的"备份驱动器"图标,弹出分区备份向导,单击"下一步"按钮,进入驱动器选择窗口,如图 5-37 所示。

(2) 选择需要备份的分区,然后单击"下一步"按钮,进入选择保存备份文件目录窗口,如图 5-38 所示。

在此窗口可以看到,可以用 3 种方式保存备份文件,即把文件保存到本地硬盘、网络驱动器或直接刻录到光盘上。需要注意的是,如果把备份保存到网络驱动器那么要确保在系统崩溃的情况下,用光盘引导到恢复环境之后,本机的网卡可以被 Ghost 支持,否则如果 Ghost 不支持本机网卡,用户将无法访问网络驱动器上的备份文件。选择好保存位置后,单击"下一步"按钮,进入备份选项设置窗口,如图 5-39 所示。

此窗口中备份选项设置有:

- 压缩。Ghost 备份产生的文件都是可以压缩的,用户可以根据需要选择不同的压缩率。

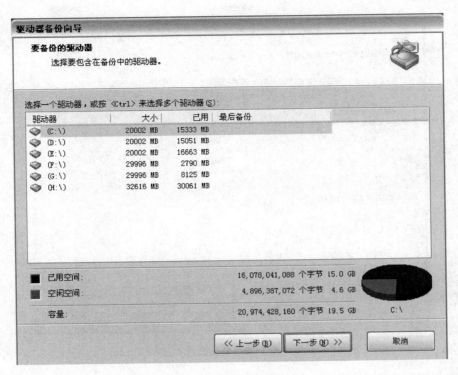

图 5-37　选择驱动器

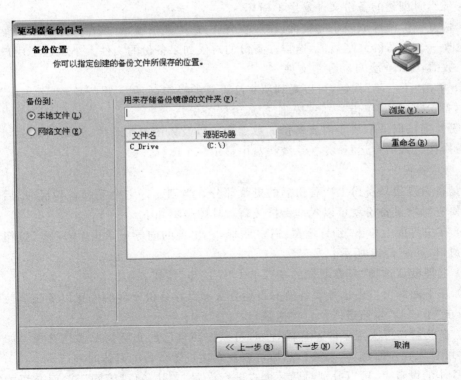

图 5-38　选择备份位置

第 5 章

计算机性能测试与优化

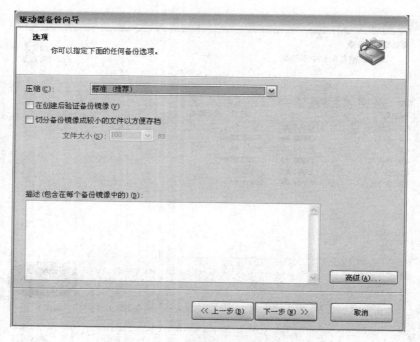

图 5-39　备份选项

- 在创建后验证备份镜像。建议选中这个选项,避免当系统崩溃想要恢复的时候才发现当时创建的备份文件发生了损坏。
- 切分备份镜像成较小的文件以方便存档。选中此选项,可以在旁边的下拉菜单中选择一个合适的分割数值,这样在备份的时候如果备份的文件大小超过了用户指定的数值,Ghost 会自动分割文件。

(3) 单击"下一步"按钮,可以看到所有已设置的操作,如果无误可单击"下一步"按钮开始备份,备份完成后,单击"关闭"按钮,完成分区备份。

备份所需的时间取决于需要备份的数据大小以及系统繁忙程度,这时可以关闭向导窗口,备份操作进入后台运行,并在系统托盘中显示一个图标。

2) 增量备份

增量备份是指只备份上次备份后的更改部分。当创建好一个完整备份后,以后同一个分区只要进行增量备份就可以永远保持最新。具体步骤如下。

(1) 在主界面上单击"预订增量备份"图标,在出现的向导上单击"下一步"按钮出现备份类型窗口,如图 5-40 所示。

(2) 选择默认选项"具有增量的基",单击"下一步"按钮。

(3) 在下面的窗口中选择要备份的目标分区和保存备份文件的位置以及想要使用的文件名,单击"下一步"按钮进入预订镜像窗口,如图 5-41 所示。

(4) 在此窗口下决定采取怎样的计划,可以按照自己的实际情况进行选择。如希望每天备份,可首先在左侧选择"每周",然后可以在右边设置备份的具体时间。

在具体的设置上,可以分别对两种模式进行设置。"基备份"等同于前面介绍的完整备份,要使用增量备份则必须先进行一次基备份,这样以后软件才会以这次的备份为基准来备

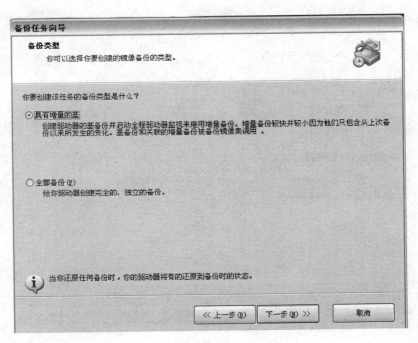

图 5-40　增量备份窗口

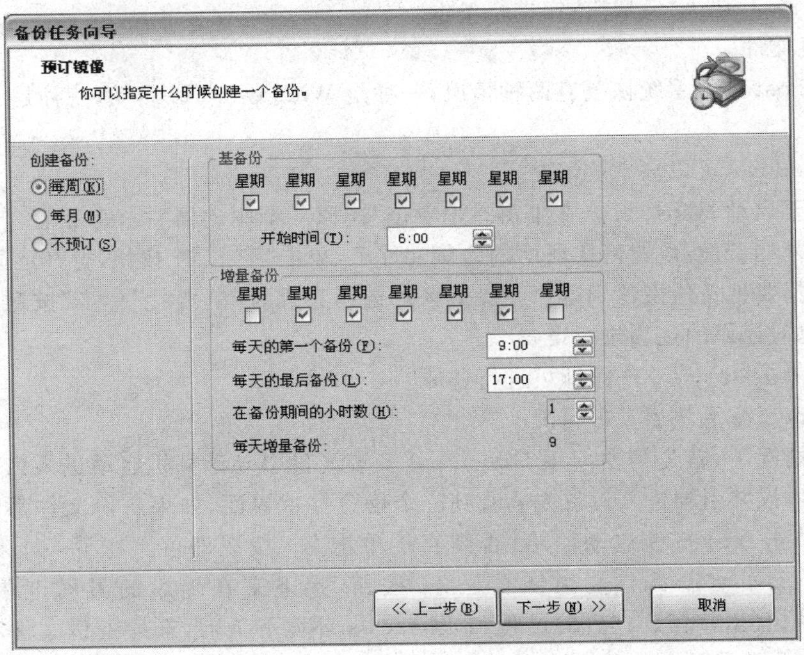

图 5-41　预订镜像窗口

份发生了改变的文件。设置完成后单击"下一步"按钮,出现备份选项窗口,如图 5-42 所示。窗口中出现了一个"限制每个驱动器保存的备份数目"选项,这个选项是为了避免创建太多的备份而耗光所有的硬盘空间。

第5章

计算机性能测试与优化

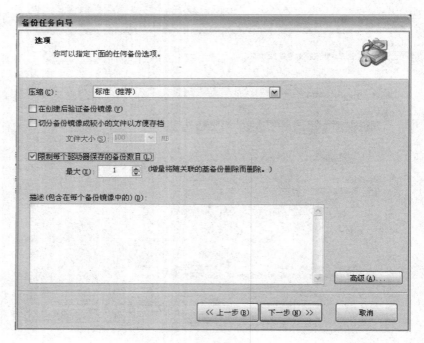

图 5-42　备份选项

完成设置后,单击"完成"按钮进行备份。

3) 恢复文件

使用 Ghost 进行系统恢复有两种情况,一种是 Windows 可以启动,一种是 Windows 无法启动。

(1) Windows 可以启动的情况

这时只要启动 Ghost 9.0,在主窗口中单击"还原一个驱动器"按钮,然后在向导中选择一个用来恢复的备份,设置好要还原的备份文件后,单击"下一步"按钮,打开还原目标窗口,在此窗口选择要把备份恢复到哪个硬盘分区。选择完成后,单击"下一步"按钮打开还原选项窗口,可以对还原的选项进行设置。

完成后单击"下一步"按钮即可进行还原。

(2) Windows 无法启动的情况

在这种情况下,首先需要使用 Ghost 9.0 安装光盘引导计算机启动进入恢复环境。用户同意使用协议并引导进入后首先会看到一个信息提示界面,如果备份文件都保存在网络驱动器上,单击 Yes 按钮启动网络,否则直接单击 No 按钮即可。在下一个界面上单击Advanced Recovery Tasks(高级恢复任务)按钮,接下来在随后的界面上单击 System Restore(系统恢复)按钮。之后的过程和 Windows 环境下类似,选择备份文件和要恢复到的目标分区,设置需要的选项,开始恢复。

**2. 使用注册表维护**

1) 注册表简介

注册表是微软自 Windows 95 开始引入操作系统的概念,利用一个功能强大的数据库来集中统一管理系统的软硬件配置信息,从而方便了用户对系统进行管理,增强了系统的稳定性。因此,可以把注册表理解成 Windows 操作系统中用于集中、统一管理系统各种配置信息的数据库。

注册表中包含 5 个根键,下面分别介绍这 5 个根键。

- HKEY_CLASSES_ROOT:此根键用于管理文件系统。根据在操作系统中安装的应用程序的扩展名,该根键指明其文件类型的名称,相应打开该文件所要调用的程序等信息。当用户双击一个文件时,系统可以通过该根键下存储的信息启动相应的应用程序。
- HKEY_CURRENT_USER:此根键用于管理系统当前的用户信息。在这个根键中保存了本地计算机中存放的当前登录的用户信息,包括登录用户名和暂存的密码。在用户登录系统时,其信息从 HKEY_USERS 中相应的项复制到 HKEY_CURRENT_USER 中。
- HKEY_LOCAL_MACHINE:此根键是一个显示控制系统和软件的处理键。在这个根键中保存了计算机的系统信息,包括网络和硬件上所有的软件设置(比如文件的位置、注册和未注册的状态、版本号等)。
- HKEY_USERS:此根键用于管理系统的用户信息。在这个根键中保存了存放在本地计算机口令列表中的用户标识和密码列表。同时每个用户的预配置信息都存储在 HKEY_USERS 根键中。HKEY_USERS 是远程计算机中访问的根键之一。
- HKEY_CURRENT_CONFIG:此根键用于管理当前用户的系统配置。在这个根键中保存着定义当前用户桌面配置(如显示器等)的数据、该用户使用过的文档列表(MRU)、应用程序配置和其他有关当前用户的操作系统安装的信息。

2)注册表的备份与恢复

正是由于关于操作系统的配置信息存储在注册表这样一个数据库中,因此注册表的错误往往导致系统的崩溃,所以保持注册表的完好显得尤为重要。下面介绍注册表的备份和恢复。

首先打开注册表,选择"开始"菜单下的"运行"命令,在弹出的命令对话框中输入命令 regedit,打开注册表编辑器,如图 5-43 所示。

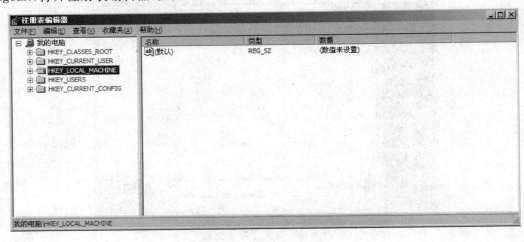

图 5-43　注册表编辑器

计算机性能测试与优化

要备份注册表,单击菜单"注册表"→"导出"命令,弹出"导出注册表文件"对话框,如图 5-44 所示。

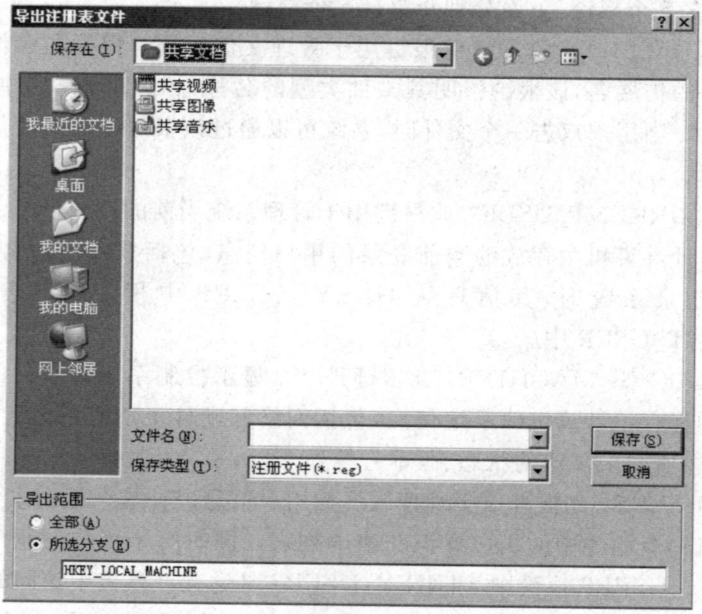

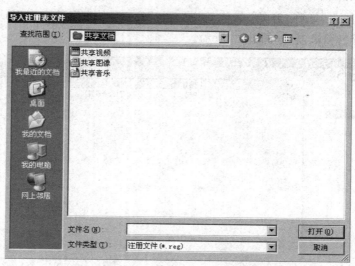

图 5-44　导出注册表文件

在此对话框中选择备份文件保存的路径、名称以及导出范围(可选择导出全部还是只保存某个根键),设定完成后单击"保存"按钮即可完成注册表的备份。

还原注册表同样在打开注册表编辑器之后,单击"注册表"→"导入"命令,弹出"导入注册表文件"对话框,如图 5-45 所示。

在对话框中找到并选中备份的注册表文件,单击"打开"按钮即可完成注册表的恢复。

图 5-45　导入注册表文件

3）注册表使用实例

下面通过一些实例介绍如何使用注册表来对操作系统进行性能优化。

（1）系统开机及关机加速。打开注册表编辑器，依次找到 HKEY_CURRENT_USER→Control Panel→Desktop，字符串值 HungAppTimeout 的数值数据更改为 200，将字符串值 WaitToKillAppTimeout 的数值数据更改为 1000。另外在 HKEY_LOCAL_MACHINE→System→CurrentControlSet→Control，将字符串值 HungAppTimeout 的数值数据更改为 200，将字符串值 WaitToKillServiceTimeout 的数值数据更改为 1000。

（2）清除内存内不使用的 DLL 文件。打开注册表编辑器，依次进入 HKEY_LOCAL_MACHINE→SOFTWARE→Microsoft→Windows→CurrentVersion，在 Explorer 增加一个项 AlwaysUnloadDLL，默认值设为 1，键值 1 表示启用该功能。

（3）IE 支持多线程下载。打开注册表编辑器，依次进入 HKEY_CURRENT_USER→SOFTWARE→Microsoft→Windows→CurrentVersion→Internet Settings，在该子键下新建双字节值项 MaxConnectionsPerServer，它决定了最大同步下载的连线数目，一般设定为 5～8 个连线数目比较好。另外，对于 HTTP 1.0 服务器，可以加入名为 MaxConnectionsPer1_0Server 的双字节值项，它也是用来设置最大同步下载的数目，也可以设定为 5～8。

（4）释放系统内存。当 Windows 运行一些应用程序时，会出现这样的情况，虽然已经将应用程序关闭，但是内存可能还存在一些 DLL 文件，这些文件可能会拖慢系统效能，可以利用注册表自动清除内存中的 DLL 资料。依次进入 HKEY_LOCAL_MACHINE→SOFTWARE→Microsoft→Windows→CurrentVersion→Explorer，在该子键下建立双字节项 AlwaysUnloadDLL，并将键值设置为 1，然后重启系统即可完成。

## 5.1.4 常用工具软件

### 1. 360 安全卫士

奇虎 360 安全卫士是一款常用的上网安全辅助软件，包括查杀恶意软件、插件管理、病毒查杀、诊断及修复、保护等数个强劲功能，同时还提供弹出插件免疫，清理使用痕迹以及系统还原等特定辅助功能。

下面具体介绍 360 安全卫士的使用方法。

（1）主界面。如图 5-46 所示是奇虎 360 安全卫士启动之后所显示的主界面，窗口中显示有"电脑体检"、"木马查杀"、"漏洞修复"、"系统修复"、"电脑清理"、"优化加速"、"电脑专家"、"软件管家"共 8 个标签，软件的各项功能就在这些标签下实现。

（2）电脑体检。体检功能可以全面地检查电脑的各项状况。体检完成后会显示一份优化电脑的意见，可以根据需要对电脑进行优化，也可以便捷地选择一键优化。定期体检可以有效地保持电脑的健康。

（3）木马查杀。利用计算机程序漏洞入侵后窃取文件的程序被称为木马。木马对电脑危害非常大，可能导致包括支付宝、网络银行在内的重要账户密码丢失。木马的存在还可能导致隐私文件被复制或删除。所以及时查杀木马对安全上网来说十分重要。单击"木马查杀"标签，进入如图 5-47 所示的窗口。

在窗口中单击"快速扫描"按钮，软件开始扫描系统存在的木马，扫描结束后列出扫描结果，用户可以选中软件查出的木马进行查杀。

图 5-46　360 安全卫士界面

图 5-47　"木马查杀"窗口

　　(4) 漏洞修复。系统漏洞可以被不法者或者电脑黑客利用,通过植入木马、病毒等方式来攻击或控制整个电脑,从而窃取电脑中的重要资料和信息,甚至破坏系统。单击"漏洞修复"标签可以进行漏洞的修复,如图 5-48 所示。

图 5-48 "漏洞修复"窗口

（5）系统修复。系统修复可以检查电脑中多个关键位置是否处于正常的状态。当遇到浏览器主页、开始菜单、桌面图标、文件夹、系统设置等出现异常时，使用系统修复功能，可以找出问题出现的原因并修复问题。单击"系统修复"标签可以进行系统的常规修复和电脑专家操作，如图 5-49 所示。

图 5-49 "系统修复"窗口

（6）电脑清理。垃圾文件,指系统工作时所过滤加载出的剩余数据文件,虽然每个垃圾文件所占系统资源并不多,但是有一定时间没有清理时,垃圾文件会越来越多。垃圾文件长时间堆积会拖慢电脑的运行速度和上网速度,浪费硬盘空间。单击"电脑清理"标签可以进行系统垃圾文件的清理,如图 5-50 所示。

图 5-50 "电脑清理"窗口

（7）优化加速。优化加速能够帮助全面优化用户系统,是提升电脑速度的一个重要功能。单击"优化加速"标签自动检测电脑中的可优化项目,单击"立即优化"按钮即可进行电脑优化,如图 5-51 所示。

（8）电脑专家。电脑专家是集成了"上网异常"、"软件问题"、"系统图标"、"游戏环境"、"硬件故障"、"系统性能"6 大系统常见故障的修复工具,可以一键智能解决电脑故障。"电脑专家"界面如图 5-52 所示。

（9）软件管家。软件管家可以帮助用户方便查找需要的软件进行安装,同时也帮助用户进行软件升级及卸载等工作。"软件管家"界面如图 5-53 所示。

**2. 压缩软件 WinRAR**

文件压缩工具,就是将文件所占用的磁盘空间缩小的工具。WinRAR 是目前十分流行的软件。该软件是 Windows 环境下,对 RAR 格式文件进行压缩和管理的程序。

WinRAR 的主要特性:

- 能够管理非 RAR 格式的压缩包,例如 ZIP、ARJ、LZH 等。
- 自解压包及分卷压缩。
- 具有修复物理损坏压缩比的能力。
- 高压缩率的独创压缩算法。

图 5-51　"优化加速"窗口

图 5-52　"电脑专家"窗口

### 3. 界面简介

打开 WinRAR 可以进入如图 5-54 所示的窗口。

WinRAR 的界面非常简单,包括工具栏、菜单栏、地址栏、文具操作窗格和状态栏等部

计算机性能测试与优化

图 5-53 "软件管家"窗口

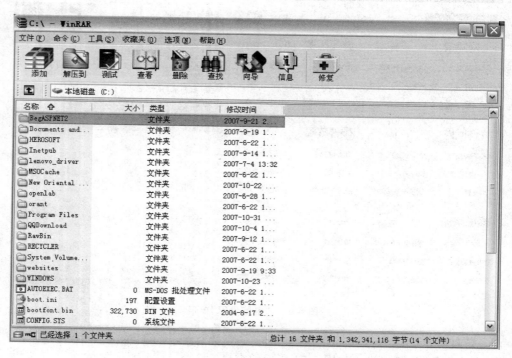

图 5-54 WinRAR 界面

分。使用 WinRAR 工具栏上的按钮可以完成绝大部分操作,默认界面中的工具栏包括 9 个按钮,分别是:添加、解压到、测试、查看、删除、查找、向导、信息、修复。

### 4. 使用方法

1) 压缩文件

WinRAR 可以方便地将文件压缩成 RAR、ZIP 等格式文件,同时提供解压多种格式文件的功能。

WinRAR 提供了多种方法压缩文件。例如,将单个文件拖到 WinRAR 程序图标上,或者单击工具栏上的"添加"按钮将选中的文件压缩。这里介绍比较简单、常用的一种压缩方法。

(1) 在"资源管理器"中找到要压缩文件所在的文件夹,并打开。

(2) 选择要压缩的一个、多个文件或文件夹,并单击鼠标右键,从弹出的快捷菜单中选择"添加到档案文件"按钮,打开如图 5-55 所示的对话框。在对话框的"常规"选项卡中的"压缩文件名"项输入压缩文件名,默认扩展名为 RAR。"浏览"按钮用于设置压缩文具的保存路径。

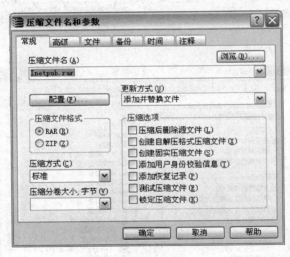

图 5-55 压缩文件名和参数

(3) 单击"高级"选项卡中的"设置密码"按钮可以为压缩文件添加密码。

(4) "压缩文件格式"用于设置压缩文件的格式,可以选择 RAR 和 ZIP 格式。

(5) 设置完成后单击"确定"按钮即可开始文件压缩。

2) 解压文件

WinRAR 可以解压多种格式的压缩文件,并提供了几种解压缩文件的方法,用户可以根据需要选择。下面以 RAR 文件为例,介绍比较常用的方法。

(1) 找到需要解压的文件,双击文件,出现如图 5-56 所示的对话框。

(2) 单击工具栏"解压到"按钮出现如图 5-57 所示的对话框,在"目标路径"中选择需要的解压路径。

(3) 完成设置后单击"确定"按钮开始解压,文件将保存在指定的目录。

计算机性能测试与优化

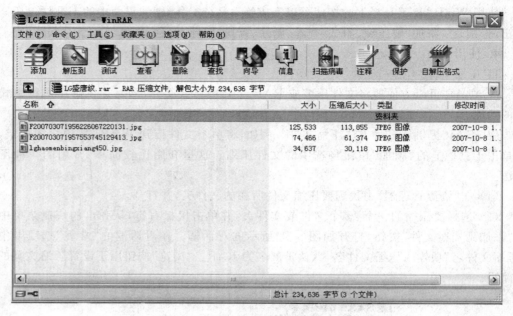

图 5-56　解压文件

图 5-57　解压路径和选项

# 5.2　实 训 内 容

## 5.2.1　实训项目一：系统性能测试

### 1. 实训目的与要求

（1）学会在互联网上搜索所需信息。

（2）掌握 SiSoft Sandra Standard 和 EVEREST 的使用方法。

（3）理解 SiSoft Sandra Standard 和 EVEREST 测试结果。

**2．实训步骤**

上网搜索 SiSoft Sandra Standard 和 EVEREST，了解该软件的不同版本。选择一个可用版本下载并安装。使用该软件测试自己的主机，主要测试以下项目：

（1）主板。

（2）CPU。

（3）CPU 算法。

（4）操作系统。

测试完成后写出综合测试报告，并给出升级建议。

## 5.2.2 实训项目二：使用 360 安全卫士维护系统

**1．实训目的与内容**

（1）掌握 360 安全卫士使用方法。

（2）学会使用该软件维护操作系统。

**2．实训步骤**

（1）进入奇虎安全中心网站 http://www.360.cn/，下载并安装 360 安全卫士最新版本。

（2）使用 360 安全卫士查杀系统中的木马程序，单击主界面上"木马查杀"标签，进入后选择扫描方式及增强功能，完成后开始扫描。

（3）使用 360 安全卫士"漏洞修复"，单击主界面上"修复系统漏洞"标签，进入后软件自动检测并显示用户计算机上的系统漏洞和安全风险，单击"立即修复"可以进行漏洞修复，如图 5-58 所示。

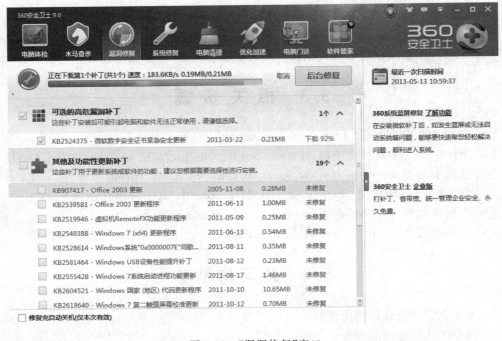

图 5-58 "漏洞修复"窗口

计算机性能测试与优化

（4）使用"电脑清理"菜单下的"一键清理"、"清理垃圾"、"清理插件"、"清理痕迹"、"清理注册表"和"查找大文件"功能进行电脑清理工作，如图 5-59 所示。

图 5-59　"电脑清理"窗口

（5）使用安全卫士其他功能进行电脑加固与优化工作。

### 5.2.3　实训项目三：使用注册表

**1. 实训目的与要求**

（1）了解注册表的使用方法。

（2）了解注册表的结构。

（3）了解使用注册表优化系统性能的方法。

**2. 实训步骤**

（1）备份注册表文件。

（2）实验本书中介绍过的使用注册表优化系统性能的方法，具体内容如下：

* 系统开关机速度优化；
* 清除内存不用的 DLL 文件；
* 释放系统内存。

（3）上网搜索使用注册表优化系统性能的方法并实验，体验优化效果。

## 5.3　相关资源

[1] 奇虎 360 安全中心. http://www.360.cn/.

[2] Windows 7 系统优化专题. http://www.pconline.com.cn/tlist/70406.html.

[3] 金山安全卫士. http://www.ijinshan.com/ws/index.shtml.

[4] Windows 系统优化. http://school.21tx.com/os/app/optimize/.

[5] 主板优化技巧. http://www.dnwx.com/zhuban/youhua/.

[6] 电脑维修之家. http://www.dnwx.com/.

## 5.4　练习与思考

1. 为什么要进行整机性能测试？

2. 内存优化的方法有哪些？

3. CPU 主频是怎样计算的，如何对 CPU 进行超频？

4. 显卡优化有哪些方法，升级显卡 BIOS 有哪些步骤？

5. Ghost 的功能是什么，如何使用？

6. 如何对硬盘进行优化设置？

7. Windows 7 的优化设置都包括哪些？

8. 如何设置 Windows 的虚拟内存？

9. 如何使用 360 安全卫士清除系统插件？

10. 如何使用 360 安全卫士修补系统漏洞？

# 第 6 章　计算机硬件系统维护与故障处理

## 6.1　实训预备知识

介绍计算机工作环境,硬件故障的概念和检测方法,计算机硬件系统维护及常见故障的维修方法。

### 6.1.1　计算机的工作环境

#### 1. 温度

通常计算机适宜的工作温度在 15～30℃范围内,超出这个范围的温度会影响电子元器件的工作或可靠性,存放计算机的温度也应控制在 5～40℃之间。由于集成电路的集成度高,工作时将产生大量的热,如机箱内热量不及时散发,轻则使工作不稳定、数据处理出错,重则烧毁一些元器件。反之,如温度过低,电子器件不能正常工作,也会增加出错率。

#### 2. 湿度

通常计算机工作的相对湿度是 40％～70％之间,存放时的相对湿度也应控制在 10％～80％之间。湿度过高容易造成电器件、线路板生锈、腐蚀而导致接触不良或短路,磁盘也会发霉,使存在上面的数据无法使用;湿度过低,则静电干扰明显加剧,可能会损坏集成电路,清掉内存或缓存区的信息,影响程序运行及数据存储。当天气较为潮湿时,最好每天开机使用 1～2 小时左右。

#### 3. 洁净度

计算机的任何部件都要求干净的工作环境,应尽量保持工作环境的干净。机箱是不完全密封的,灰尘会进入机箱内,并附着于集成电路板的表面,造成集成电路板散热不畅,严重时会引起主板线路短路等。硬盘虽密封,但软驱的磁头或光驱的激光头表面却很容易进入灰尘或赃物;键盘各键之间空隙、显示器上方用来散热的空隙也是极易进入灰尘的,所以除保持工作环境尽量干净外,还应定期用吸尘器或刷子等清除各部件的积尘,不用时要用罩子把机器罩起来。

#### 4. 防静电

静电释放的主要危害是毁坏电子元件的灵敏度。对于静电释放最为敏感的元件是以金属氧化物半导体(MOS)为主的集成电路。微机中的 CMOS 芯片能够承受静电冲击电压为 200V,DRAM、EPROM 芯片为 300V,TTL 芯片为 1000V。静电对微机造成的危害主要表现为如下现象:磁盘读/写失败、打印机打印混乱、芯片被击穿甚至主机板被烧坏等。为避免静电释放的危害,通常在计算机维护过程中,其设备的外壳必须接地,一些电路板不使用时应包装在传导泡沫中,以避免静电伤害;维修人员在用手触摸芯片电路之前,应先把体内静电放掉。

**5. 电源**

计算机应工作在交流电正常的范围 220V±10%,频率范围是 50Hz±5%,并且具有良好的接地系统,电压不稳易对计算机电路和器件造成损害;突然断电,则有可能会造成计算机内部数据的丢失,严重时还会造成计算机系统不能启动等各种故障,所以,要想对计算机进行电源保护,应该配备 UPS,保证计算机的正常使用。如有可能,应使用 UPS 来保护计算机,使得计算机在电源突然断电时能继续运行一段时间。

## 6.1.2 微机硬件故障及分类

**1. 硬件故障**

由于微机硬件损坏、品质不良、安装或设置不当、板卡接触不良、板卡间相互不兼容等引起的故障,称为硬件故障。

大部分电脑故障是软件故障,在未确定是硬件故障前没必要将整台机器搬来搬去,并且可能搬运不当,带来新的故障。即使是硬件故障,也没必要将整台机器搬去,只需将出故障的部件拿去即可。因此有必要了解硬件故障的诊断和维修方法,电脑出了故障就不用将整台机器都搬去维修。

**2. 故障原因及分类**

引起微机系统硬件故障的原因很多,主要有产品质量不过关、元器件老化、运行环境差(如供电电压不稳、外界电磁干扰、温度过高或过低、灰尘过多、湿度过高等)、内部连线错误、用户使用不当、计算机病毒等。

个人的使用习惯对计算机的使用影响很大。如:

- 正确的开关机顺序。开机的顺序是,先打开外设(如打印机、扫描仪等)的电源;显示器电源不与主机电源相连的,还要先打开显示器电源,然后再开主机电源。关机顺序相反,先关闭主机电源,再关闭外设电源。其道理是,尽量地减少对主机的损害,因为在主机通电的情况下,关闭外设的瞬间,对主机产生的冲击较大。
- 不能频繁地开机、关机。因为这样对各配件的冲击很大,尤其是对硬盘的损伤更为严重。一般关机后距离下一次开机的时间,至少应有 10 秒钟。特别要注意当计算机工作时,应避免进行关机操作。尤其是机器正在读/写数据时突然关机,很可能会损坏驱动器(硬盘、软驱等)。
- 不能在机器工作时搬动机器。即使机器未工作时,也应尽量避免搬动机器,因为过大的振动会对硬盘一类的配件造成损坏。
- 关机时必须先关闭所有的程序,再按正常的顺序退出,否则有可能损坏应用程序。

常见的微机故障现象中,有很多并不是真正的硬件故障,而是由于某些设置或系统特性不为人知而造成的假故障现象。认识下面的微机假故障现象有利于快速地确认故障原因,避免不必要的故障检索工作。

1) 电源插座、开关问题

很多外围设备都是独立供电的,运行微机时,只打开计算机主机电源是不够的。例如:显示器电源开关未打开,会造成"黑屏"和"死机"的假象;外置式 Modem 电源开关未打开或电源插头未插好则不能拨号、上网、传送文件,甚至连 Modem 都不能被识别;部分显示器电

计算机硬件系统维护与故障处理

源供应由主机电源引出,增加部件后,电源功率不足,不能正常开机。打印机、扫描仪等都是独立供电设备,碰到独立供电的外设故障现象时,首先应检查设备电源是否正常、电源插头/插座是否接触良好、电源开关是否打开。

2)连线问题

外设跟计算机之间是通过数据线连接的,数据线脱落、接触不良均会导致该外设工作异常。如显示器接头松动会导致屏幕偏色、无显示等故障;又如打印机放在计算机旁并不意味着打印机连接到了计算机上,应亲自检查各设备间的线缆连接是否正确。

3)设置问题

显示器无显示很可能是行频调乱、宽度被压缩,甚至只是亮度被调至最暗;音箱放不出声音也许只是音量开关被关掉;硬盘不被识别也许只是主、从盘跳线位置不对。详细了解该外设的设置情况,并动手试一下,有助于发现一些原本以为非更换零件才能解决的问题。

4)系统新特性

很多"故障"现象其实是硬件设备或操作系统的新特性。带节能功能的主机,在间隔一段时间无人使用或无程序运行后会自动关闭显示器、硬盘的电源,在敲一下键盘后就能恢复正常。如果不知道这一特征,就可能会认为显示器、硬盘出了毛病。再如 Windows 的屏幕保护程序常让人误以为病毒发作。

5)其他易疏忽的地方

CD-ROM 的读盘错误也许只是无意中将光盘正、反面放倒了;U 盘不能写入也许只是写保护滑到了"只读"的位置。

综上,发生了故障时,首先应先判断自身操作是否有疏忽之处,而不要盲目断言某设备出了问题。真正的器件故障是指由于产品质量原因、元件老化或使用设置不当等而导致硬件损坏所产生的故障。本章介绍的硬件故障处理都是指真正的器件故障。

## 6.1.3 硬件故障的检测维修原则

### 1. 微机故障的检修

微机出现故障后,并不是一定要送到维修部去,用户可利用现有的仪器设备,借助对计算机软件、硬件和微机系统工作原理的了解,对简单的故障进行维修。若出现比较复杂的、需要特殊维修设备的故障时,还是要请专业维修人员来进行检修,以免造成不必要的麻烦。所以对于微机故障的维修一般可以分为以下两个阶段进行。

第一个阶段就是微机的使用者负责对计算机的日常维护,当计算机出现故障后,通过常见故障检测诊断方法来加以诊断。若是软件故障或是病毒故障,则可以用工具软件(杀毒软件等)或适当的操作予以恢复;若是硬件故障,首先确定故障发生的部位,对于简单的故障进行排除,对稍复杂的故障可以通过对板卡及一些简单设备进行更换,使得计算机能够正常运行。这一阶段为简单级维修。

简单级维修对于普通使用者来说是非常重要的,因为这种维修不需要使用专用设备,一般的计算机用户和机房的普通维护人员都应该掌握这种维修方法,掌握了简单级维修后,用户或是维护人员就可以自己动手排除一些常见故障了。

简单级维修只需要将故障定位。若是软件故障就采用相应的工具软件或是纠正不正确的操作方法,若是硬件故障就更换一下发生故障的板卡设备。而实际上要掌握简单级维修是很不容易的；一方面它需要用户或维护人员的知识面广，了解许多计算机软、硬件方面的知识；另一方面又需要用户或维护人员有一定的维修经验。本章主要侧重简单级维修，使读者掌握微机日常维护维修知识。

第二阶段是对于一般的用户无法维修的故障要请专业人员进行维修，即用户在第一阶段换下来的板卡或一些简单设备也要由专业人员进行维修，找出板卡上损坏的元器件进行修理或是直接更换。这一阶段为原理(芯片)级维修。

通过简单级维修找到有故障的板卡或其他部件设备，对于日常用户是无法维修的。原理(芯片)级维修的工作就是要修理有故障的板卡或是设备上损坏的元件，并恢复它们的正常功能。

芯片级维修人员的知识一定要有深度，维修人员必须掌握相应设备的详细的工作原理和正确的维修方法。由于芯片级维修人员的知识掌握要求严格，一般情况下这一级别的维修人员只负责某一类设备的维修。

**2. 微机故障的检测遵循的原则**

一般而言，微机故障的检测应该遵循以下原则。

- 先软件后硬件：电脑发生故障后，一定要在排除软件方面的原因(例如系统注册表损坏、BIOS 参数设置不当、硬盘主引导扇区损坏等)后再考虑硬件原因。
- 先外设后主机：由于外设原因引发的故障往往比较容易发现和排除，可以先根据系统报错信息检查键盘、鼠标、显示器、打印机等外部设备的各种连线和本身工作状况。在排除外设方面的原因后，再来考虑主机。
- 先电源后部件：作为电脑主机的动力源泉，电源的作用很关键。电源功率不足、输出电压电流不正常等都会导致各种故障的发生。因此，应该在首先排除电源的问题后再考虑其他部件。
- 先简单后复杂：目前的电脑硬件产品并不像想象的那么脆弱、那么容易损坏。因此在遇到硬件故障时，应该从最简单的原因开始检查。如各种线缆的连接情况是否正常、各种插卡是否存在接触不良的情况等。在进行上述检查后如果故障依旧，这时方可考虑部件的电路部分或机械部分存在较复杂的故障。

**3. 微机故障常见的检测方法**

要尽快排出微机的硬件故障，必须首先准确确定故障出在哪里，即对故障进行检测。下面介绍微机故障常见的检测方法。

1) 清洁法

对于微机使用环境较差或使用较长时间的机器，应首先进行清洁。可用毛刷轻轻刷去主板、外设上的灰尘，如果灰尘已清扫掉或无灰尘，就进行下一步的检查。另外，由于板卡上一些插卡或芯片采用插脚形式，震动、灰尘等其他原因，常会造成引脚氧化，接触不良。可用橡皮擦擦去表面氧化层，重新插接好，然后开机检查故障是否排除。

2) 直接观察法

使用直接观察法，主要是"看"、"听"、"闻"、"摸"。

- "看"即观察系统板卡的插头、插座是否歪斜，电阻、电容引脚是否相碰，表面是否烧焦，芯片表面是否开裂，主板上的铜箔是否烧断。还要查看是否有异物掉进主板的元器件之间(造成短路)，也可以看看板上是否有烧焦变色的地方，印刷电路板上的走线(铜箔)是否断裂等。

- "听"即监听电源风扇、硬盘电机或寻道机构、显示器、变压器等设备的工作声音是否正常。另外,系统发生短路故障时常常伴随着异常声响。监听可以及时发现一些事故隐患和帮助在事故发生时即时采取措施。
- "闻"即辨闻主机、板卡中是否有烧焦的气味,便于发现故障和确定故障所在地。
- "摸"即用手按压管座的活动芯片,看芯片是否松动或接触不良。另外,在系统运行时用手触摸或靠近 CPU、显示器、硬盘等设备的外壳,根据其温度可以判断设备运行是否正常;用手触摸一些芯片的表面,如果发烫,则为该芯片损坏。

3) 拔插法

PC 系统产生故障的原因很多,主板自身故障、I/O 总线故障、各种插卡故障均可导致系统运行不正常。采用拔插维修法是确定故障在主板或 I/O 设备的简捷方法。该方法就是关机状态下将插件板逐块拔出,每拔出一块板就开机观察机器运行状态,一旦拔出某块后主板运行正常,那么故障原因就是该插件板故障或相应 I/O 总线插槽及负载电路故障。若拔出所有插件板后系统启动仍不正常,则故障很可能就在主板上。拔插法的另一含义是:一些芯片、板卡与插槽接触不良,将这些芯片、板卡拔出后再重新正确插入可以解决因安装接触不当引起的微机部件故障。

4) 交换法

将同型号插件板,总线方式一致、功能相同的插件板或同型号芯片相互交换,根据故障现象的变化情况判断故障所在。此法多用于易拔插的维修环境,例如内存自检出错,可交换相同的内存芯片或内存条来判断故障部位,无故障芯片之间进行交换,故障现象依旧,若交换后故障现象变化,则说明交换的芯片中有一块是坏的,可进一步通过逐块交换来确定部位。如果能找到相同型号的微机部件或外设,使用交换法可以快速判定是否是元件本身的质量问题。交换法也可以用于以下情况:没有相同型号的微机部件或外设,但有相同类型的微机主机,则可以把微机部件或外设插接到该同型号的主机上判断其是否正常。

5) 系统最小化法

最严重的故障是机器开机后无任何显示和报警信息,应用上述方法已无法判断故障产生的原因。这时可以采取最小系统法进行诊断,即只安装 CPU、内存、显卡、主板。如果不能正常工作,则在这 4 个关键部件中采用替换法查找存在故障的部件。如果能正常工作,再接硬盘。以此类推,直到找出引发故障的罪魁祸首。

6) 程序测试法

随着各种集成电路的广泛应用,焊接工艺越来越复杂,同时,随机硬件技术资料较缺乏,仅靠硬件维修手段往往很难找出故障所在。而通过随机诊断程序、专用维修诊断卡及根据各种技术参数(如接口地址),自编专用诊断程序来辅助硬件维修则可达到事半功倍之效。程序测试法的原理就是用软件发送数据、命令,通过读线路状态及某个芯片(如寄存器)状态来识别故障部位。此法往往用于检查各种接口电路故障及具有地址参数的各种电路。但此法应用的前提是 CPU 及总线基本运行正常,能够运行有关诊断软件,能够运行安装于 I/O 总线插槽上的诊断卡等。编写的诊断程序要严格、全面、有针对性,能够让某些关键部位出现有规律的信号,能够对偶发故障进行反复测试及能显示记录出错情况。软件诊断法要求具备熟练编程技巧、熟悉各种诊断程序与诊断工具(如 DEBUG、DM 等)、掌握各种地址参数(如各种 I/O 地址)以及电路组成原理等,尤其掌握各种接口单元正常状态的各种诊断参考值是有效运用软件诊断法的前提基础。

掌握以上几种常见微机故障的检测方法,有助于更快地检测微机的硬件故障,提高工作效率。

**4. 故障检测维修时必须注意的事项**

在微机维修过程中,首先要严格按照电气安全规则进行操作,这是维修人员必须掌握的原则,否则会造成严重后果。然后要按照维修步骤进行维修,否则会造成故障扩散。另外,还要掌握一些有效的方法和技巧,这样才能提高维修效率,少走弯路。在故障检测维修时必须注意以下几方面。

1)不要带电拔插

在维修的过程中,往往需要反复重新启动机器,并且需要不断更换零部件。在拆装任何零部件的过程中,请切记一定要将外部电源拔去,更不能进行热插拔,以免不小心误触启动电脑,而导致烧坏电脑。

2)备妥工具

在开始维修前请先备妥工具(包括螺丝刀、尖嘴钳、小毛刷、橡皮擦等),不要等到维修中途才发现少了某种工具而影响维修。

3)备妥替换部件

想要维修一台坏的电脑,最好能准备一台好的电脑,以便提供替换部件来测试,这样对于发现故障会比较容易。当然,这一点对于普通用户,比较困难,不过现在的电脑普及率已经很高了,相信左邻右舍之间都不止一台电脑,互相借用一下应该不会太难。

4)小心静电

人在地毯上行走或从沙发上起来时,人体静电可高达 1 万多伏,脱化纤衣服时的静电电压可高达数万伏,而橡胶和塑料薄膜行业的静电可高达 10 万伏以上。静电是维修过程中一个最危险的杀手,往往在不知不觉中,它将内存、CPU 这样一些微机零部件击穿。在处理元器件之前,触摸微机机壳的金属末端或其他金属对象来放掉静电。

5)备妥小空盒

维修电脑难免要拆电脑,就需要拆下一些小螺丝,请将这些螺丝放到一个小空盒中,维修完毕再将螺丝拧回原位。特别是清理掉落在机箱内部的螺丝,以免通电后,造成短路,损坏微机元器件。

## 6.1.4 主板的维护与故障维修

现在的电脑主板多数都是四层板、六层板,所使用的元件和布线都非常精密,主板的集成度不断提高,同时主板的价格逐步降低,其对于日常用户的可维修性越来越低。掌握全面的日常维护和维修诊断技术对迅速判断主板故障及维修其他电路板仍是十分必要的。

**1. 主板的日常维护**

主板在计算机中的重要作用是不容忽视的,主板的性能高低在一定程度上决定了计算机的性能,有很多的计算机硬件故障都是因为计算机的主板与其他部件接触不良或主板损坏所产生的。做好主板的日常维护,一方面可以延长计算机的使用寿命,更主要的是可以保证计算机的正常运行,完成日常的工作。计算机主板的日常维护主要应该做到的是防尘和防潮。CPU、内存条、显示卡等重要部件都是插在主机板上,如果灰尘过多,就有可能使主板与各部件之间接触不良,产生各种未知故障;如果环境太潮湿,主板很容易变形而产生接触不良等故障,影响正常使用。另外,在组装计算机时,固定主板的螺丝不要拧得太紧,各个螺丝都应该用同样的力度,如果拧得太紧也容易使主板产生形变。在平时的使用中,不要带电拔插各类板卡和插头;不要频繁地拔插各类板卡和插头;在打开机箱对设备进行检修前一定要先去掉身上的静电;不要长时间地不关机,以免烧毁电容;检修主机时要特别小心,以免尖锐的工具划伤主板。

计算机的日常使用过程中,尽量不要进行超频,超频实际上是牺牲 CPU 的寿命来换取高速度。现在 CPU 的运算速度对于日常工作来说已经完全足够了,不建议超频工作。CPU 在高频率下工作,其使用损耗远大过正常使用时的损耗。

**2. 主板常见故障的分类**

(1)根据对微机系统的影响可分为非致命性故障和致命性故障。

非致命性故障发生在系统上电自检期间,一般给出错误信息;致命性故障也发生在系统上电自检期间,一般导致系统死机。

(2)根据影响范围不同可分为局部性故障和全局性故障。

局部性故障指系统某一个或几个功能运行不正常,如主板上打印控制芯片损坏,仅造成联机打印不正常,并不影响其他功能;全局性故障往往影响整个系统的正常运行,使其丧失全部功能,例如时钟发生器损坏将使整个系统瘫痪。

(3)根据故障现象是否固定可分为稳定性故障和不稳定性故障。

稳定性故障是由于元器件功能失效、电路断路、短路引起的,其故障现象稳定重复出现,而不稳定性故障往往是由于接触不良、元器件性能变差,使芯片逻辑功能处于时而正常、时而不正常的临界状态而引起的。如由于 I/O 插槽变形,造成显示卡与该插槽接触不良,使显示呈变化不定的错误状态。

(4)根据影响程度不同可分为独立性故障和相关性故障。

独立性故障指完成单一功能的芯片损坏;相关性故障指一个故障与另外一些故障相关联,其故障现象为多方面功能不正常,而其故障实质为控制诸功能的共同部分出现故障引起(例如软、硬盘子系统工作均不正常,而软、硬盘控制卡上其功能控制较为分离,故障往往在主板上的外设数据传输控制即 DMA 控制电路)。

(5)根据故障产生源可分为电源故障、总线故障、元件故障等。

电源故障包括主板上+12V、+5V 及+3.3V 电源和 Power Good 信号故障;总线故障包括总线本身故障和总线控制权产生的故障;元件故障则包括电阻、电容、集成电路芯片及其他元部件的故障。

**3. 主板常见故障的处理**

在计算机的所有配件中,主板是决定计算机整体系统性能的一个关键性部件,好的主板可以让计算机更稳定地发挥系统性能,反之,系统则会变得不稳定。掌握主板故障维修方法是十分有必要的。

1)CMOS 故障

CMOS 中的各项参数,对于微机系统的启动和运行是非常重要的,因 CMOS 设置不当引起的故障在微机故障中占有很大的比例。如果遇到引导失败,或者某一部件不能正常工作的情况,首先应想到检查 CMOS 中的参数设置是否有问题。

主板上电池的电压不足造成 CMOS 参数不能保存,更换电池即可。主板电池更换后如果不能解决问题,此时有两种可能:一是主板电路问题,对此要请专业人员维修;二是主板 CMOS 跳线问题,因为人为故障,将主板上的 CMOS 跳线设为清除选项,使得 CMOS 数据无法保存。

CMOS 密码的设置增强了计算机使用的安全性。但是由于密码往往被人遗忘,导致不能进入 Setup 设置,或因要开机密码而使计算机不能使用,这时要去除密码设置。

2) 主板元器件及接口故障

主板的平面是一块 PCB 印刷电路板,上面布满了插槽、芯片、电阻、电容等。其中任何元器件的损坏都会导致主板不能正常工作。比如主板上的芯片,一般的非整合主板都有两个芯片,一个是南桥芯片,一个是北桥芯片。如果北桥芯片坏了,CPU 与系统的主界面交换就会出现问题。南桥芯片一旦出现问题,电脑就会失去磁盘控制器功能,这和没有了硬盘是没什么两样的。可见这两个芯片有多重要!如果这两个芯片烧掉了,那可是个致命伤,必须送回原厂去修。

再有就是由于不恰当的带电热拔插,往往会造成主板接口的损坏。比如因热拔插打印机造成的并口损坏故障就很多,在不准备换主板的前提下,解决的办法:一是找一家具备芯片级维修能力的厂家维修;二是添加一块多功能卡。

3) 主板兼容及稳定性故障

主板的兼容性故障也是大家经常要遇到的问题之一,比如无法使用大容量硬盘、无法使用某些品牌的内存或 RAID 卡、不识别新 CPU 等。导致这类故障的主要原因:一是主板的自身用料和做工存在问题;二是主板 BIOS 存在问题,一般通过升级新版的 BIOS 就能够解决。

另外,在主板的保养方面也不容忽视,灰尘是主板最大的敌人之一,灰尘可能令主板遭受致命的打击。应定期打开机箱用毛刷或吸尘器除去主板上的灰尘。另外,主板上一些插卡、芯片采用插脚形式,常会因为引脚氧化而接触不良。可用橡皮擦擦去表面氧化层,重新插接。还有就是在突然掉电时,要马上关上计算机,以免又突然来电把主板和电源烧毁。

4) 芯片组与操作系统的兼容问题

主板芯片组的更新换代速度越来越快,新的芯片组所带来的一系列问题也随之出现。如很多主板芯片组无法被操作系统正确识别,这直接造成了本来能够支持的新技术不能正常使用以及兼容性问题大量出现。微软也注意到了这种情况,他们积极地拿出了一些解决办法。例如,Windows 系统的升级包除了解决安全问题之外,还特别集成诸多芯片组的驱动程序,解决了不少性能与兼容问题。但是,微软做的这些努力毕竟有限,对于一些新技术仍然未能支持。日常中要多关注芯片厂商为操作系统的升级补丁。很多人对安装相应修补程序的认识并不充分,认为仅仅是为了解决兼容性问题才存在的,它与性能似乎并没有直接的联系,事实上如果不安装补丁程序,很可能会导致声卡工作不正常、显卡驱动程序无法正确安装、进入节能状态后无法唤醒等故障。

从这点上,不难看出,选择主板产品时应该选择有雄厚实力的主板生产厂商,因为他们除了有严格的质量保证外,对于产品的补丁完善也有充分的保证。

计算机硬件系统维护与故障处理

### 4. 主板常见故障分析

1) BIOS 设置不当导致的故障

由于每种硬件都有自己默认或特定的工作环境,不能随便超越它的工作权限进行设置,所以主板 BIOS 也会因为设置不当而导致故障的出现。比如系统无法正常启动,多与 BIOS 设置有关。像硬盘类型设置有误或者启动顺序设定不当。如果将光驱所在的 IDE 设置为 None,就会导致无法从光驱启动。若设置的 USB 启动设备类型与实际使用的设备不匹配也无法正常启动。再比如一款内存条只能支持到 DDR 1333,而在 BIOS 设置中却将其设为 DDR 1600 的规格,这样做就会因为硬件达不到要求而造成系统不稳定,即便是能在短时间内正常地工作,电子元件也会随着使用时间的增加而逐渐老化,产生的质量问题也会导致计算机频繁的"死机"。

2) BIOS 升级失败的处理

升级主板 BIOS 是解决主板兼容性、稳定性等问题的最佳方案。但在升级 BIOS 提升性能的同时,往往也会出现一些难以预料的事。比如在升级过程中突然断电、升级时用错了升级文件、升级文件的版本不正确、升级文件被修改过(例如文件受病毒侵袭过)等,都会造成主板完全"瘫痪"的严重故障。实际上 BIOS 升级失败之后,并非不可挽回,还可以按照以下方法对它进行恢复。

(1) 利用"BIOS Boot Block 引导块"恢复

通常情况下 BIOS 中会有一个保留部分不会被刷新,那就是 Boot Block 程序,即使 BIOS 刷新失败,Boot Block 还是能够控制 ISA 显卡与软驱。但是现在多数主板不支持 ISA,所以还是利用软驱吧!这时只需在其他计算机上制作一张 DOS 启动盘,并将 BIOS 升级程序和 BIOS 文件复制到这个 DOS 启动盘,然后重建一个 Autoexec. bat 文件,其内容就是用于执行自动升级 BIOS 的命令(对于采用 Award 公司 BIOS 的主板而言,应执行 "Awdflash BIOS 升级文件名/SN/PY"命令。对于采用 AMI 公司的 BIOS 的主板而言,用户应执行"Amiflash BIOS 升级文件名/A"命令)。接下来将该软盘插入 BIOS 升级失败的计算机的软驱中,打开计算机电源,系统就会使用软盘上的操作系统启动,并自动执行 BIOS 刷新操作(屏幕上不会显示任何内容)。操作完毕之后再次重新启动计算机即可恢复。不过,如果有些 BIOS 在刷新时将 Boot Block 部分也进行了刷新,这样的 BIOS 就无法按照此种方法恢复了。

(2) 热插拔法

如果损坏比较严重,连 Boot Block 引导块也一起损坏,可以试用"热插拔"来修复。当 BIOS 完成 POST 上电自检、系统启动自举程序后,由操作系统接管系统的控制权。完成启动过程后,BIOS 已完成了它的使命,之后它基本是不工作的。首先放掉身上的静电,找到一台与已坏主板相同型号的主板,分别拔出两块主板的 BIOS 芯片,然后将好主板的 BIOS 芯片插回 BIOS 插座,注意不能插得太紧,只要引脚能刚刚接触到插座即可。启动电脑,进入纯 DOS 状态,将好 BIOS 芯片拔出来,再将坏 BIOS 芯片插到该主板上,进行 BIOS 刷新,问题就可以解决了。不过,本方法需要带电插拔 BIOS ROM 芯片,具有一定的危险性,操作失败可能会破坏主板,如果没有这方面的经验,最好不要采用此方法。

如果以上的方法都不能解决问题,就只能将主板送专业维修点用专业 EPROM 写入器进行维修了。

### 6.1.5　CPU 的维护及故障检测

CPU 是由专业生产厂家生产的大规模集成电路。其故障率比较低,其可维修性也较低,一般出现损坏,只有更换新的。但是,由于有些与之配套的主板、风扇甚至电源质量较差,还是会造成 CPU 的损坏。当然,还有些人为原因,如过分的超频、野蛮的拆装造成电路板断裂或引脚脱离,都有可能使 CPU 严重损坏甚至无法修复。另外超频是以牺牲 CPU 寿命来换取强制的高速度工作,是非常危险的操作,稍有不慎,将会导致 CPU 完全烧毁,一般不建议使用。

**1. CPU 的日常维护**

首先要保证良好的散热。CPU 的正常工作温度为 50℃ 以下,具体工作温度根据不同的 CPU 的主频而定。散热片质量要够好,并且带有测速功能,这样与主板监控功能配合监测风扇工作情况,散热片的底层以厚的为佳,这样有利于主动散热,保障机箱内外的空气流通顺畅。

其次要减压和避震。CPU“死于”散热和扣具压力的惨剧时有所闻,主要表现在 CPU 的核心被压毁,因此在安装 CPU 时应该注意用力要均匀。扣具的压力也要适中。

超频要合理。现在主流的 CPU 频率都在 2GHz 以上,此时超频的意义已经不大了,更多考虑的应是延长 CPU 的寿命,如对于比较老的电脑,难以满足日常工作需要,确实需要超频,可考虑加电压超频。

最后要用好硅脂。硅脂在使用时要涂于 CPU 表面内核上,薄薄的一层就可以,过量会有可能渗漏到 CPU 表面接口处。硅脂在使用一段时间会干燥,这时可以除净后再重新涂上硅脂。改良的硅脂更要小心,因为改良的硅脂通常是加碳粉和金属粉末,这时的硅脂有很强的导电性,在电脑运行时若渗漏到 CPU 表面的电容上后果不堪设想。

无论 Intel 还是 AMD 的 CPU 都已经到了与散热器不可分割、甚至丝毫也不能马虎的程度。CPU 的风扇和散热片可以说是目前最实效、最方便、最常用的 CPU 降温的方法,因此选购一款好的 CPU 散热器是十分必要的。根据空气散热三要素的原理,热源物体表面的面积、空气流动速度以及热源物体与外界的温差是影响散热速度的最重要因素,其实所有 CPU 散热器的设计也都是围绕更好地解决这三个问题而进行的。

风扇功率是影响风扇散热效果的一个很重要的条件,功率越大通常风扇的风力也越强劲,散热的效果也越好。而风扇的功率与转速又是直接联系在一起的,也就是说风扇的转速越高,风扇也就越强劲有力。目前一般电脑市场上出售的都是直流 12V 的,功率则从 $0.x$W 到 $2.x$W 不等,购买时需要根据 CPU 发热量来选择,理论上是功率略大一些的更好一些,不过,也不能片面地强调高功率,如果功率过大可能会加重计算机电源的工作负荷,从而对整体稳定性产生负面影响。

风扇的转速与功率是密不可分的,转速的大小直接影响到风扇功率的大小。通常在一定的范围内,风扇的转速越高,它向 CPU 传送的进风量就越大,CPU 获得的冷却效果就会越好。但如果转速过高,风扇在高速运转过程中可能会产生很大的噪音,时间长了还可能会缩短风扇寿命。因此,在选择风扇的转速时,应该根据 CPU 的发热量决定,最好选择转速在 3500 转至 5200 转之间的风扇。

CPU 散热器中散热片的最大作用是扩展 CPU 表面积,从而提高 CPU 的热量散发速度。不过,这其中又涉及另一个问题,就是散热片材质的热传导系数,也就是材质传递热量的速度。目前导热性能最好的是金(黄金、白金都不错),仅次于金的导热金属是铜。如果用铜来生产散热片,那散热效果会非常理想,价格也较能接受一些。但铜质地较结实、加工难度较大、重量较大,所以目前很难见到使用铜来生产的散热片。再次于铜的便是很大众化的铁和铝,铁易锈、质地坚硬、不易加工、重量大等,而铝却没有这些麻烦事,所以铝便成为生产散热片最常见的材料了。

制作再精良的散热片与 CPU 接触时都难免有空隙出现,因此很有必要使用导热硅脂填充 CPU 与散热片之间的空隙。通过增大两者的接触面积来改善导热的效果。但要注意的是,因为金属散热片的导热能力要比导热硅脂强得多,因此在这里使用导热硅脂仅仅是用来填补空隙,而不是用来连接 CPU 和散热片,切不可认为导热硅脂是散热主体,它只是帮助散热片散热而已。

现在市场上销售的 DIY 专用导热硅脂主要有 3 种:白色导热硅脂、灰色导热硅脂以及一种少见的偏黑色导热硅脂。使用导热硅脂不用有什么顾虑(有些朋友害怕硅脂粘上 CPU后擦不掉),因为大多数导热硅脂没有太强的黏性,粘上 CPU 后可以很容易地擦掉。至于怎样涂抹导热硅脂,却是十分有讲究的:涂抹硅脂的时候要注意用量,涂抹量不可过多,刚好把 CPU 内核凸出部分和其他部分填平或把凹槽涂满就可以了,切忌将整个 CPU 芯片都涂抹。同时,涂抹的时候一定要厚薄均匀。硅脂里特别注意不能留有气泡,否则空隙内的空气将会起到保温作用。还有一点要强调的是,由于 AMD 的 CPU 表面有许多裸露的铜导线,在使用导热硅脂的时候,就必须弄清楚该硅脂里是否含有过量的石墨粉或金属粉,以免造成短路的可怕后果。

一般超频有超外频和超倍频两种方法,不同的主板采用 3 种不同的方式实现对外频和倍频的调节:较老的主板采用的方法是跳线,这类主板上有一组外频和倍频数的选择跳线,用户需要根据说明书来跳接这两组跳线,从而实现对外频和倍频的设定。一些主板采用了DIP 开关来代替跳线,它的操作比跳线方式简单,因此也更受欢迎。最新的主板采用了"免跳线"技术,通过修改 BIOS 设置来实现对外频和倍频数的调节。

以上方法对用户的电脑知识都有一定要求。采用跳线和 DIP 开关方式进行超频,需要打开机箱对照说明书进行相应的设置,比较烦琐。采用免跳线技术通过修改 BIOS 来进行超频比较简单。

一般来说,适当提高 CPU 的内核电压可以增加高低电压的差值,提高信号的清晰度。从而使超频更易成功。但也要注意增加内核电压也会带来副作用:一是增加 CPU 的发热量。所以提高内核电压后一定要注意散热问题;二是过高的电压会造成 CPU 栅极氧化层击穿,严重的会导致 CPU 烧毁,因此增加电压的幅度不宜过大。当电压的范围超过 10% 的时候,就会对 CPU 造成很大的伤害。

电源是整个计算机的动力之源,如果电源出现任何故障,电脑中的任何配件都可能遭到破坏。如果电源质量不可靠,系统运行将极不稳定。随着电脑中 CPU、内存、板卡芯片的时钟频率的提高,光驱转速加快,散热风扇增加,因此对电源的性能要求也就大大增加了。

主板检测 CPU 温度都是依靠 CPU 座下的探温头完成的。探温头做得高一些,就离CPU 近。所探测到的温度就高;探温头做得低些,就离 CPU 远些,所探测的温度也就低。该温度显示的高低并不会对硬件工作造成影响。

设定 BIOS 中的 CPU 警戒温度的依据主要是 CPU 所能承受的极限温度。一般警戒温度设置为比它所能承受的极限温度低 20℃左右即可。

除以上所述之外，不要在操作系统上同时运行太多的应用程序，导致系统过于繁忙，使 CPU 在运转的过程中产生大量热量，这样会加快 CPU 的磨损，也容易导致死机现象的出现。

**2. CPU 的常见故障维修**

CPU 是计算机中最可靠的部分，大部分的问题都是出在系统而非 CPU 本身。CPU 损坏几乎没有什么特别明显的特征。一般情况下需要排除计算机内部其他组件损坏的可能后，才能确定是 CPU 损坏。当然，如果 CPU 出现故障时，微机本身会提供某些线索，大多数时候表现为显示器黑屏或不能启动等故障症状。

1) 质量问题导致的故障

经常遇到的电脑故障，虽然无奇不有，但还是那几个重要的硬件，比如 CPU、硬盘、内存、显卡、声卡、主板等。不过 CPU 本身的故障率在所有的电脑配件中是最低的，这与 CPU 作为高科技产品的地位、有着极其严格的生产和检测程序是分不开的，所以因 CPU 本身的质量问题而导致电脑故障的情况确实不多见。但有一种情况不容忽视，就是在计算机产品高利润的诱惑之下，一些非法厂商对微机标准零部件进行改频、重新标记（Remark）、以次充好甚至将废品、次品当做正品出售，导致了这些"超常规发挥"的产品性能不稳定，环境略有不适或使用时间稍长就会频繁发生故障，比如 CPU、内存条、Cache、主板等核心部件及其相关产品的品质不良，往往是导致无原因死机的主要故障源。而且 CPU 是被假冒得最多也是极容易导致死机的部件。最好是购买"盒装"的 CPU，"盒装"就是原厂包装未拆封过的，而且附有保证书。被 Remark 的 CPU 在低温、短时间使用时一切正常，但只要在连续高温的环境中长时间使用其死机弊端就很容易暴露。使用 Windows、3DS 等对 CPU 特性要求较高的软件比 DOS 等简单软件更能发现 CPU 的问题。

另外，由于 CPU 的主频越来越高、高速 Cache 容量越来越大，因 Cache 出现问题导致系统运行不稳定的情况也在不断增加。尤其是部分 Cache 存在问题的产品，厂家会采用将其屏蔽后降级出售的策略，也给不法销售商造假提供了机会，如果将屏蔽 Cache 打开的产品买到了手，不言而喻 CPU 出现故障的几率就会大大地增加。因此，在运行大型程序的时候，如果计算机出现了系统不稳定或一些莫明其妙的问题时，在排除软件、其他配件及病毒的基础上，多留意一下 CPU 自身的质量问题。可进入主板 BIOS 设置，将 CPU 内部 Cache 暂时关闭，如果情况有所改善，那么 CPU 存有质量问题的可能性就很大了。

此外，超频的危害大家应该是知道的，超频就会产生大量的热，使 CPU 温度升高，从而引发"电子迁移"效应，而为了超频，通常会提高电压，这样一来，产生的热会更多。然而必须清楚，并不是热直接伤害 CPU，而是热所导致的"电子迁移"效应在损坏 CPU 内部的芯片。大家所说的 CPU 超频烧掉了，其实更加严格地讲，应该是高温所导致的"电子迁移"效应所引发的结果。为了防止"电子迁移"效应的发生，必须把 CPU 的表面温度控制在 50℃以下，这样 CPU 的内部温度就可以维持在 80℃以下，"电子迁移"现象就不会轻易地发生了。另外"电子迁移"效应也并非立刻就会损坏芯片，它对芯片的损坏是一个缓慢的过程，但肯定会降低 CPU 的使用寿命，如果让 CPU 持续在非常高的温度下工作，可不是危言耸听——CPU 距离报废的日子已经不远了。

计算机硬件系统维护与故障处理

2) 插槽损坏及接触不良引起的故障

虽然 CPU 本身故障率不高,但是与其相关的配件出现问题导致系统出现故障的可能性还是较大的。

安装 Socket 类 CPU 时,一定要小心谨慎——安装时要把 CPU 按正确方向放进插座,使每个针脚插到相应的孔里,注意要放到底,但不必用力给 CPU 施压,然后把手柄按下即可固定。但如果遇到插槽质量不好,CPU 插入时的阻力还是很大的,所以大家在拆卸或者安装时要注意保持 CPU 的平衡,安装之前要仔细检查一下针脚是否有弯曲的,不要使用蛮劲压或拔,否则就有可能折断 CPU 针脚,给自己带来不必要的麻烦。要知道,一旦出现 CPU 针脚弄断的问题,一般用户自己是很难处理的,而且对于这种故障经销商也不会负责更换,不过可以送到专业维修点,通过特殊的焊接处理,是有可能修复的。

由于 CPU 针脚上镀有金,同时按 Intel 的要求,CPU 插座上也需要镀金,由于黄金导电性能好,不易氧化,所以 CPU 和插座间并不容易出现接触不良的情况。但随着市场价格竞争的激化,有不少主板上的 CPU 插座并没有镀金,或者镀金的厚度低于 Intel 所要求的厚度,因此在使用中,随着时间的推移,CPU 插座易产生一层氧化层,使 CPU 和插座间出现接触不良,导致机器死机等情况。可以使用的方法是让 CPU 针脚与插座进行摩擦,从而破坏插座上的氧化层,这样就可以使 CPU 和插座间的接触尽可能变好。

因此在选购电脑时买一款优质主板才是一劳永逸的好办法。另外大家需要注意的是,当怀疑 CPU 插座接触不良时,千万不要使用除锈液,因为除锈液一般都有一定的腐蚀性,同时还有一定的导电性,因此乱用除锈液有可能造成主板的彻底烧毁。

3) 工作温度及散热问题

随着工作频率的提高,CPU 所产生的热量也越来越高,功率消耗已近百瓦特。CPU 是电脑中发热最大的配件,如果散热器散热能力不强,产生的热量不能及时散发,CPU 就会长期工作在高温状态下,由半导体材料制成的 CPU 如果其核心工作温度过高就会产生电子迁移现象,同时也会造成计算机的运行不稳定、运算出错、死机等现象甚至烧毁 CPU,严重危害资料安全,如果长期在过高的温度下工作就会造成 CPU 的永久性损坏。CPU 的工作温度多通过主板监控功能获得,而且一般情况下 CPU 的工作温度比环境温度高 40℃以内都属于正常范畴,但提醒大家要注意的是主板测温的准确度并不像大家想象的那么高,在 BIOS 中所查看到的 CPU 温度,只能供参考。其实 CPU 核心的准确温度并无法测量,不过只要电脑能够正常工作,没有频繁死机等问题,也就不必多虑了。CPU 温度除了用主板自带的测温装置测定之外,还可以由 CPU 的输出功率和风扇功率来估算。

随着 CPU 主频的提高,散热问题也越来越突出,散热情况不好已经成为导致 CPU 出现故障的头号杀手,这种故障多表现在开机运行一段时间后系统就会频繁死机或者重新启动。要解决好 CPU 散热问题,不仅要根据 CPU 的发热情况购买符合规定的散热风扇,比如纯铜涡轮风扇、高速滚珠风扇(一般的滚珠风扇用嘴轻轻一吹就会转动起来、而且无噪音)等,还要注意散热风扇的正确安装使用。

## 6.1.6　内存故障维护及维修

由于内存条直接与 CPU 和外部存储器交换数据,其使用频率相当高,再加上内存条是超大规模集成电路,其内部的晶体管有一个或少数几个损坏可能影响计算机的稳定工作,同时表现出的故障现象也不尽相同,所以给人们的维修工作带来一定的困难。

内存报警问题在计算机故障现象中出现频率最多,同时最容易解决。拆开机箱,把内存拔出来,再插一下就好了。严重一点的需要把机箱内的灰尘清除干净,或者换个内存插槽试一试。

常见的内存故障和解决方法有以下几种。

### 1. 接触不良

因为内存条的金手指镀金工艺不佳或经常拔插内存,导致内存在使用过程中因为接触空气而氧化、生锈,日常中频繁地搬动机器,逐渐地与内存插槽接触不良,最后产生开机不启动及报警的故障。只需要把内存条取下来,用橡皮擦把金手指上面的锈斑擦去基本上就可以解决问题。注意:在插内存条时一定要平均用力,以免损坏内存条和内存插槽;不要直接用手接触内存条的金手指,这样做不仅能防止手上的静电损坏内存条,而且可以防止手上的汗液附着在金手指上而造成金手指的氧化及生锈。

### 2. 内存插槽变形

这种故障不是很常见,一般见于主板有形变,内存插槽有损坏、裂缝等现象,当把内存插入内存插槽时就会出现部分接触不良的情况,当主机加电开机自检时不能通过,就会出现连续的短"嘀"声,也就是大家常说的"内存报警"。解决方法:内存插槽变形的现象可以在内存插好后通过使用尼龙扎带紧固,再辅以打胶的方法来解决此类问题。注意:在拔插内存的过程中一定要注意内存的方向,虽然内存条和内存插槽有防插设计,但是还有很多用户仍然把内存插反,造成内存条和内存插槽个别引脚烧熔的情况,这时只能放弃使用损坏的内存插槽。有时还要注意内存插槽中是否有其他异物,因为如果有其他异物在内存插槽里,当插入内存时内存就不能插到底,内存无法安装到位,当然就会出现开机报警现象。当多次拔插内存仍不能解决问题时,最好仔细检查一下内存插槽是否变形,是否有引脚变形或损坏、脱落,插槽里是否有异物等情况,这样做对排除故障很有帮助。

### 3. 内存金手指氧化

这种情况最容易出现,一般见于使用半年或一年以上的机器。当天气潮湿或天气温度变化较大时,就会出现昨天机器工作还好好的,可第二天早晨开机时即发现无法正常开机,显示器黑屏,只听得机内"嘀嘀"直响。

解决方法:只要拆开机箱把内存条重插一下就可以。注意:如果这种故障每个月都发生一次或者一个星期或半个月就要出现一次,那就要考虑是不是属于内存条与主板兼容性不好的问题了,也就是下面要说的类型的问题。

### 4. 内存与主板兼容性不好

这种问题最难处理,也很难确定,故障出现的周期比较频繁,但是分别测试内存条和主板时往往又发现不了问题,处理起来非常麻烦。

### 5. 电容、电阻颗粒脱落

目前市面的多数内存都是裸露封装,所以在内存的存储、搬运、安装、拆除、维修过程中因为人为的因素把上面微小的电容、电阻颗粒脱落,造成开机后内存报警,无法正常启动计算机。

### 6. 内存插槽簧片损坏

内存插槽内的簧片因非正常安装而损坏、脱落、变形、烧灼等造成内存条接触不良。还有就是内存条反插配烧毁的同时,内存插槽相对应部位的金属簧片也会被烧熔或变形,甚至可能造成整个内存插槽的报废。

**7. CMOS 中内存设置不当**

内存的读/写周期和延时的设置非常专业,设置错误将导致计算机不能启动或工作不稳定,所以在大多数内存条上都有一片串行 Flash 芯片,用于存储内存条的工作频率、读/写周期、刷新周期、延时等具体工作参数。

**8. 混插后内存容量识别不正确**

造成这种现象的原因,第一种可能是主板芯片组自身的原因所造成的,一些老主板只支持 2GB 内存的容量,超出的部分,均不能识别和使用。当然还有一些情况是由于主板无法支持高位内存颗粒造成的,解决这类问题的方法就是更换主板或者内存。另外在一些情况下通过调整内存的插入顺序也可以解决此问题。内存混插不稳定的问题是一个老问题了。面对这种情况,建议在选购内存条时,要选择金士顿、金泰克这些高品质内存,因为它们的电气兼容性及稳定性都比较出色,出现问题的几率要低一些,并且售后也都有保障。

## 6.1.7 显卡维护及故障维修

随着技术的发展,目前大多数显卡都将 RAM DAC 集成到了主芯片上。它的主要任务就是处理系统输入的视频信息并将其进行构建、渲染等工作。显示主芯片的性能直接决定显示卡性能的高低,不同的显示芯片,不论从内部结构还是其性能,都存在着差异,而其价格差别也很大。一般来说,越贵的显卡,性能自然越好。

**1. 显卡的日常维护**

显卡也是计算机的一个发热大户,现在的显卡都单独带有一个散热风扇,平时要注意显卡风扇的运转是否正常,是否有明显的噪音,或者是运转不灵活,转一会儿就停等现象,如发现有上述问题,要及时更换显卡的散热风扇,以延长显卡的使用寿命。

夏天天气炎热,一定要注意计算机的散热,特别是显卡的散热情况。大型游戏对显卡的要求很高,同时显卡产生的热量也增加,一定要注意显卡风扇的运行及显卡温度。设置游戏的显示设置时,一定要根据自己显卡的性能进行设置,不要为了追求高显示性能,使显卡在高负荷下工作,往往会造成计算机黑屏或重新启动等现象。

**2. 显卡的故障维修**

常见故障 1：开机无显示。

此类故障一般是因为显卡与主板接触不良或主板插槽有问题造成的。对于一些集成显卡的主板,如果显存共用主内存,则需注意内存条的位置,一般在第一个内存条插槽上应插有内存条。由于显卡原因造成的开机无显示故障,开机后一般会发出一长两短的蜂鸣声(对于 Award BIOS 显卡而言)。

常见故障 2：显卡驱动程序丢失。

显卡驱动程序载入,运行一段时间后驱动程序自动丢失,此类故障一般是由于显卡质量不佳或显卡与主板不兼容,使得显卡温度太高,从而导致系统运行不稳定或出现死机,此时只有更换显卡。

此外,还有一类特殊情况,以前能载入显卡驱动程序,但在显卡驱动程序载入后,进入 Windows 时出现死机。可更换其他型号的显卡在载入其驱动程序后,插入旧显卡予以解决。如若还不能解决此类故障,则说明注册表故障,对注册表进行恢复或重新安装操作系统即可解决。

## 6.1.8 硬盘的维护及故障维修

### 1. 硬盘的日常维护

硬盘是微机最常用也是最重要的存储设备,用来存放用户常用的系统软件和应用软件。在实际工作中,经常会遇到由于误操作、病毒、磁道损坏等原因致使硬盘上的部分或全部数据丢失、文件遭到破坏、应用软件甚至整个系统不能正常工作的情况。如果只是某个软件故障,可以采用软件或光盘重新安装的方法来恢复;若是大部分软件不能工作,恢复起来就困难多了,不但费时,而且会因临时性的补充安装,会使整个系统的设置发生矛盾,从而影响工作。因此,保障硬盘常用软件的安全非常重要。

1) 为电脑提供不间断电源(UPS)

当硬盘开始工作时,一般都处于高速旋转之中,如果硬盘读/写过程中突然断电,可能会导致硬盘的数据逻辑结构或物理结构的损坏。因此最好为电脑提供不间断电源,正常关机时一定要注意面板上的硬盘指示灯是否还在闪烁,只有当硬盘指示灯停止闪烁、硬盘结束读/写后方可关闭计算机的电源开关。

UPS 作为计算机的重要外设,在保护计算机数据、保证电网电压和频率的稳定、改进电网质量、防止瞬时停电和事故停电对用户造成的危害等是非常重要的。目前,UPS 按其工作方式分类可分为后备式、在线互动式及在线式 3 大类。

(1) 后备式 UPS:在市电正常时直接由市电向负载供电,当市电超出其工作范围或停电时,通过转换开关转为电池逆变供电。其特点是:结构简单、体积小、成本低,但输入电压范围窄,输出电压稳定精度差,有切换时间,且输出波形一般为方波。

(2) 在线互动式 UPS:在市电正常时直接由市电向负载供电,当市电偏低或偏高时,通过 UPS 内部稳压线路稳压后输出,当市电异常或停电时,通过转换开关转为电池逆变供电。其特点是:有较宽的输入电压范围、噪音低、体积小等特点,但同样存在切换时间问题。

(3) 在线式 UPS:在市电正常时,由市电进行整流提供直流电压给逆变器工作,由逆变器向负载提供交流电,在市电异常时,逆变器由电池提供能量,逆变器始终处于工作状态,保证无间断输出。其特点是:有极宽的输入电压范围、无切换时间且输出电压稳定精度高,特别适合对电源要求较高的场合,但是成本较高。目前,功率大于 3KVA 的 UPS 几乎都是在线式 UPS。

2) 为硬盘降温

温度对硬盘的寿命也是有影响的。硬盘在使用过程中会产生一定热量,所以在使用中存在散热问题。温度以 25～30℃为宜,温度过高或过低都会使晶体振荡器的时钟主频发生改变。温度还会造成硬盘电路元件失灵,磁介质也会因热胀效应而造成记录错误。

3) 定期整理硬盘碎片

在硬盘中,频繁地建立、删除文件会产生许多碎片,如果碎片积累了很多,那么日后在访问某个文件时,硬盘可能会需要花费很长的时间读取该文件,不但访问效率下降,而且还有可能损坏磁道。

单击"开始"按钮,选择"所有程序"→"附件"→"系统工具"→"磁盘碎片整理程序"选项,打开"磁盘碎片整理程序"对话框,如图6-1所示。

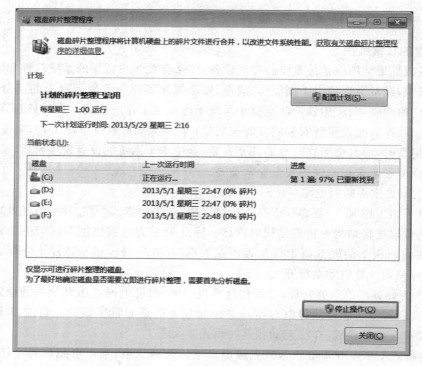

图6-1　磁盘碎片整理程序

4) 病毒防护以及系统升级工作

各类操作系统都存在着很多已知和未知的漏洞,加之现在病毒攻击的范围也越来越广泛,而硬盘作为计算机的信息存储基地,通常都是计算机病毒攻击的首选目标。所以,为了保证硬盘的安全,应该经常在操作系统内打一些必要的补丁,为杀毒软件下载最新的病毒库,做好病毒防护工作,同时要注意对重要的数据进行保护和经常性的备份,以备数据恢复之需。

5) 拿硬盘时要小心

在日常的电脑维护工作中,拿硬盘是再频繁不过的事了。其实,用手拿硬盘还是有要求的,稍有不慎就会使硬盘"报废"。因此在拿硬盘时一定要做到以下几点:要轻拿轻放,不要磕碰或者与其他坚硬物体相撞;不能用手随便地触摸硬盘背面的电路板,这是因为人的手上可能会带有静电,在这种情况下用手触摸硬盘背面的电路板,"静电"就有可能会伤害到硬盘上的电子元件,导致电子元件损坏,从而无法正常运行。因此,在用手拿硬盘时应该抓住硬盘两侧,并避免与其背面的电路板直接接触。

6) 在工作中最好不要移动主机

硬盘是一种高度精密设备,工作时磁头在盘片表面的浮动高度只有零点几微米。当硬盘处于读写状态时,一旦发生较大的震动,就可能造成磁头与盘片的撞击,导致损坏。所以不要搬动运行中的主机。在硬盘的安装、拆卸过程中应多加小心,硬盘移动、运输时严禁磕碰,最好用泡沫或海绵包装保护一下,尽量减少震动。

7）防止高温、受潮、被磁化

硬盘的主轴电机、步进电机及其驱动电路工作时都要发热，在使用中要严格控制环境温度，计算机操作室最好使用空调，将温度调节为 20～25℃。在炎热的夏天，要注意检测硬盘周围的环境温度不要超出产品许可的最高温度（一般 40℃），在潮湿的季节要注意使环境干燥或经常给系统加电，靠自身的发热将机内水蒸气蒸发掉。另外，尽可能使硬盘不要靠近强磁场，如大型音箱、喇叭、电机等，以免硬盘里所有记录的数据因磁化而受到损坏。

8）数据的硬件保护

说到硬件保护，自然要先提到硬盘保护卡。硬盘保护卡又称为硬盘还原卡，是彻底解决计算机数据保护问题的最佳方案。它从硬件的层面上对硬盘中的数据进行保护和恢复，可以瞬间恢复各种有意或无意导致的数据丢失。硬盘保护卡利用硬盘介质的冗余性（即每块硬盘都不能用尽所有的硬盘空间），使每块硬盘中的所有自由空间都自动成为自己的缓冲区，因此不必占用固定的硬盘空间。而且，使用硬盘保护卡后，在大多数情况下，即使用户对硬盘执行了 Fdisk 和 Format 命令，或者其他软件层面的破坏，甚至包括病毒对硬盘数据的破坏，只要重新启动并按下特定的热键，短短几秒钟内硬盘数据就会恢复到最近一次存档时的状态，其速度是所有软件恢复方法都无法与之比拟的。再有，硬盘还原卡的安装使用极其简单，高度智能化，甚至连安装软盘都可以不要，真正的即插即用。安装后，所有的用户界面和操作与安装前毫无二致，用户根本不会感觉到还原卡的存在。

硬盘还原卡不仅可以保护硬盘数据免遭各种破坏，而且也可以保护 CMOS 参数和主板BIOS 数据免遭各种病毒的恶意破坏，即使是大名鼎鼎的 CIH 病毒对之也无可奈何，真正实现了对电脑数据的全方位保护。常见的硬盘保护卡有三茗的电脑卫士，以及看门狗智能型系统复原卡等。

9）数据的定时备份

硬盘在系统的地位之所以重要，主要是其内部的数据的价值往往远远超过硬盘本身的价值。备份是指用户为应用系统产生的重要数据（或者原有的重要数据信息）制作一份或者多份复制，以增强数据的安全性。一旦硬盘损坏，挽救内部的数据是首要工作。在平时做好未雨绸缪，提前将重要数据进行备份。做好数据备份工作，是使工作损失降到最低，尽快地恢复工作的重要方法。日常使用中，有条件尽量采取异分区备份、异盘备份、光盘备份等。

**2. 硬盘的常见故障维修**

随着硬盘的容量越来越大，传输速率越来越高，但硬盘的体积却越来越小、单碟容量越来越高，转速也越来越快，当然硬盘发生故障的概率也就越高了。而且硬盘的损坏还不像其他硬件那样有可替换性，因为硬盘上一般都存储着用户的重要资料，一旦发生严重的不可修复的故障，损失无法估计。因此，下面介绍如何对硬盘故障进行正确判断，通过巧妙维修将损失减小至最低限度的方法。

1）不能自举的故障

常见的硬盘不能自举的问题有以下两种。

（1）系统不认硬盘。此类故障最为常见，开机自检完成时提示以下出错信息：

HDD controller failure Press F1 to Resume

上面的意思是"硬盘控制器错误，按 F1 重试"，有时候用 CMOS 中的自动监测功能也无

计算机硬件系统维护与故障处理

法发现问题的存在。当出现上述信息时,应该重点先检查与硬盘连接的电源线、数据线的接口有无损坏、松动、接触不良、反接等现象,此外常见的原因就是硬盘上的主/从跳线是否设置错误。

（2）CMOS 设置错误引起的故障。开机显示:

```
Driver not ready error Insert Boot Diskette in A
Press any key when ready…
```

出现上述错误,是因为 CMOS 中设置了从软驱启动,而软驱中又没有启动盘。

有时候,新加入的硬盘 CMOS 中的 IDE 接口设置为 None,也是造成硬盘不能自举的原因之一。

2）硬盘逻辑坏道的修复

这是日常使用中最常见的硬盘故障,实际上是磁盘磁道上面的校验信息（ECC）跟磁道的数据和伺服信息对不上号。出现这一故障的原因,通常都是因为一些程序的错误操作或是该处扇区的磁介质开始出现不稳定的先兆。一般在操作中的表现就是文件存取时出错,或者硬盘克隆的时候到了出错的地方就弹出出错信息,不能再继续下去。消除这些逻辑坏道的方法其实比较简单,最常用的方法就是用系统的磁盘扫描功能。在 DOS 下面用 Scandisk 扫描,系统可以把逻辑出错的扇区标出来,以后再进行存取操作时就会避免操作这些扇区。逻辑坏道是日常中经常遇到的,也是不易发觉的磁盘问题。日积月累,会给数据带来极大的破坏性,必须引起重视。

下面介绍主要几个修复逻辑坏道的软件。

（1）Windows 自带的磁盘工具对硬盘进行扫描,并且对错误进行自动修复。

具体步骤如下（以 Windows 7 为例）,在"我的电脑"中选中盘符后单击鼠标右键,在弹出的驱动器属性窗口中依次选择"工具"→"开始检查"并选择"自动修复文件系统错误"和"扫描并恢复坏扇区",然后单击"开始"按钮,扫描时间会因磁盘容量及扫描选项的不同而有所差异。但是值得注意的是,在 Windows 98 以上的操作系统中,并不能显示每个扇区的详细情况,所以通常在这种情况下,最好还是选择 DOS 下的磁盘检测工具 Scandisk。Scandisk 会检测每个扇区,并且会标记坏扇区,以免操作系统继续访问这个区域。保证系统运行的稳定和数据的安全性。一般来说,通过上述的方法,修复完成之后硬盘上坏道仍然存在,只是做上了标记,系统不会继续访问了,但是随着对硬盘的继续使用,可能会发现硬盘坏道有可能扩散,所以这种方法并不能从根本上解决问题。比较妥善的办法是对硬盘数据进行备份,然后重新分区格式化硬盘,一般来说,如果硬盘上的故障仅仅是逻辑坏道,就可以彻底地解决问题。当然,建议在进行重新分区和格式化之后,使用 DOS 下 Scandisk 再次对硬盘进行检测,确保硬盘逻辑坏道的完全修复。

（2）诺顿磁盘医生。

诺顿磁盘医生是一款极好的磁盘检测修复工具,用它可以修复硬盘和移动存储设备上的逻辑错误、坏道、丢失簇,非常方便快捷。

3）物理坏道的修复

如果硬盘出现了以下现象,就应该检查硬盘是否已出现坏道:

• 在读取某一文件或运行某一程序时,硬盘反复读盘且出错,或者要经过很长时间才能成功,同时硬盘发出异样的杂音,这种现象说明硬盘上可能有坏道。

- 启动时不能通过硬盘引导系统,用软盘启动后可以转到硬盘盘符,但无法进行操作,用 SYS 命令引导系统也不成功,这种情况很有可能是硬盘的引导扇区出了问题。
- 格式化硬盘时,到某一进度停滞不前,最后报错,无法完成格式化。
- 对硬盘使用 Fdisk 命令进行分区时,到某一进度反复进进退退。

物理坏道属于物理性故障,表明硬盘磁道产生了物理损伤,只能通过低级格式化或更改、隐藏硬盘扇区来解决。低级格式化就是将空白的磁盘划分出柱面和磁道,再将磁道划分为若干个扇区,每个扇区又划分出标识部分 ID、间隔区 GAP 和数据区 DATA 等。可见,低级格式化是高级格式化之前的一件工作,它只能够在 DOS 环境来完成。而且低级格式化只能针对一块硬盘而不能支持单独的某一个分区。每块硬盘在出厂时,已由硬盘生产商进行低级格式化,因此通常使用者无须再进行低级格式化操作。低级格式化是一种对硬盘的损耗性操作,对硬盘的寿命有一定的负面影响。因此,许多硬盘厂商均要求用户不到万不得已,不要使用低级格式化来格式化硬盘。有些坏磁道和坏扇区能够通过低级格式化来修复,但对于真正的硬盘磁盘表面物理划伤则无法进行修复,要利用后面讲的将物理坏道进行隔离。

以前要进行低级格式化有两种方法,一是通过主板 BIOS 中所支持的功能,但是现在的主板一般都不带有此项功能。或者使用专用的软件进行,其中 DM 和 Lformat.exe 就是其中比较有名的两款。

4)物理坏道的隔离

对于硬盘上出现的无法修复的坏簇或物理坏道,可利用一些磁盘软件将其单独分为一个区并隐藏起来,让磁头不再去读它,这样可在一定程度上令硬盘延长使用寿命。需要特别强调的是,使用有坏道的硬盘时,一定要时刻做好数据备份工作,因为硬盘上出现了一个坏道之后,更多的坏道会接踵而来。

修复这种错误最简单的工具是 Windows 系统自带的 Fdisk。如果硬盘存在物理坏道,通过前面介绍的 Scandisk 和 NDD 就可以估计出坏道大致所处位置,然后利用 Fdisk 分区时为这些坏道分别单独划出逻辑分区,所有分区步骤完成后再把含有坏道的逻辑分区删除,余下的就是没有坏道的好盘了。

用 PartitionMagic、DiskManager 等磁盘软件也可完成这样的工作。如 PartitionMagic (如图 6-2 所示)分区软件,先选择硬盘分区,用"操作"菜单中的"检查错误"选项扫描磁盘,算出坏簇在硬盘上的位置,然后在"操作"菜单下选择"高级/坏扇区重新测试"选项;把坏簇所在硬盘分成多个区后,再利用"操作"菜单下的选选"高级/隐藏分区"把坏簇所在的分区隐藏。这样也能保证有严重坏道的硬盘的正常使用,并免除系统频繁地去读/写坏道从而扩展坏道的面积。

需要特别留意的是修好的硬盘千万不要再用 DOS 下的 Fdisk 等分区工具对其进行重新分区,以免其又改变硬盘的起始扇面。

5)零磁道损坏的修复

零磁道处于硬盘上一个非常重要的位置,硬盘的主引导记录区(MBR)就在这个位置上。MBR 位于硬盘的 0 磁道 0 柱面 1 扇区,其中存放着硬盘主引导程序和硬盘分区表。在总共 512 字节的硬盘主引导记录扇区中,446 字节属于硬盘主引导程序,64 字节属于硬盘分

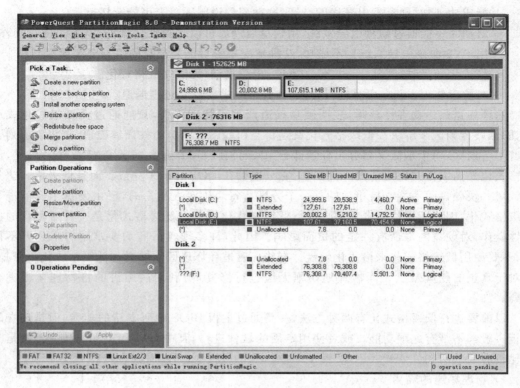

图 6-2　PartitionMagic 软件界面

区表(DPT),两个字节(55 AA)属于分区结束标志。由此可见,零磁道一旦受损,将使硬盘的主引导程序和分区表信息遭到严重破坏,从而导致硬盘无法自举。

零磁道损坏属于硬盘坏道之一,只不过由于它的位置太重要,因而一旦遭到破坏,就会产生严重的后果。

通常的维修方法是通过 Pctools 9.0 的 DE(磁盘编辑器)来修复(或者类似的可以对磁盘扇区进行编辑的工具也可以)。

另外,有人还探索出了通过修改硬盘电机定位系统来改变零磁道位置和通过电路调整来改变磁头的分配逻辑,以达到重新定位零磁道的目的。当然这需要更深厚的硬件水平,实现起来也比较复杂。

6) 分区表损坏的修复

硬盘主引导记录所在的扇区也是病毒重点攻击的地方,通过破坏主引导扇区中的 DPT (分区表),即可轻易地损毁硬盘分区信息。分区表的损坏通常来说不是物理损坏,而是分区数据被破坏。因此,通常情况下,可以用软件来修复。

通常情况下,硬盘分区之后,备份一份分区表至软盘、光盘或者 USB 盘上是极为明智的。另外,对于没有备份分区表的硬盘,也提供了相应的修复方法,不过成功率相对较低。

另外,中文磁盘工具 DiskGenius 在这方面也是行家里手。重建分区表作为它的一个"杀手锏"功能,非常适合用来修复分区表损坏。

对于硬盘分区表被分区调整软件(或病毒)严重破坏,引起硬盘和系统瘫痪,DiskGenius 可通过未被破坏的分区引导记录信息重新建立分区表。在菜单的工具栏中选择"重建分区表"选项,DiskGenius 即开始搜索并重建分区。DiskGenius 将首先搜索 0 柱面 0 磁头从 2 扇区开始的隐含扇区,寻找被病毒挪动过的分区表。接下来搜索每个磁头的第一个扇区。搜索过程可以采用"自动"或"交互"两种方式进行。自动方式保留发现的每一个分区,适用于大多数情况。交互方式对发现的每一个分区都给出提示,由用户选择是否保留。当自动方式重建的分区表不正确时,可以采用交互方式重新搜索。

　　DiskGenius(如图 6-3 所示)不仅提供了诸如建立、激活、删除、隐藏分区之类的基本硬盘分区管理功能,还具有分区表备份和恢复、分区参数修改、硬盘主引导记录修复、重建分区表等强大的分区维护功能。此外,它还具有分区格式化、分区无损调整、硬盘表面扫描、扇区复制、彻底清除扇区数据等实用功能。

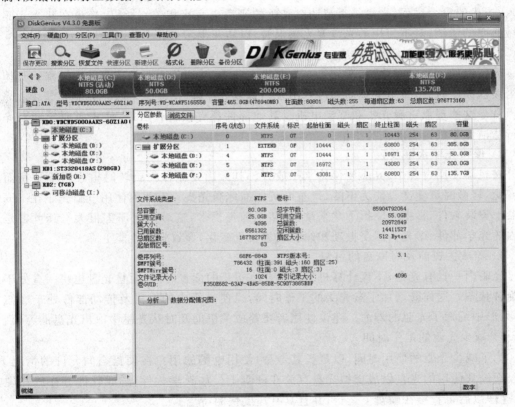

图 6-3　DiskGenius 程序界面

　　需要注意的是,重建分区表功能不能做到百分之百地修复分区表,除非以前曾经备份过分区表,然后通过还原以前备份的分区表来修复分区表损坏。因此可见,平时备份一份分区表是很有必要的!

　　7) 永久故障

　　这些故障是指在打开微机时,进入 CMOS 设置,选择自动识别硬盘,出现无法自动识别硬盘参数的情况,同时听到硬盘内出现怪声,可能电机坏了,或者某个盘面严重损坏;或者硬盘内部悄然无声,没有听见硬盘内的电机转动的声响;即便是内部的电机转动的声响一切正常,由于静电或电源顺序接反等,把硬盘的控制芯片烧毁。对于这类故障,大多数情况下,个人是无法处理的,只能送到专业厂家进行修理或更换新的硬盘。

### 6.1.9 光驱的维护及故障维修

**1. 光驱的维护**

家用电脑、CD、VCD、超级 VCD 以及现在的 DVD 都装有光盘驱动器,人们称之为光驱。而光驱是一个非常娇贵的部件,再加上使用频率高,它的寿命的确很有限。因此,很多商家对光驱部件的保修时间要远短于其他部件。影响光驱寿命的主要是激光头,激光头的寿命实际上就是光驱的寿命。延长光驱的使用寿命,具体有以下几种。

1) 保持光驱、光盘清洁

光驱采用了非常精密的光学部件,而光学部件最怕的是灰尘污染。灰尘来自于光盘的装入、退出的整个过程,光盘是否清洁对光驱的寿命也直接相关。所以,光盘在装入光驱前应做必要的清洁,对不使用的光盘要妥善保管,以防灰尘污染。

2) 定期清洁保养激光头

光驱使用一段时间之后,激光头必然要染上灰尘,从而使光驱的读盘能力下降。具体表现为读盘速度减慢,显示屏画面和声音出现马赛克或停顿,严重时可听到光驱频繁读取光盘的声音。这些现象对激光头和驱动电机及其他部件都有损害。所以,使用者要定期对光驱进行清洁保养或请专业人员维护。

3) 保持光驱水平放置

在机器使用过程中,光驱要保持水平放置。其原因是光盘在旋转时重心因不平衡而发生变化,轻微时可使读盘能力下降,严重时可能损坏激光头。有些人使用电脑光驱在不同的机器上安装软件,常把光驱拆下拿来拿去,甚至随身携带,这对光驱损害很大。其危害是光驱内的光学部件、激光头因受振动和倾斜放置发生变化,导致光驱性能下降。

4) 养成关机前及时取盘的习惯

光驱内一旦有光盘,不仅计算机启动时要有很长的读盘时间,而且光盘也将一直处于高速旋转状态。这样既增加了激光头的工作时间,也使光驱内的电机及传动部件处于磨损状态,无形中缩短了光驱的寿命。建议使用者要养成关机前及时从光驱中取出光盘的习惯。

5) 减少光驱的工作时间

为了减少光驱的使用时间,以延长其寿命,使用电脑的用户在硬盘空间允许的情况下,可以把经常使用的光盘做成虚拟光盘存放在硬盘上。如教学软件、游戏软件等存放在硬盘中,这样以后可直接在硬盘上运行,并且具有速度快的特点。

6) 少用盗版光盘、多用正版光盘

不少用户因盗版光盘价格与正版光盘价格有一定差距,加上光盘内容丰富而购买使用,基于中国的国情,这本无可非议,但因为光驱长期读取盗版光盘,由于其盘片质量差,激光头需要多次重复读取数据。这样电机与激光头增加了工作时间,从而大大缩短了光驱的使用寿命。目前正版软件的价格已经大大下跌,有些只比盗版软件略贵,且光驱读盘有了保障。所以建议尽量少用盗版光盘多用正版光盘。

7) 正确开关盘盒

无论哪种光驱,前面板上都有出盒与关盒按键,利用此按键是常规的正确开关光驱盘盒的方法。按键时手指不能用力过猛,以防按键失控。有些用户习惯用手直接推回盘盒,这对光驱的传动齿轮是一种损害,建议用户克服这一不良习惯。

8）尽量少放影碟

这样可以避免光驱长时间工作,因长时间光驱连续读盘,对光驱寿命影响很大。用户可将需要经常播放的节目,最好还是将其拷入硬盘,以确保光驱长寿。如果确实经常要看影碟,建议买一个廉价的低速光驱专门用来播放 VCD。

**2. 光驱的常见故障维修**

当光驱出现问题时,一般表现为光驱的指示灯不停地闪烁、不能读盘或读盘性能下降;光驱盘符消失。光驱读盘时蓝屏死机或显示“无法访问光盘,设备尚未准备好”等提示框等。

1）光驱连接不当造成

光驱安装后,开机自检,如不能检测到光驱,则要认真检查光驱排线的连接是否正确、牢靠,光驱的供电线是否插好。如果自检到光驱这一项时出现画面停止,则要看看光驱(主、从)跳线是否无误。光驱尽量不要和硬盘连在同一条数据线上。

2）内部接触问题

如果出现光驱卡住无法弹出的情况,可能就是光驱内部配件之间的接触出现问题,大家可以尝试如下的方法解决:将光驱从机箱卸下并使用十字螺丝刀拆开,通过紧急弹出孔弹出光驱托盘,这样就可以卸掉光驱的上盖和前盖。卸下上盖后会看见光驱的机芯,在托盘的左边或者右边会有一条末端连着托盘马达的皮带。可以检查此皮带是否干净,是否有错位,同时也可以给此皮带和连接马达的末端上油。另外光驱的托盘两边会有一排锯齿,这个锯齿是控制托盘弹出和缩回的。请给此锯齿上油,并看看它有没有错位之类的故障。如果上了油请将多余的油擦去,然后将光驱重新安装好,最后再开机试试看。

3）虚拟光驱发生冲突

在安装光驱的同时,一般会装个虚拟光驱使用。但安装虚拟光驱后,有时会发现原来的物理光驱“丢失”了,这是由于硬件配置文件设置的可用盘符太少了。解决方法:用Windows 自带的记事本程序打开 C 盘根目录下的 Config. sys 文件,加入“LASTDRIVE＝Z”,保存退出,重启后即可解决问题。

在安装双光驱的情况下安装低版本的“虚拟光碟”后,个别情况会表现为有一个或两个物理光驱“丢失”的现象:换个高版本的或其他虚拟光驱程序即可解决。

4）激光头老化造成

排除了灰尘造成的原因,如果光驱还不能读盘很可能是“激光头”老化了,这时就要调整光驱激光头附近的电位调节器,加大电阻改变电流的强度使发射管的功率增加,提高激光的亮度,从而提高光驱的读盘能力。用小螺丝刀顺时针调节(顺时针加大功率、逆时针减小功率),以 5 度为步进进行调整,边调边试直到满意为止。切记不可调节过度,否则可能出现激光头功率过大而烧毁的情况。

综上,光驱故障的一般可能都是出在光驱激光头故障,不认盘基本都是数据线或者电源线未插好造成的。其他可能都不大。

## 6.1.10 移动存储器的维护及故障维修

移动存储设备主要指移动硬盘、U 盘、MP3 等携带方便的存储设备,主要是针对硬盘不能方便地移动携带而言的。移动存储设备使用方便,加之价格也越来越便宜,已经为广大的用户所选用。

为了能够便捷地存储大容量文件,很多朋友都购买了 USB 接口的移动硬盘,可是在使用的时候却发现系统无法识别移动硬盘。出现这种情况主要有以下几种原因。

**1. 设置 CMOS 参数**

对于无法正常使用 USB 外接设备的用户来说,即使正确安装了驱动程序也有可能出现系统无法检测 USB 硬盘的情况,这主要是由于主板默认的 CMOS 端口是关闭的,如果没有将其设置为开启状态,那么 Windows 自然无法检测到移动硬盘。为了解决这个问题,可以重新开机,进入 CMOS 设置窗口,并且在 PNP/PCI CONFIGURATION 栏目中将 Assign IRQ For USB 一项设置为 Enabled,这样系统就可以给 USB 端口分配可用的中断地址了。

**2. 电源不足**

由于 USB 硬盘在工作的时候也需要消耗一定的电能,如果直接通过 USB 接口来取电,很有可能出现供电不足。因此,几乎所有的移动硬盘都附带了单独的外接电源或者是通过键盘取电的 PS/2 转接口,这时只要事先连接好外接电源或者通过 PS/2 转接线与键盘连接好,确保给移动硬盘提供足够的电能之后再试试,这时应该可以正常使用了。需要特别提醒大家注意的是,建议使用移动硬盘之前都确保有足够的供电,否则很可能由于供电不足导致硬盘损坏。

**3. USB 延长线故障**

除去上述两方面原因之外还有可能是 USB 接口类型不符导致移动硬盘无法使用。比如计算机配置的 USB 接口是 2.0 标准的,而购买的移动硬盘是 USB 3.0 标准的接口,这就要求连接计算机和移动硬盘的连接线必须支持 USB 3.0 标准。因为高速移动设备插入低速集线器,该设备可能不被正常安装,而有些用户在使用移动硬盘的同时还使用优盘,为了方便就直接使用优盘附送的 USB 2.0 标准连接线,这样就导致 USB 3.0 标准的移动硬盘无法正确识别。只要将连接线更换为 USB 3.0 标准的即可解决此故障。

**4. 系统设置不当**

对于一些 Windows 用户来说,在安装好驱动程序之后,可以从设备管理器中查看到移动硬盘图标,但是在资源管理器中却没有相应的盘符标识,这就是系统设置不当所致。在设备管理器中双击移动硬盘图标,并且单击弹出窗口中的"属性"按钮,此时可以看见"断开"、"可删除"、"同步数据传输"和"Int 13 单元"4 个选项,其中"可删除"一项前面系统默认是没有打钩的,只要勾选这个选项之后重新启动计算机,就可以在资源管理器中看见新增的移动硬盘盘符了。

U 盘(也称闪存盘)以它低廉的价格,大容量的存储空间,相对较快的存取速度,现在已经顶替软驱成为组装电脑的首选部件之一。虽然它号称有十万次以上的擦写次数,但如果在日常使用中不加以注意,也很容易出现损坏的现象。

1) 整理碎片,弊大于利

在频繁地进行硬盘操作,删除和保存大量文件之后,或系统用了很长时间之后,应该及时对硬盘进行碎片整理。由此及彼,在使用 U 盘之后,肯定也想用磁盘碎片整理工具来整理 U 盘中的碎片。这种想法是好的,但这样做反而适得其反。因为 U 盘保存数据信息的方式与硬盘原理是不一样的,它产生的文件碎片,不适宜经常整理,如果"强行"整理,反而会影响它的使用寿命。如果觉得 U 盘中文件增减过于频繁,或是使用时日已久,可以考虑将有用文件先临时复制到硬盘中,将 U 盘进行完全格式化,以达到清理碎片的目的。当然,也不能频繁地通过格式化的方法来清理 U 盘，这样也会影响 U 盘的使用寿命。

2）存删文件，一次进行

对 U 盘进行操作时，不管是存入文件或是删除文件，U 盘都会对闪存中的数据刷新一次。也就是说，在 U 盘中每增加一个文件或减少一个文件，都会导致 U 盘自动重新刷新一次。在拷入多个文件时，文件拷入的顺序是一个一个地进行，此时 U 盘将会不断地被刷新，这样直接导致 U 盘物理介质的损耗。所以利用 U 盘保存文件时，最好用 WinRAR 等压缩工具将多个文件进行压缩，打包成一个文件之后再保存到 U 盘中；同样道理，当要删除 U 盘中的信息时（除非是格式化），最好也能够一次性地进行，以使 U 盘刷新次数最少，而不是重复地进行刷新。只有减少 U 盘的损耗，才能有效地提高 U 盘的实际使用寿命。

3）U 盘不用，记得"下岗"

很多时候，经常将 U 盘插入 USB 接口后，为了随时复制的方便而不将它拔下。这样做对个人数据带来极大的安全隐患。其一，如果使用的是 Windows 2000 版本以后的操作系统，并且打开了休眠记忆功能，那么在系统从休眠待机状态返回到正常状态时，很容易对 U 盘中的数据造成修改，一旦发生，重要数据的丢失将可能遭到损坏。其二，现在网上的资源太"丰富"了，除了有用的资源，还有很多木马病毒到处"骚扰"，说不定哪天就"溜"进 U 盘中，对其中的数据造成不可恢复的破坏。所以，为了确保 U 盘数据不遭受损失，最好在复制数据后将它拔下来；或者是关闭它的写开关。

4）热插拔≠随意插拔

众所周知，U 盘是一种支持热插拔的设备。但要注意以下方面：U 盘正在读取或保存数据的时候（此时 U 盘的指示灯在不停闪烁），一定不要拔出 U 盘，要是此时拔出，很容易损坏 U 盘或是其中的数据；再则，平时不要频繁进行插拔，否则容易造成 USB 接口松动；三则，在插入 U 盘过程中一定不要用蛮力，插不进去的时候，不要硬插，可调整一下角度和方位。

综上，移动存储设备在我们日常生活中给我们资料的携带带来了极大的便利。同时，携带中由于外力的原因造成损坏的可能性也比较大，所以，对于重要的数据不能将移动存储设备作为唯一存放地，应多处备份，以免造成损失。

## 6.1.11 键盘的维护及故障维修

### 1. 键盘的日常使用维护

在日常使用过程中，时常会碰到种种由于键盘故障而导致的问题。日常使用中，对于键盘的维护是十分重要的。

（1）经常检查键盘各键帽的下面是否有纸屑、毛发、烟灰之类的东西。将键盘反扣过来轻轻拍打，可以把这些东西倒出来。这些垃圾很容易落到键盘中，一旦卡住键帽就容易出现一些怪毛病。因此尽量不要在键盘前面使用一些容易脱落的东西，当然定期的清理也是必要的。

（2）键盘上的 Shift、Enter、空格等键，个头至少比字母键大一号，也是日常使用最频率的几个键。这几个键用过一段时间后，很容易出现按下后被卡住弹不起来的现象，在一些廉价的键盘上尤其常见。本着 DIY 的精神，可以这样解决：如果键盘已经过了保换、保修期或者您不在乎保修，可以用工具卸下键盘背面的螺钉将其打开，这时会看到对应每个键的位

计算机硬件系统维护与故障处理

置上都有一个凹凸的导电橡胶。当按键被按下时,导电橡胶与电路板的触点接触,不用的时候就处于下凹的自然状态。长期的使用比较容易使导电橡胶老化,失去弹性。如果可以单独调整每个导电橡胶的位置,那就将一些不常用的按键导电橡胶和 Shift 键调换一下。如果是一个整体,可以在导电橡胶和键位对应的电路板触点间加上一定厚度的导电体。

(3) 键盘使用时间长了会出现按键不灵或是凝滞的现象,这时可以打开键盘的后面板,先用毛刷清扫里面的电路板,再用无水酒精将其擦洗干净,认真检查一下线路有没有裂纹,如有的话可以用烙铁小心地将裂纹焊接好。

(4) 由于键盘拔插的次数过多,有时不注意正确的方法,时间长了键盘接口上的针容易发生错位,虽然用了好大的劲将其插入,开机时键盘三个指示灯也亮,系统能检测到键盘,但就是不能用。此时可以查看一下键盘接口上的针是否弯了,如果是的话可以用一些小工具将针掰正再插入主机,问题会迎刃而解。

(5) 键盘的拆卸与基本维护。

键盘在使用过程中,若按某键失效或反应迟钝,此时即使用力敲打键盘也无济于事,所以必须及时进行修理。由于整个机械式键盘是安装在一整块印刷板电路上的,要取下一个按键,特别是里层的按键,是操作比较麻烦的事,下面介绍一下拆卸顺序及方法。

① 翻转键盘,将原来卡住的底板用螺丝刀往左右方向敲击。拆下键盘外壳,取出整个键盘,将键帽拔出。

② 用电烙铁将按键的焊角从印刷电路板上焊掉,使开关和印刷电路板脱离(电烙铁应有良好的接地,以防将键盘逻辑器件击穿)。

③ 用镊子将按键两边的定位片向中间靠拢,轻轻从下面一顶,按键便能从定位铁中取出。

④ 取下键杆,拿下弹簧和簧片,用无水酒精或四氯化碳等清洗液将链杆、键帽、弹簧和簧片上的灰尘和污垢清除干净,用风扇吹干或放通风处风干。

⑤ 若簧片产生裂纹或已断裂,则应予以更换;若簧片完好,而弹力不足时,可将其折弯部位再轻轻折弯一些,以便增强对接触簧片的压力。

⑥ 装好簧片、弹簧和键杆,将按键插入原位置,使焊角插入焊孔并露出尖端部分,用电烙铁将其与焊孔焊牢,装上键帽即可。

**2. 键盘的故障维修**

键盘在使用过程中,故障的表现形式是多种多样的,原因也是多方面的。有接触不良故障,有按键本身的机械故障,还有逻辑电路故障、虚焊、假焊、脱焊和金属孔氧化等故障。维修时要根据不同的故障现象进行分析判断,找出产生故障的原因,进行相应的修理。

(1) 键盘上一些键,如空格键、Enter 键不起作用,有时,需按无数次才输入一个或两个字符,有的键,如光标键按下后不再起来,屏幕上光标连续移动,此时键盘其他字符不能输入,需再按一次才能弹起来。

这种故障为键盘的"卡键"故障,不仅仅是使用很久的旧键盘,有个别没用多久的新键盘上,键盘的卡键故障也有时发生。出现键盘的卡键现象主要是由以下两个原因造成的:一种原因就是键帽下面的插柱位置偏移,使得键帽按下后与键体外壳卡住不能弹起而造成了卡键,此原因多发生在新键盘或使用不久的键盘上。另一个原因就是按键长久使用后,复位弹簧弹性变得很差,弹片与按杆摩擦力变大,不能使按键弹起而造成卡键,此种原因多发生在长久使用的键盘上。当键盘出现卡键故障时,可将键帽拨下,然后按动按杆。若按杆弹不起来或乏力,则是由第二种原因造成的,否则为第一种原因所致。若是由于键帽与键体外壳卡住的原因造成"卡键"故障,则可在键帽与键体之间放一个垫片,该垫片可用稍硬一些的塑料(如废弃的软磁盘外套)做成,其大小等于或略大于键体尺寸,并且在按杆通过的位置开一个可使按杆自由通过的方孔,将其套在按杆上后,插上键帽;用此垫片阻止键帽与键体卡住,即可修复故障按键;若是由于弹簧疲劳,弹片阻力变大的原因造成卡键故障,这时可使键体打开,稍微拉伸复位弹簧使其恢复弹性;取下弹片将键体恢复。通过取下弹片,减少按杆弹起的阻力,从而使故障按键得到恢复。

(2) 某些字符不能输入。若只有某一个键字符不能输入,则可能是该按键失效或焊点虚焊。检查时,按照上面叙述的方法打开键盘,用万用表电阻挡测量接点的通断状态。若键按下时始终不导通,则说明按键簧片疲劳或接触不良,需要修理或更换;若键按下时接点通断正常,说明可能是因虚焊、脱焊或金属孔氧化所致,可沿着印刷线路逐段测量,找出故障进行重焊;若因金属孔氧化而失效,可将氧化层清洗干净,然后重新焊牢;若金属孔完全脱落而造成断路时,可另加焊引线进行连接。

(3) 按下一个键产生一串多种字符,或按键时字符乱跳,这种现象是由逻辑电路故障造成的。先选中某一列字符,若是不含 Enter 键的某行某列,有可能产生多个其他字符现象;若是含 Enter 键的一列,将会产生字符乱跳且不能最后进入系统的现象,用示波器检查逻辑电路芯片,找出故障芯片后更换同型号的新芯片,排除故障。

## 6.1.12　鼠标的维护及故障维修

鼠标是当今电脑必不可少的输入设备。目前市场上流行的鼠标主要有三种,机械鼠标(半光电鼠标)、轨迹球鼠标和光电鼠标。每种鼠标的特点、用途和选购上都稍有不同。现在由于光电鼠标制作工艺的普及,其价格也越来越便宜,光电鼠标已成为较普遍使用的类型。

以往使用的机械鼠标,现在基本上很少使用,其故障主要出现在长期使用内部灰尘影响其使用。光电鼠标在日常使用中,其故障率很少,主要是注重日常的正确使用和维护。下面介绍光电鼠标的使用维护及故障处理。

**1. 光电鼠标的原理**

光电鼠标的原理很简单:其使用的是光眼技术,这是一种数字光电技术,较之以往需要专用鼠标垫的光电鼠标完全是一种全新的技术突破。光电感应装置每秒发射和接收 1500 次信号,再配合 18 MIPS(每秒处理 1800 万条指令)的 CPU,实现精准、快速的定位和指令传输。另一优势在于光眼技术摒弃了上一代光电鼠标需要专用鼠标板的束缚,可在任何不反光的物体表面使用,而且最大的优势:定位精确。随着 IT 界的发展,光电鼠标也不仅仅局限在老式的有线鼠标,逐渐发展成多功能的无线鼠标等。一般来说,光学鼠标的起步就是很高的,也就是说,大部分光学鼠标均是人体工程学设计,这样可以让消费者拥有一个更合适的消费理由。

**2. 光电鼠标的日常维护**

光电鼠标在使用中有一些需要注意的问题,比如说工作环境、负重程度等,都是影响鼠标寿命的。那么养成一个良好的使用习惯,自然是一个延长鼠标寿命的好办法。下面介绍光电鼠标的一些维护经验。

计算机硬件系统维护与故障处理

- 防尘:灰尘导致鼠标故障的现象屡见不鲜了,一旦有过多的灰尘遮挡住了"光头"那么鼠标的移动精度就大幅度下降。
- 鼠标垫:鼠标垫太轻或与桌面之间的摩擦系数太小致使鼠标垫随着鼠标器的移动而移动。这样就会造成一种这样的情况:当需要做较激烈的动作时,稍一用力,鼠标垫就飞出去了,事情也没做好。
- 桌面光滑:有许多人喜欢不用鼠标垫。但是有不少廉价的或者自己打造的电脑桌的反光程度和平滑度不符合要求。如果电脑桌的反光程度过大,那么鼠标就非常不容易移动;如果平滑度不够,那么鼠标移动起来也会很麻烦。
- 鼠标"滑垫":鼠标的底部一般有 2~4 个耐磨滑动垫,因长时间的使用,磨损或被人为破坏,会导致高度偏离正常位置。
- 光电、无线鼠标常见故障有不能控制、光标移动不平滑、电池耗电量高等。不能控制一般是鼠标在非平面上使用了,比如说凹凸不平的地方;当移动不平滑时,一般是因为有强光照射,建议在相对正常的可见光下使用;耗电量高,一般是电路方面的问题,不过电池的质量也是一个重要的问题。

**3. 光电鼠标的故障维修**

光电鼠标使用光电传感器替代机械鼠标中的机械元件,因而维修方法具有独特性。光电鼠标故障的 90% 以上为断线、按键接触不良、光学系统脏污造成,少数劣质产品也常有虚焊和元件损坏的情况出现。

1) 按键故障

- 按键磨损。这是由于微动开关上的条形按钮与塑料上盖的条形按钮接触部位长时间频繁摩擦所致,测量微动开关能正常通断,说明微动开关本身没有问题。处理方法可在上盖与条形按钮接触处刷一层快干胶解决,也可贴一张不干胶纸做应急处理。
- 按键失灵:按键失灵多为微动开关中的簧片断裂或内部接触不良造成,这种情况须另换一只按键;对于规格比较特殊的按键开关如一时无法找到代用品,则可以考虑将不常使用的中键与左键交换,具体操作是:用电烙铁焊下鼠标左、中键,做好记号,把拆下的中键焊回左键位置,按键开关须贴紧电路板焊接,否则该按键会高于其他按键而导致手感不适,严重时会导致其他按键而失灵。另外,鼠标电路板上元件焊接不良也可能导致按键失灵,最常见的情况是电路板上的焊点长时间受力而导致断裂或脱焊。这种情况须用电烙铁补焊或将断裂的电路引脚重新连好。

2) 灵敏度变差

灵敏度变差是光电鼠标的常见故障,具体表现为移动鼠标时,光标反应迟钝,不听指挥。故障原因及解决方法如下。

- 发光管或光敏元件老化。光电鼠标的核心 IC 内部集成有一个恒流电路,将发光管的工作电流恒定在约 50mA,高档鼠标一般采用间歇采样技术,送出的电流是间歇导通的(采样频率约 5kHz),可以在同样功耗的前提下提高检测时发光管的功率,故检测灵敏度高。有些厂家为了提高光电鼠标的灵敏度,人为加大了发光二极管的工作电流,增大发射功能。这样会导致发光二极管较早老化。在接收端,如果采用了质量不高的光敏晶体管,工作时间长了,也会自然老化,导致灵敏度变差。此时,只有更换型号相同的发光管或光敏管。

- 光电接收系统偏移,焦距没有对准。光电鼠标是利用内部两对互相垂直的光电检测器,配合光电板进行工作的。从发光二极管上发出的光线,照射在光电板上,反射后的光线经聚焦后经反光镜再次反射,调整其传输路径,被光敏管接收,形成脉冲信号,脉冲信号的数量及相位决定了鼠标移动的速度及方向。光电鼠标的发射及透镜系统组件是组合在一体的,固定在鼠标的外壳上,而光敏晶体管是固定在电路板上的,二者的位置必须相当精确,厂家是在校准了位置后,用热熔胶把发光管固定在透镜组件上的,如果在使用过程中,鼠标被摔碰过或震动过大,就有可能使热熔胶脱落、发光二极管移位。如果发光二极管偏离了校准位置,从光电板反射来的光线就可能到达不了光敏管。此时,要耐心调节发光管的位置,使之恢复原位,直到向水平与垂直方向移动时,指针最灵敏为止,再用少量的 502 胶水固定发光管的位置,合上盖板即可。
- 外界光线影响。为了防止外界光线的影响,透镜组件的裸露部分是用不透光的黑纸遮住的,使光线在暗箱中传递,如果黑纸脱落,导致外界光线照射到光敏管上,就会使光敏管饱和,数据处理电路得不到正确的信号,导致灵敏度降低。
- 透镜通路有污染,使光线不能顺利到达。原因是工作环境较差,有污染,时间长了,污物附着在发光管、光敏管、透镜及反光镜表面,遮挡光线接收路径使光路不通。处理方法是用棉球沾无水乙醇擦洗,擦洗的部件包括发光管、透镜及反光镜、光敏管表面,要注意无水乙醇一定要纯,否则会越清洗越脏,也可以在用无水乙醇清洗后,对准透镜及反光镜片呵一口气,然后再用干净的棉棒轻轻擦拭,直到光洁如初为止。
- 光电板磨损或位置不正。光电鼠标的光电板上印有许许多多黑白相间的小格子,光照到黑色的格子时就被黑色吸收,光敏晶体管便接收不到反射光。相反,若照到白色的格子上,光敏晶体管便可以收到反射光。使用时,要注意保持光电板的清洁和良好感光状态,同时鼠标相对于光电板的位置要正,光电板位置有偏斜或光电板磨损厉害,则会使反射后的光线脉冲变形或模糊不清,电路便无法识别而导致鼠标灵敏度变差。

3)鼠标定位不准

故障表现为鼠标位置不定或经常无故发生飘移,故障原因主要有以下几种。

- 外界的杂散光影响。现在有些鼠标为了追求漂亮美观,外壳的透光性不太好,如果光路屏蔽不好,再加上周围有强光干扰,就很容易影响到鼠标内部光信号的传输,而产生的干扰脉冲便会导致鼠标误动作。
- 电路中有虚焊,会使电路产生的脉冲混入造成干扰,对电路的正常工作产生影响。此时,需要仔细检查电路的焊点,特别是某些易受力的部位。发现虚焊点后,用电烙铁补焊即可。
- 晶振或 IC 质量不好,受温度影响,使其工作频率不稳或产生飘移,此时,只能用同型号、同频率的集成电路或晶振替换。

维修注意事项:许多故障都需要打开鼠标外壳进行修理,此时需要卸下底部的螺丝,如果卸下了可见螺丝还不能打开鼠标,那么千万不要硬撬,检查一下标签或保修贴下是否还有隐藏的螺丝,有些鼠标连接处还有塑料倒钩,拆卸时更要小心。

计算机硬件系统维护与故障处理

### 6.1.13 显示器的维护及故障维修

随着多媒体计算机的普及,显示器处于越来越重要的地位。显示器质量的好坏,直接影响到工作效率与娱乐效果。LCD 显示器维护日常保养如下。

**1. 避免屏幕内部烧坏**

CRT 显示器可能因为长期工作而烧坏,对于 LCD 也如此,所以一定要注意,如果在不用的时候,一定要关闭显示器,或者降低显示器的显示亮度,否则时间长了,就会导致内部烧坏或者老化。这种损坏一旦发生就是永久性的,无法挽回。另外,如果长时间地连续显示一种固定的内容,就有可能导致某些 LCD 像素过热,进而造成内部烧坏。

**2. 注意保持湿度**

一般湿度保持在 30%～80%,显示器都能正常工作,但一旦室内湿度高于 80%后,显示器内部就会产生结露现象。其内部的电源变压器和其他线圈受潮后也易产生漏电,甚至有可能造成连线短路;而显示器的高压部位则极易产生放电现象;机内元器件容易生锈、腐蚀,严重时会使电路板发生短路。因此,LCD 显示器必须注意防潮,长时间不用的显示器,可以定期通电工作一段时间,让显示器工作时产生的热量将机内的潮气驱赶出去。

**3. 正确地清洁显示屏表面**

如果发现液晶显示器表面有污垢,应当使用正确的方法将其清除。使用的介质最好是柔软、非纤维材料,比如脱脂棉、镜头纸或眼镜布等,一般情况下沾水清理即可;但如无法有效达到清理效果,可考虑购买目前市售液晶专用清洁产品。切忌选用含有氨、酒精及无机盐类成分的清洁液清理。

由于目前液晶显示器制造技术非常注重低辐射、防反光、抗炫光、防静电干扰、环保等设计,所以各个部件的制程都经过了多重防护处理,如多层膜镜面处理,或涂装更多的特殊高分子聚化合物等。而这些特殊的化学物质通常会被一些含有氨、酒精及无机盐类成分的化学品所破坏,从而导致显示器慢慢地失去真正的光学透光率,或产生因折射或反射导致的色彩失真,或者防干扰、防静电的作用减低,这样不仅不利于眼睛,影响图像的显示画质,而且原有的防护功能也被破坏,色泽度及安全性都会大打折扣,消费者不得不慎。

**4. 避免冲击**

LCD 屏幕十分脆弱,所以要避免强烈的冲击和振动,LCD 中含有很多玻璃的和灵敏的电气元件,掉落到地板上或者其他类似的强烈打击会导致 LCD 屏幕以及其他一些单元的损坏。还要注意不要对 LCD 显示表面施加压力。

**5. 遇到问题不可自行拆卸 LCD 显示器**

由于液晶显示器过于精密,也十分娇气,所以不能像普通 CRT 显示器那样允许随意更换部件。因此,无论它出现何种问题,都不要自行拆卸 LCD 显示器;一旦怀疑液晶显示器发生工作不正常的情况,一定要找专业厂商帮助解决。由于液晶背光照明组件中的 CFL 交流器在关机一定时间后依然可能带有 1000V 高压(尽管是微电流的),即使没有发生对人体的危害,可对液晶显示器而言,非专业人员如果处理不好将可能造成组件新的故障,严重时还可能导致屏幕永久性地不能工作。

**6. 其他保养技巧**

• 在移动显示器时,要将电源线和信号电缆线拔掉,而插拔电源线和信号电缆时,应先关机。

- 在调节显示器面板上的功能旋钮时,要缓慢稳妥,不可猛转硬转,以防损坏旋钮。
- 不要在显示器上堆放杂物,以免影响显示器的散热。
- 显示器显示内容如经常长时间不变,最好使用屏幕保护程序。
- 屏幕突然无显示可能是行频过低,电源电压过高显示器会发生高压保护,必须立刻关机,等过几分钟电压稳定后再开机,才能重新工作。
- 使用中,适当降低亮度减缓灯丝和荧光粉老化的速度,不宜用太高的刷新频率,以延长显示器的使用寿命。
- 不要在显示器前吸烟,香烟中的焦油物质将会对显示器涂层有伤害。
- 不要经常开关机,开关机的高电压变动对显示器的寿命有很大影响。
- 不要经常用手指触摸屏幕。

## 6.1.14　打印机的维护及故障维修

打印机是常用的输出设备,掌握对它的常用维护和维修方法是十分必要的。

**1. 针式打印机维护及维修**

1) 针式打印机的维护技巧

虽然目前市场上针式打印机的份额在不断下降,喷墨、激光打印机的占有率在急剧上升,但由于针式打印机的结构简单耐用,适合高强度打印,并且价格低廉以及它的特殊用途与独特功能,深受广大计算机用户尤其是特殊行业的青睐,它在银行、证券、保险、商务、运输以及税务等行业有着广泛的应用。与其他打印机一样,针式打印机同样需要正确的维护与保养。

- 打印机必须放在平稳、干净、防潮、无酸碱腐蚀的工作环境中,并且应远离热源、震源和避免日光直接照晒。针式打印机工作的正常温度范围是 $10\sim35℃$(温度变化会引起电气参数的较大变动),正常湿度范围是 $30\%\sim80\%$。
- 要保持清洁。定期用小刷子或吸尘器清扫机内的灰尘和纸屑,要经常用在稀释的中性洗涤剂(尽量不要使用酒精等有机溶剂)中浸泡过的软布擦拭打印机机壳,以保证良好的清洁度。
- 打印机上面请勿放置其他物品,尤其是金属物品如大头针、回行针等,以免将异物掉入针式打印机内,造成机内部件或电路板损坏。
- 针式打印机并行接口电缆线的长度不能超过 2m。各种接口连接器插头都不能带电插拔,以免烧坏打印机与主机接口元件,插拔一定要关掉主机和打印机电源,不要让打印机长时间地连续工作。
- 定期检查打印机的机械装置,检查其有无螺钉松动或脱落现象,字车导轨轴套是否磨损。输纸机构、字车和色带传动机构的运转是否灵活,若有松动、旷动或不灵活,则应分别予以紧固、更换或调整。
- 正确使用操作面板上的进纸、退纸、跳行、跳页等按钮,尽量不要用手旋转手柄。若发现走纸或小车运行困难,不要强行工作,以免损坏电路及机械部分。
- 检查打印头前面的色带保护片是否破损。若有破损会在打印过程中出现打印针刮色带或刮纸现象,最终将打印针挂断。应及时更换。

计算机硬件系统维护与故障处理

- 打印头的位置要根据纸张的厚度及时进行调整。在打印中,一般情况不要抽纸。因为在抽纸的瞬间很可能刮断打印针,造成不必要的损失。
- 针式打印机工作时,其打印头表面温度较高,不要用手随意触摸打印头表面。不要将手伸进打印机内,以免妨碍字车移动,甚至弄坏某些部件。
- 为保证打印机及人身安全,电源线要有良好的接地装置,否则在机架和逻辑地上会有100多伏的交流电压。针式打印机的电源要用 AC220±10% V、50 Hz 的双相三线制中性电,尤其要保证良好的接地,以防止静电积累和雷击烧坏打印通信口等。

2) 针式打印机的故障维修

针式打印机在使用过程中,因为各种原因,经常会出现一些故障,有些故障是由于使用过程中不注意而造成的,有些小故障自己动手即可解决。

问题一:打开打印机电源开关,打印机"嘎、嘎"响,打印机"吱、吱"报警,无法联机打印。

解决办法:这与使用环境和日常的维护有着很大的关系。如果使用的环境差、灰尘多,就会较易出现该故障。因为灰尘积在打印头移动的轴上,和润滑油混在一起,越积越多,形成较大阻力,当打开打印机电源开关时,拖动打印头移动的电机过载,打印机"嘎、嘎"响和报警,无法联机打印。所以一般情况下,打印机硬件损坏的可能性较小,只要关掉电源,用软纸把轴擦干净,再滴上缝纫机油后,反复移动打印头把脏东西都洗出擦净,最后在干净的轴上滴上机油,手移动打印头使分布均匀,开机即可正常工作。

问题二:打印出的字符缺点少横,或者机壳导电。

解决办法:这是由于打印机打印头扁平数据线磨损造成的。打印机打印头扁平数据线磨损较小时,可能打印出的字符缺点少横,会误以为打印头断针。当磨损较多时,就会在磨损部分遇机壳时"吱、吱"导电。引起该故障的原因,一般是色带框破旧,卡不牢下陷,或卡打印头扁平数据线的卡子丢失,扁平数据线浮高起来了,二者磨擦,日久磨损越来越多。解决办法很简单,更换扁平数据线即可。

**2. 喷墨打印机维护及维修**

喷墨打印机,就是通过将墨滴喷射到打印介质上来形成文字或图像。早期的喷墨打印机以及当前大幅面的喷墨打印机都是采用连续式喷墨技术,而当前市面流行的喷墨打印机都普遍采用随机喷墨技术。这两种喷墨技术在原理上是有很大差别的。

喷墨打印机如果单从打印幅面上分,可大致分为 A4 喷墨打印机、A3 喷墨打印机、A2 喷墨打印机;如果从用途上分,则可分为普通喷墨打印机、数码相片打印机和便携移动式喷墨打印机。

1) 喷墨打印机日常维护

喷墨打印机的内部结构复杂,所以出现故障的可能性和操作时的注意事项也较多。喷墨打印机的维护主要是喷墨头、墨水和墨水盒的维护。

(1) 喷头的维护

喷墨打印机的喷头由很多细小的喷嘴组成。喷嘴的尺寸与灰尘颗粒差不多。如果灰尘、细小杂物等掉进喷嘴中,喷嘴就会被阻塞而喷不出墨水,同时也容易使喷嘴面板被墨水沾污。此外,若喷嘴内有气泡残存,也会发生墨水喷射不良的现象。不同系列的打印机喷头略有差别(以下某些叙述可能不适用于某些型号),就一般的情况而言,应该做到以下几点。

- 不要将喷头从主机上拆下并单独放置,尤其是在高温低湿状态下。如果长时间另置,墨水中所含的水分会逐渐蒸发,干涸的墨水将导致喷嘴阻塞。如果喷嘴已出现阻塞,应进行清洗操作。若清洗达不到目的,则更换新的喷头。

- 避免用手指和工具碰撞喷嘴面,以防止喷嘴面损伤或杂物、油质等阻塞喷嘴。不要向喷嘴部位吹气,不要将汗、油、药品(酒精)等沾污到喷嘴上,否则墨水的成分、黏度将发生变化,造成墨水凝固阻塞。不要用面纸、镜片纸、布等擦拭喷嘴表面。
- 最好不要在打印机处于打印过程中关闭电源。先将打印机转到 OFF LINE 状态,当喷头被覆盖帽后方可关闭电源,最后拔下插头。否则对于某些型号的打印机,无法执行盖帽操作,喷嘴暴露于空气中会导致墨水干涸。

(2) 墨水盒及墨水的维护

- 墨水盒在使用之前应储于密闭的包装袋中。温度以室温为宜,太低会使盒内的墨水冻结,而如果长时间置于高温环境,墨水成分可能会发生变化。
- 不能将墨水盒放在日光直射的地方,安装墨水盒时注意避免灰尘混入墨水造成污染。对于与墨水盒分离的打印机喷头,不要用手触摸墨水盒的墨水出口,以免杂质混入。
- 为保证打印质量,墨水请使用与打印机相配的型号,墨水盒是一次性用品,用完后要更换,不能向墨水盒中注入墨水。
- 墨水具有导电性,因此应防止废弃的墨水溅到打印机的印刷电路板上,以免出现短路。如果印刷电路板上有墨水沾污,请用含酒精的纸巾擦掉。
- 不要拆开墨水盒,以免造成打印机故障。墨盒安装好后,不要再用手移动它。

(3) 喷墨打印机工作环境注意事项

- 留给喷打的工作空间要大:喷墨打印机通常有两个入纸口,无论是哪种设计,都需要占用较大的空间,否则在出纸过程中会受到阻碍,很容易出现卡纸甚至是损坏机器的现象。
- 不要让喷打与主机共享电源:如果和主机共享电源,接通电源插座的时候,喷墨打印机就会同时接通了电源,而此时假设并不想使用喷墨打印机,就会造成了白白浪费。
- 操作时不要离喷打太近:要是喷墨打印机放置得离用户过近,就很容易吸入墨水的挥发气体,长久使用下去,对人身体产生的伤害就不可忽视了。

(4) 喷墨打印机应用时的省墨技巧

- 集中打印,少开关机:因为打印机在每次开机的时候,同样会花费少量墨水来清洗打印头。
- 少开前盖:打开前盖,机器就会以为要换墨盒,并把打印头小车移动到前盖部分。而再次合上前盖,它就会以为换了墨盒,为了保证打印效果,就会进行喷头清洗,这样便又白白浪费了不少墨水。
- 清洁不可少:保持打印机的整洁,可以减少故障的发生,特别是纸托部分。

喷墨打印机要经常进行日常维护,以使打印机保持良好的工作状态。

2) 喷墨打印机的故障维修

喷墨打印机由于使用、保养、操作不当等原因经常会出现一些故障,如何解决是用户关心的问题。在此主要以爱普生生产的喷墨打印机为例,介绍一些常见故障的处理方法。

计算机硬件系统维护与故障处理

(1) 更换新墨盒后,打印机在开机时面板上的"墨尽"灯亮的处理

正常情况下,当墨水已用完时"墨尽"灯才会亮。更换新墨盒后,打印机面板上的"墨尽"灯还亮,发生这种故障,一是有可能墨盒未装好,另一种可能是在关机状态下自行拿下旧墨盒,更换上新的墨盒。因为重新更换墨盒后,打印机将对墨水输送系统进行充墨,而这一过程在关机状态下将无法进行,使得打印机无法检测到重新安装上的墨盒。另外,有些打印机对墨水容量的计量是使用打印机内部的电子计数器来进行计数的(特别是在对彩色墨水使用量的统计上),当该计数器达到一定值时,打印机判断墨水用尽。而在墨盒更换过程中,打印机将对其内部的电子计数器进行复位,从而确认安装了新的墨盒。

解决方法:打开电源,将打印头移动到墨盒更换位置。将墨盒安装好后,让打印机进行充墨,充墨过程结束后,故障排除。

(2) 喷头硬性堵头的处理

硬性堵头指的是喷头内有化学凝固物或有杂质造成的堵头,此故障的排除比较困难,必须用人工的方法来处理。首先要将喷头卸下来,将喷头浸泡在清洗液中用反抽洗加压进行清洗。洗通之后用纯净水过净清洗液,晾干之后就可以装机了。只要硬物没有对喷头电极造成损坏,清洗后的喷头还是不错的。

(3) 检测墨线正常而打印精度明显变差的处理

喷墨打印机在使用中会因使用的次数及时间的延长而打印精度逐渐变差。喷墨打印机喷头也是有寿命的。一般一只新喷头从开始使用到寿命完结,如果不出什么故障较顺利,也就是 20~40 个墨盒的用量寿命。如果打印机已使用很久,现在的打印精度变差,可以用更换墨盒的方法来试试,如果换了几个墨盒,其输出打印的结果都一样,那么这台打印机的喷头就要更换了。如果更换墨盒以后有变化,说明可能使用的墨盒中有质量较差的非原装墨水。

如果打印机是新的,打印的结果不能令人满意,经常出现打印线段不清晰、文字图形歪斜、文字图形外边界模糊、打印出墨控制同步精度差,这说明可能买到的是假墨盒或者使用的墨盒是非原装产品,应当对其立即更换。

**3. 激光打印机的维护和维修**

激光打印机是 20 世纪 60 年代末 Xerox 公司发明的,采用的是电子照相(Electro Photo Graphy)技术。该技术利用激光束扫描光鼓,通过控制激光束的开与关使传感光鼓吸与不吸墨粉,光鼓再把吸附的墨粉转印到纸上而形成打印结果。激光打印机的整个打印过程可以分为控制器处理阶段、墨影及转印阶段。

1) 激光打印机的日常维护

(1) 保持良好的使用环境

虽说目前的电脑设备对使用环境的要求已经大大地降低了,但是如果使用环境过于恶劣也会影响到设备的正常使用。

激光打印机工作时最适宜的温度是 15~25℃,相对湿度是 40%~50% 左右,当然一般情况下上下浮动 10% 左右基本上不会有什么问题,但是如果温度和湿度相差较大,可能会影响到激光打印机的正常使用,严重的话甚至会损坏设备。

和其他精密的电子设备和仪器一样,激光打印机要求电压保持稳定,如果电压不稳,应该使用稳压器,以保证打印机的正常使用。

需要指出的是激光打印机在使用时有少量的不良气体产生,这种气体虽说不会影响到打印机的使用,但是对人体的健康有一些影响,因此应该注意激光打印机在安放时其排气口不能直接吹向用户,建议在激光打印机附近放置一盆绿色植物,它会对有害的气体起到很好的过滤和吸收作用,保护人体的健康。

（2）保持激光打印机自身的清洁

保持激光打印机的清洁其实关键在于除尘,需知粉尘是几乎所有的电器设备的天敌,而对于激光打印机来说,粉尘则来自两个方面：外部和内部。

激光打印机是依靠静电原理来进行工作的,因此它自身吸附灰尘的能力非常强;而在打印时在成千上万的碳粉颗粒通过静电吸附在纸上的同时,不可避免地会有一些残留物留在机内的一些部件上。如果不能够及时地清除这些粉尘,久而久之由于激光打印机热量的作用会将这些粉尘"烧制"成坚硬的固体,从而使激光打印机发生故障,影响到激光打印机的正常使用。

（3）正确选用复印纸

选择好激光打印机用的纸张很重要。为了确保进纸顺畅,纸张必须干净而精确地裁切,最好选用静电复印纸,纸张的范围在 $60\sim105g/m^2$ 为宜,一般常使用 $70g/m^2$ 复印纸,太薄或太厚的纸张都容易造成卡纸,太厚的纸张或铜版纸不但不容易输出,而且还会迫使分离爪在热辊上多次不规则的移动,甚至使分离爪的顶尖部位刺到热辊上,损坏镀膜。

潮湿的纸张无法正确进纸,并且可能在纸张通路上倾斜或折叠,潮湿纸张上的打印质量通常很差。最好不要自己裁纸,这样裁的纸往往有毛边,纸毛在机器内聚积,会对机件造成损害,同时也可能会划伤感光鼓。纸张在使用前,不要直接放入纸盒,应将纸张打散,纸盒不要装得太满,纸张必须保持干净,不能有纸屑、灰尘或其他硬物,以免带入机内,刮伤感光鼓等部件。

（4）正确选用碳粉盒

碳粉盒是激光打印机中最常用的耗材,不同型号的激光打印机所使用的碳粉盒是不同的。所以,要选同打印机相匹配的碳粉盒,不要选用其他型号打印机的耗材,以免损坏机器。新买的碳粉盒不要随意开封,厂家为了防止碳粉盒内的碳粉受潮而结成硬块,通常都是用铝薄纸将其密封,从而延长保质期达两三年之久。所以在使用时才能将包装拆封,以免缩短碳粉盒的保存年限。在使用时最好将其摇动一下使碳粉均匀地散开。

现在的激光打印机都提供了"经济模式"功能,能够让用户使用一半的碳粉量来打印文稿。所以大家在打印草稿或要求不高的稿件时,可以用"经济模式"打印,确认达到了理想效果后再以正常的模式进行输出,这对于图像设计用户在修改比较频繁的情况下可以节省大量的碳粉。另外,现有的大部分排版软件都提供了文件预览功能,这样用户就可以在打印输出前从屏幕上调整到理想效果后,才对其进行打印,因此可以达到节省碳粉的目的。

（5）正确安装与存放硒鼓

硒鼓对激光打印机来讲非常重要,其品质与性能的好坏直接影响打印的质量。安装硒鼓时,首先要将硒鼓从包装袋中取出,摆动 $6\sim8$ 次,以使碳粉疏松并分布均匀,然后完全抽出密封条,再以硒鼓的轴心为轴转动,使墨粉在硒鼓中分布均匀,这样可以使打印质量提高。新购置的硒鼓要保存在原配的包装袋中,在常温下保存即可。切记不要让坚硬的物体磕碰到硒鼓,也不要让阳光直接曝晒硒鼓,否则会直接影响硒鼓的使用寿命。

计算机硬件系统维护与故障处理

(6) 其他正确使用事项

激光打印机的放置环境要注意通风。不能把打印机放在阳光直射、过热、潮湿或有灰尘的地方。激光打印机要在电脑启动之后打开电源,否则先开打印机的话,电脑开机会再启动一次打印机,造成额外损耗。不要触摸硒鼓或碳粉,这可能会永久地破坏硒鼓的表面并会直接影响打印质量,而碳粉对人体和环境都有一定的危害。

2) 激光打印机的故障维修

(1) 卡纸问题

卡纸故障非常常见,出现卡纸现象时,不要急躁,可以采用手工的方式,双手轻轻拽着被卡住的纸张,顺着走纸的方向,缓慢地将卡纸从打印机中取出来。在取出的过程中,应尽量先关闭打印机电源。卡纸故障原因一般是盛纸盘安装不正,软件的设置有问题也会造成卡纸,比如在软件设置中设定的是 A4 尺寸的纸张,但纸盒里却装了其他尺寸的纸张,就会发生卡纸现象。取纸辊磨损导致压力不够同样会造成卡纸。更换新的取纸辊可排除卡纸故障,如一时无法更换时,也可用缠绕橡皮筋的办法进行应急处理,从而使进纸恢复正常。另外,正确地选用打印纸,卡纸情况的发生几率也会大大降低。

(2) 无法打印问题

用户首先要确认激光打印机的电源是否打开,电源线和电源插头以及电源插座是否良好,检查激光打印机是否已处于联机状态,然后再检查激光打印机是否为系统默认的打印机设备,但有些软件会虚拟一个默认打印机设备,这时用户只要在"打印机"文件夹内进行属性的更改就可以了。如果还不行,用户应该检查一下打印机的驱动程序是否安装错误、已经损坏或丢失,也可以通过自检打印,如果不能打印出来就证明可能是打印机内部电路有损坏的部分了。

(3) 内部温度过高问题

如果打印机开机时间过长,而且打印工作量过大或散热情况不好,使得输出通道内的温度过高。当打印机温度过高时,甚至会出现纸张进入机内,打印件却出不来的情况,而电脑却显示打印完毕。这是由于打印机内温度过高,当纸张向外传送时,纸的前端被高温烫软,无法向前运动,出现这种情况时,应立即停止打印并关机,打开打印机的所有外盖,将打印机放置在通风条件良好的地方,让打印机充分散热后再工作。

(4) 打印件输出空白问题

造成这种故障的原因可能是显影辊未吸到墨粉,也可能是感光鼓未接地,由于负电荷无法向地泄放,激光束不能在感光鼓上起作用,因而鼓在纸上也就无法印出文字来。感光鼓不旋转,也不会有影像生成并传到纸上,故必须确定感光鼓能否正常转动。如果墨粉不能正常供给或激光束被挡住,也会造成白纸。因此,应检查墨粉是否用完、墨粉盒是否正确装入机内、密封胶带是否已被取掉或激光照射通道上是否有遮挡物。需要注意的是,检查时一定要将电源关断,因为激光束可能会损坏眼睛。

(5) 打印图文过淡问题

出现这种现象时,首先应观察碳粉盒内的碳粉是否过少,如果是可以取出碳粉盒并轻轻摇动使剩余的碳粉均匀分布或更换新的碳粉盒。另外,纸张比较潮湿也容易出现此类问题。如果打印纸装反或质量太差不能满足打印要求,也可能会出现这种现象,也有可能是把省碳模式打开了,这时只要通过软件包的设置来关闭省碳模式就可以了。

# 6.2 实训内容

## 6.2.1 实训项目一：硬盘维护常用软件

### 1. 实训目的与要求

(1) 掌握硬盘碎片整理及磁盘查错工具的使用。

(2) 掌握诺顿磁盘医生的使用。

(3) 掌握硬盘数据修复软件 EasyRecovery 的使用。

### 2. 实训软硬件要求

(1) 硬件要求：CPU 2.0GHz 以上；内存 256MB 以上；硬盘空间至少 200MB。

(2) 操作系统：Windows 2000 以上版本系统平台。

(3) 软件要求：诺顿磁盘医生、EasyRecovery。

### 3. 实训步骤

1) 硬盘碎片整理程序

程序启动："开始"→"控制面板"→"管理工具"→"计算机管理"→"磁盘碎片整理程序"。

对系统 C:\盘进行磁盘碎片分析，观察分析的图形，了解磁盘碎片情况。

对系统 C:\盘进行磁盘碎片整理，观察进度条的变化情况，查看碎片整理后的报告情况。

2) 磁盘查错工具程序

程序启动："我的电脑"→"系统 C:\盘"→"属性"→"工具"→"查错"→"开始检查"。

观察磁盘查错工具的运行情况，了解实训机器的硬盘使用情况。

3) 诺顿磁盘医生

安装并运行诺顿磁盘医生，对所有系统盘进行诊断，并修复错误。

运行诺顿磁盘医生，选择"选项"工具，查看并设置相关内容。

4) 硬盘数据修复软件 EasyRecovery

EasyRecovery 的功能：

(1) 硬盘故障的诊断和修复。

(2) 丢失数据的恢复。

(3) Office 文档文件修复。

(4) 损坏的 ZIP 文件修复。

(5) Outlook 邮件修复。

其中，数据恢复功能是 EasyRecovery 最主要的功能，它可以恢复因以下原因丢失的数据：

(1) 误删除的数据。

(2) 格式化或重新分区丢失的数据。

(3) 由于感染病毒造成的数据损坏和丢失。

(4) 由于断电或瞬间电流冲击造成的数据毁坏和丢失。

(5) 由于程序的非正常操作或系统故障造成的数据毁坏和丢失。

计算机硬件系统维护与故障处理

删除文件有以下两种形式。

第一种是将文件移动到回收站里面,这种删除其实只是移动了文件的位置,可以看到将文件移动到回收站内后,剩余空间大小也并没有改变,进入回收站,选择"还原"选项,就可以找回原来的文件了。

第二种是按 Shift 键的彻底删除,或者是清空回收站的删除。使用这种方式删除文件时,其实文件也并未真正被删除,文件的结构信息仍然保留在硬盘上,计算机会做一个标记,表明这个文件被删除了,可以写入新的数据了。除非新的数据将之覆盖了,否则文件就可以被恢复出来的。EasyRecovery 使用 Ontrack 公司复杂的模式识别技术找回分布在硬盘上不同地方的文件碎块,并根据统计信息对这些文件碎块进行重整。接着 EasyRecovery 在内存中建立一个虚拟的文件系统并列出所有的文件和目录。哪怕整个分区都不可见或者硬盘上也只有非常少的分区维护信息,它仍然可以高质量地找回文件。

能用 EasyRecovery 找回数据的前提就是硬盘中还保留有文件的信息和数据块。但在删除文件、格式化硬盘等操作后,再在对应分区内写入大量新信息时,这些需要恢复的数据就很有可能被覆盖了。这时,无论如何都是找不回想要的数据了。所以,为了提高数据的修复率,就不要再对要修复的分区或硬盘进行新的读/写操作,如果要修复的分区恰恰是系统启动分区,那就马上退出系统,用另外一个硬盘来启动系统。然后在运行 EasyRecovery 进行修复。安装并运行,如图 6-4 所示。

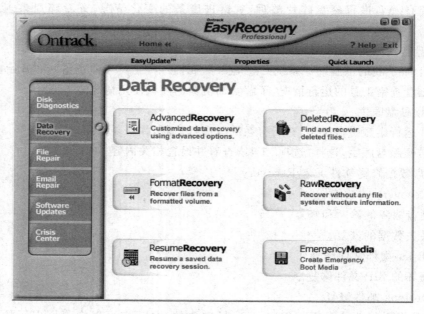

图 6-4　EasyRecovery

(1) 将 D 盘下的任选文件夹及文件复制到 E 盘下,以 E 盘为本次实训对象。

(2) 将 E 盘中的所有文件全部彻底删除(Shift+Del)。

启动 EasyRecovery,选择 Data Recovery 选项中的 DeletedRecovery 选项,选择我的电脑 E 盘,设置要寻找的文件类型(这里选择所有文件),经过一段时间地扫描,程序会找到已被删除的数据。在新出现的界面中,左边窗口中是找到的文件夹。因为想恢复的是已被删除了的文件夹 Tencent，于是在 Tencent 前打了钩，如果只想恢复某个文件而不是文件夹，就需要单击文件夹前的加号展开这个文件夹（就像用 Windows 的资源管理器一样），然后在窗口右边选择要恢复的具体文件。选中要恢复的目标后单击 next 按钮。

接下来的就是选择备份盘的窗口，将想要恢复的数据备份到硬盘，也可以选择放置在文件夹，或者备份到一个 FTP 服务器上，还可以将数据统统备份到一个 ZIP 压缩包内。左下方的"恢复文件信息"会提示恢复文件的数量和大小。不要将这些要恢复的数据放在被删除文件的盘内，比如：恢复 C 盘的数据，那么恢复出来的数据就不要放在 C 盘，否则很可能发生错误，导致恢复失败，或者数据不能完全被恢复。做好选择后，单击 next 按钮。接下来程序就会恢复数据了。恢复完毕后，就可以到相应的盘内找到数据了。

（3）找回被格式化盘中的数据（将系统 E 盘复制文件后，格式化）。

运行软件，选择左边的 Data Recovery 后选中后边的 FormatRecovery 选项。软件会先扫描一下硬盘，稍等片刻。扫描完成后选择被格式化的分区，单击 next 按钮。程序会判断硬盘区块的大小，然后就会扫描要恢复的文件，时间比较长，是根据要恢复数据的分区大小来决定的。

扫描结束后，列出丢失文件的列表，并且都放在 LOSTFILE 目录下，在前面的小方框内打上钩，恢复所有找到的文件。也可以用鼠标左键单击 LOSTFILE 前面的＋号，显示列表，然后从中选取要恢复的文件。选择完成后，单击 next 按钮。

接下来的就是选择备份盘的窗口，和恢复误删除数据一样，备份盘不要选择要恢复数据的盘，单击 next 按钮，恢复完毕后，在相应盘内就可以看到恢复出来的数据了。

（4）以系统 E 盘为操作对象，练习其他功能选项。

## 6.2.2 实训项目二：虚拟光驱 Alcohol 120％ 的使用

### 1. 实训目的与要求

（1）掌握虚拟光驱的原理。

（2）掌握虚拟光驱的使用方法。

（3）能够熟练地运用虚拟光驱。

### 2. 实训软硬件要求

（1）硬件要求：CPU 2.0GHz 以上；内存 256MB 以上；硬盘空间至少 200MB。

（2）操作系统：Windows 2000 以上版本系统平台。

（3）软件要求：Alcohol 120％。

### 3. 实训步骤

Alcohol 120％俗称"酒精 120"。Alcohol 120％是原来 Fantom CD 的作者独立开发的一套功能非常强大的光盘刻录软件。这套软件目前非常强大，其功能比起 Fantom CD 简直有过之而无不及，界面更加友好，程序更加精炼，操作也更加方便。

Alcohol 120％ 是一套结合光盘虚拟和刻录工具的软件，相对来说 Alcohol 120％为用户在光盘镜像刻录和虚拟之间的应用上提供一个比较完整的解决方案，它不仅能完整地模拟原始光盘片，而且它还可用 RAM 模式执行 1∶1 的读取和刻录并忠实地将光盘备份或以光盘镜像文件方式存储在硬盘上（连防拷保护的光盘也能正常制作镜像文件及刻录到光盘），支持直接读取及刻录各种光盘镜像文件，不必将光盘镜像文件刻录出来便可以使用

Alcohol 120%光驱模拟功能运行光盘镜像文件(支持 AudioCD、VideoCD、PhotoCD、Mixed Mode CD、CD Extra、Data CD、CD+G、DVD (Data)、DVD-Video 多种类型的光盘),可直接读取和运行光盘内的文件和程序,比实际光驱更加强大。

另外 Alcohol 120%最大的特点就是可以支持多家刻录软件的多种镜像文件格式,可以直接将不同类型格式的光盘镜像刻录至空白 CD-R/CD-RW/DVD-R/DVD-RW/DVD-RAM/DVD+RW 之中,而不必通过其他刻录软件,方便光盘及镜像文件的管理,简单又实用。

1) 镜像文件载入

安装完 Alcohol 120%后打开,会发现多了个光驱,这就是虚拟光驱了,然后单击鼠标右键就会出现选项,选择载入镜像。将镜像文件加载到虚拟光驱后,就可以像使用物理光驱一样使用虚拟光驱了。

2) 镜像文件制作

把要制作镜像文件的源光盘放进光驱,运行 Alcohol 120%,在程序主界面上单击左边"主要功能"菜单栏上的"镜像制作向导"菜单选项,打开"Alcohol 120%镜像制作向导"。

3) 镜像文件烧录

在 Alcohol 120%其主界面的"镜像管理区"中,除了可以将选定的镜像文件插入到模拟光驱中使用外,还可以修改镜像文件名称,以便记忆,并可以在这里直接烧录镜像文件。

在"镜像管理区"中用鼠标右键单击需要烧录的镜像文件,在其弹出的菜单列表中选择"镜像烧刻向导",启动 Alcohol 120%的镜像烧录向导程序。

4) 光盘快速复制

把要复制的源光盘放入到光驱并把空白刻录光盘放进刻录机,启动 Alcohol 120%程序,单击左边"主要功能"栏上的"光盘复制向导"菜单选项,运行 Alcohol 120%的光盘复制向导程序,打开"光碟复制向导"程序。

## 6.2.3 实训项目三：系统测试软件应用

### 1. 实训目的与要求

(1) 掌握 CPU-Z 的使用,了解测试数据的含义。

(2) 掌握 3DMark 05 的使用,了解测试数据的含义。

(3) 掌握 SiSoftware Sandra 的使用,了解测试数据的含义。

### 2. 实训软硬件要求

(1) 硬件要求：CPU 2.0GHz 以上；内存 512MB 以上；硬盘空间至少 500MB。

(2) 操作系统：Windows 2000 或 Windows XP 系统平台。

(3) 软件要求：CPU-Z、3DMark 11、SiSoftware Sandra。

### 3. 实训步骤

1) CPU-Z 测试 CPU 性能

CPU-Z 是一款免费的系统检测工具,可以检测 CPU、主板、内存、系统等各种硬件设备的信息。它可以测出 CPU 实际的 FSB 频率和倍频,对于超频使用的 CPU 可以非常准确地进行判断。

运行软件,仔细查看软件测试的各项数据并做记录。

2）3DMark 11 测试显卡性能

要衡量不同显卡之间的性能,必须有统一的测试标准。这个标准就是由第三方发布的软件。3DMark 系列可以说是显卡测试软件中的王者,3DMark 2001 更是被誉为显卡测试软件中的经典,版本越新其对机器配置的要求越高,用户根据自己电脑的情况选择相应的版本。3DMark 11 的推荐配置如下:CPU,2GHz;内存,512MB;显存,128MB。安装 3DMark 11 过程中会提示输入注册码,不输入同样可以正常使用软件,不过不能定制测试项目,只能按照软件默认的项目进行测试。

运行 3DMark 05 软件,了解软件的测试项目,并记录实训微机的测试数据。

3）SiSoftware Sandra 测试整机性能

SiSoftware Sandra(the System Analyzer Diagnostic and Reporting Assistant)是公认权威的系统分析评测工具,自首版 1995 年诞生至今已走过了 10 余年的发展历程,拥有超过 30 种以上的基准测试项目。它可对 CPU、主板、内存、硬盘、光储、SCSI 设备、APM/ACPI 设备、鼠标、键盘、网络等硬件进行基准理论对比测试,通过内置数据库对比直观了解当前配置是否的性能定位;还可为不同需要的用户提供专业全面的配置优化建议。

SiSoftware Sandra 2007 同时支持 Win32 x86、Win32 x64、WinCE ARM 三种平台,支持语言包括英语、德语、法语、意大利语、荷兰语和俄罗斯语等。

运行 SiSoftware Sandra 软件,了解软件的测试项目,并记录实训微机的测试数据。

# 6.3  相 关 资 源

[1] 韩文礼. 新编计算机硬件及维护实用教程. 成都:电子科技大学出版社,2004.

[2] 沈大林. 计算机硬件组装与维护. 北京:中国铁道出版社,2007.

[3] 阳光雨露信息技术服务北京有限公司. 计算机硬件维护技术(CompTIA 系列教材). 北京:化学工业出版社,2006.

[4] 电脑之家. http://www.pchome.net/.

[5] 天极网硬件频道. http://diy.yesky.com/.

[6] 电脑维修之家. http://www.dnwx.com/youhua/.

# 6.4  思考与练习

1. 日常使用过程中,对计算机使用环境的要求有哪些?

2. 如何检测计算机硬件故障?

3. 主板常见故障有哪些?应如何处理?

4. 内存常见故障有哪些?应如何处理?

5. 如何对硬盘进行维护?如何修复硬盘的逻辑坏道?

6. 当硬盘出现物理坏道时应该如何处理?

7. 日常使用中,对显示器如何进行维护?

8. 日常使用中,喷墨打印机的喷头和墨水如何维护?

9. 日常使用中,对计算机硬盘维护的常用软件有哪些?

计算机硬件系统维护与故障处理

# 第7章 计算机软件系统的故障处理及维护

## 7.1 实训预备知识

分析常见的软件系统故障及信息安全的相关知识,同时介绍实用的软件系统维护方法。

### 7.1.1 软件故障处理

#### 7.1.1.1 Windows 系统故障与恢复

**1. Windows 系统典型故障**

系统的蓝屏现象主要出现在 NT 内核的操作系统中,比如 Win2K/WinXP 等,为什么会出现蓝屏的现象呢? 它是怎样产生的呢? 我们可以通过下面这个形象的比喻来理解 Windows 的运行规范和蓝屏起因。

产品制造工厂:整个电脑(包含操作系统、硬件和软件);

厂领导:内核层;

生产小组:用户层(软件、驱动程序);

值班员:Dr. Watson;

保卫员:KeDugCheck。

平时产品制造厂运行得有序而高效,每个生产小组加班加点制造各种用途的产品,工厂里有个极为严格的规定,那就是不管要用什么装配零件,都必须经过直接控制所有零件的厂领导(具有高特许级别,可以直接访问所有硬件和内存)的批准,之后才能到仓库中提取相应零件,而生产小组只负责生产(只拥有较低权限,不能直接访问硬件和有限地利用内存)。

有一天,A 生产小组没有经过厂领导批准,偷偷跑到仓库里面想拿一个装配零件,但马上被年年评为先进的值班员 Dr. Watson 发现了,于是 Dr. Watson 立即通知厂领导,这个生产小组的工作马上被停止,而且还在厂宣传栏上贴出一个告示:XXX 生产小组出现了错误,厂领导决定马上将其关闭、整顿,并会产生记录在案,以观后效。

但 A 生产小组的错误似乎没有引起大家的注意。一天,D 生产小组居然闯入仓库哄抢装配零件,为了防止零件资源失控,产生更严重的混乱,厂领导立即决定停止整个工厂的工作,并命令保卫科对所有生产小组进行全面检查,保卫科在检查后为厂领导提交了一份用[color=blue]蓝色纸写的报告,这个报告主要分成三部分:故障检查信息、推荐操作、调试端口信息。

1）故障检查信息

```
*** STOP 0x0000001E(0xC0000005,0xFDE38AF9,0x0000001,0x7E8B0EB4)
KMODE_EXCEPTION_NOT_HANDLED ***
```

其中错误的第一部分是停机码（Stop Code）也就是 STOP 0x0000001E，用于识别已发生错误的类型，错误第二部分是被括号括起来的 4 个数字集，表示随机的开发人员定义的参数（这个参数对于普通用户根本无法理解，只有驱动程序编写者或者微软操作系统的开发人员才懂）。第三部分是错误名。信息第一行通常用来识别生产错误的驱动程序或者设备。这种信息多数很简洁，但停机码可以作为搜索项在微软知识库和其他技术资料中使用。

2）推荐操作

蓝屏第二部分是推荐用户进行的操作信息。有时，推荐的操作仅仅是一般性的建议（比如：到销售商网站查找 BIOS 的更新等）；有时，也就是显示一条与当前问题相关的提示。一般来说，唯一的建议就是重启。

3）调试端口信息

告诉用户内存转储映像是否写到磁盘上了，使用内存转储映像可以确定发生问题的性质，还会告诉用户调试信息是否被传到另一台电脑上，以及使用了什么端口完成这次通信。不过，这里的信息对于普通用户来说，没有什么意义。有时保卫科可以顺利地查到是哪个生产小组的问题，会在第一部分明确报告是哪个文件犯的错，但常常它也只能查个大概范围，而无法明确指明问题所在。由于工厂全面被迫停止，只有重新整顿开工，有时，那个生产小组会意识到错误，不再重犯。但有时仍然会试图哄抢零件，于是厂领导不得不重复停工决定（不能启动并显示蓝屏信息，或在进行相同操作时再次出现蓝屏）。

4）出现蓝屏后的 9 个常规解决方案

Windows 2K/XP 蓝屏信息非常多，无法在一篇文章中全面讲解，但它们产生的原因往往集中在不兼容的硬件和驱动程序、有问题的软件、病毒等，因此首先为大家提供了一些常规的解决方案，在遇到蓝屏错误时，应先对照这些方案进行排除。

（1）重启

有时只是某个程序或驱动程序一时犯错，重启后它们会恢复正常。

（2）新硬件

首先，应该检查新硬件是否插牢，这个被许多人忽视的问题往往会引发许多莫名其妙的故障。如果确认没有问题，将其拔下，然后换个插槽试试，并安装最新的驱动程序。同时还应对照微软网站的硬件兼容类别检查一下硬件是否与操作系统兼容。如果硬件没有在表中，那么就需要到硬件厂商网站进行查询，或者拨打他们的咨询电话。

Windows XP 的硬件兼容列表：

http://support.microsoft.com/default.aspx?scid=kb;zh-cn;314062

Windows 2K 的硬件兼容类别：

http://winqual.microsoft.com/download/display.asp?FileName=hcl/Win2000HCL.txt

计算机软件系统的故障处理及维护

(3) 新驱动和新服务

如果刚安装完某个硬件的新驱动,或安装了某个软件,而它又在系统服务中添加了相应的项目(比如杀毒软件、CPU 降温软件、防火墙软件等),在重启或使用中出现了蓝屏故障,请到安全模式中卸载或禁用它们。

(4) 检查病毒

比如冲击波和振荡波等病毒有时会导致 Windows 蓝屏死机,因此查杀病毒必不可少。同时一些木马间谍软件也会引发蓝屏,所以最好再用相关工具进行扫描检查。

(5) 检查 BIOS 和硬件兼容性

对于新装的电脑经常出现蓝屏问题,应该检查并升级 BIOS 到最新版本,同时关闭其中的内存相关项,比如缓存和映射。另外,还应该对照微软的硬件兼容列表检查自己的硬件。还有就是,如果主板 BIOS 无法支持大容量硬盘也会导致蓝屏,需要对其进行升级。

小提示:

BIOS 的缓存和映射项如下。

Video BIOS Shadowing (视频 BIOS 映射);

Shadowing address ranges(映射地址列);

System BIOS Cacheable(系统 BIOS 缓冲);

Video BIOS Cacheable(视频 BIOS 缓冲);

Video RAM Cacheable(视频内存缓冲)。

(6) 检查系统日志

在"开始"菜单中输入:EventVwr. msc,按 Enter 键出现"事件查看器",注意检查其中的"系统日志"和"应用程序日志"中标明"错误"的项。

(7) 查询停机码

把蓝屏中密密麻麻的英文记下来,接着到其他电脑中上网,进入微软帮助与支持网站 http://support.microsoft.com,在左上角的"搜索(知识库)"中输入停机码,如果搜索结果没有适合信息,可以选择"英文知识库"再搜索一遍。一般情况下,会在这里找到有用的解决案例。另外,在 baidu、Google 等搜索引擎中使用蓝屏的停机码或者后面的说明文字为关键词搜索,往往也会有意外的收获。

(8) 最后一次正确配置

一般情况下,蓝屏都出现于更新了硬件驱动或新加硬件并安装其驱动后,这时 Windows 2K/XP 提供的"最后一次正确配置"选项就是解决蓝屏的快捷方式。重启系统,在出现启动菜单时按下 F8 键就会出现"高级启动"选项菜单,接着选择"最后一次正确配置"选项。

(9) 安装最新的系统补丁和 Service Pack

有些蓝屏是 Windows 本身存在的缺陷造成的,因此可通过安装最新的系统补丁和 Service Pack 来解决。

**2. 中断冲突问题**

如果在给计算机安装新的设备、板卡时,计算机出现死机的情况,这很可能是设备之间产生的冲突,只要重新设置一下中断即可。那么什么是中断呢? 中断冲突又如何解决呢? 如何防止中断冲突?

(1) 中断的含义

虽然从 Windows 98 操作系统起,已经有了 PnP(即插即用)功能,但是中断冲突仍然是不可避免的,其中最为容易发生冲突的就是 IRQ、DMA 和 I/O。下面首先了解一下 IRQ、DMA 和 I/O 的概念。

① IRQ(Interrupt Ruquest)。IRQ 即中断请求线。计算机中有许多设备(例如声卡、硬盘等)都能在 CPU 介入的情况下完成一定的工作。但是这些设备还是需要定期中断 CPU,让 CPU 为其做一些特定的工作的。如果这些设备要中断 CPU 的运行,就必须在中断请求线上把 CPU 中断的信号发给 CPU。所以每个设备只能使用自己独立的中断请求线。一般来说在 80286 以上计算机中,共有 16 个中断请求线与各种需要用中断的不同外设相连接。每个中断线有一个标号,也就是中断号,中断号的分配情况如表 7-1 所示。

表 7-1  中断号分配表

| IRQ | 说　　明 | IRQ | 说　　明 |
| --- | --- | --- | --- |
| 0 | 定时器 | 9 | PC 网络 |
| 1 | 键盘 | 10 | 可用(Available) |
| 2 | 串行设备控制器 | 11 | 可用(Available) |
| 3 | COM2 | 12 | PS/2 鼠标 |
| 4 | COM1 | 13 | 数学协处理器 |
| 5 | LPT2 | 14 | 硬盘控制器 |
| 6 | 软盘控制器 | 15 | 可用(Available) |
| 7 | LPT1 | NM1 | 奇偶校验 |
| 8 | 实时时钟 | | |

② DMA(Direct Memory Address)。即直接内存访问。计算机与外设之间的联系一般通过两种方法:一是通过 CPU 控制来进行数据的传送;二是在专门的芯片控制下进行数据的传送。人们所说的 DMA,就是不用 CPU 控制,外设同内存之间相互传送数据的通道,在这种方式下,外设利用 DMA 通道直接将数据写入存储器或将数据从存储器中读出,而不用 CPU 参与,系统的速度会大大增加。DMA 通道分配情况如表 7-2 所示。

表 7-2  DMA 通道分配表

| DMA 通道 | 说　　明 | DMA 通道 | 说　　明 |
| --- | --- | --- | --- |
| DMA 0 | 可用(Available) | DMA 4 | DMA 控制器 |
| DMA 1 | EPC 打印口 | DMA 5 | 可用(Available) |
| DMA 2 | 软盘控制器 | DMA 6 | 可用(Available) |
| DMA 3 | 8 位数据传送 | DMA 7 | 可用(Available) |

③ I/O(Interput/Output)。即输入输出端口,也就是计算机配件与 CPU 连接的接口。每个端口都有自己唯一的一个端口号,这个端口号称为地址。每一个想和 CPU 通信的外设或配件都有不同的 I/O 地址,通常在 PC 内部一共有 1024 个地址。

(2) 中断冲突的解决

在基本了解 IRQ、DMA、I/O 的概念后,下面讲解如何解决常见的中断冲突问题。

209

第 7 章

众所周知,现在的 Windows 系统已经运用 PnP 技术,它可以将中断进行自动分配,这种"即插即用"的功能可以说是大大简化了用户的操作。不过任何事情都有好与不好两方面,这种 PnP 技术也有它的弱点。那就是如果不能识别出要安装的新设备,那么自动分配中断时就会产生冲突。现在新的硬件产品层出不穷,各种产品又相互兼容,功能相似,这就导致了 Windows 系统常常不能正确检测出新设备,中断冲突也就不可避免了。

知道了冲突产生的原因,下面就具体讲解 Windows 系统下中断冲突的解决方法。首先要知道系统中冲突的设备,做法是在控制面板中双击"系统"图标,查看设备管理器中的各设备。一般有"?"和"!"记号的设备是有问题的设备。解决方法分以下两步做。

第一:单击"开始"按钮,在弹出的菜单中选择"设置"子菜单的"控制面板"选项,然后双击"系统"图标。打开"系统属性"对话框。单击"设备管理器"选项卡,再单击"其他设备"选项。先删去有"?"和"!"的设备,然后重新启动,让计算机再识别一遍这些设备。这样做是因为部分有"?"和"!"的设备可能是驱动程序安装有错误,再重装一遍即可解决问题。

第二:如果完成上一步后仍不能解决问题,那很可能是中断冲突了,则只能通过手动调整来解决中断冲突:

① 在"设备管理器"选项卡上,双击该设备,打开"设备属性"对话框。

② 单击"资源"选项卡,查看"冲突的设备列表"框的内容,确定哪些资源设备与其他设备冲突。

③ 在"资源类型"和"设置"的资源设置列表下,双击与其他资源发生冲突的设置的图标。打开一个"编辑输入输出范围"设置框。或出现只有清除"使用自动设置"复选框后才能更改资源设置的信息,单击"确定"按钮,然后在"设备管理器"选项卡上,单击清除"使用自动设置"复选框,然后再次双击设置旁的图标。

④ 滚动可用资源设置并查看"冲突信息"下每一个设置。

⑤ 如果发现某一设置与某个设备并不冲突,则保留"值"框中的所选设置,单击"确定"按钮,然后重新启动计算机即可。

(3) 如何防止中断冲突

要防止中断冲突,其实就是要知道什么设备容易产生中断冲突,只要知道了这点,在使用这些设备时要稍微注意一下就可以了。下面列出一些容易冲突的设备,大家可以参考。

- 声卡。一些早期的 ISA 型声卡,系统很有可能不认,就需要用户手动设置(一般为5)。
- 内置调制解调器和鼠标。一般鼠标用 COM1,内置调制解调器使用 COM2 的中断(一般为3),这时要注意此时 COM2 上不应有的其他设备。
- 网卡和鼠标。此问题一般发生在鼠标 COM1 口,使用中断为3,这时要注意通常网卡的默认中断为3,两者极有可能发生冲突。
- 打印机和 EPP 扫描仪。在安装扫描仪驱动程序时应将打印机打开,因为两个设备串联,所以为了防止以后扫描仪驱动程序设置有误,一定要将打印机打开再安装扫描仪驱动程序。
- 操作系统和 BIOS。如果计算机使用了"即插即用"操作系统(例如 Windows 98),应将 BIOS 中 PnP OS Installed 设置为 Yes,这样可让操作系统重新设置中断。
- PS/2 鼠标和 BIOS。在使用 PS/2 鼠标时应将 BIOS 中 PS/2 Mouse Function Control 打开或设置为 Auto,只有这样 BIOS 才能将 IRQ12 分配给 PS/2 鼠标用。

**3. IE 故障问题**

在网络技术如此发达的今天,上网冲浪不仅成为人们重要的休闲娱乐方式,也成为大家获取信息、搜索数据的重要途径和方法。特别是微软的浏览器软件 IE,已经成为绝大多数上网冲浪者浏览网页的首选软件。但相信大家在使用 IE 时,一定遇到过诸如 IE 内部错误、IE 无反应等各式各样的 IE 问题,那么这一节,我们将针对常见的 IE 故障问题,做一些简单的介绍。

常见的 IE 故障问题如下。

(1) 发送错误报告

"故障现象"在使用 IE 浏览网页的过程中,出现"Microsoft Internet Explorer 遇到问题需要关闭"的信息提示。此时,如果单击"发送错误报告"按钮,则会创建错误报告,单击"关闭"按钮之后会引起当前 IE 窗口关闭;如果单击"不发送"按钮,则会关闭所有 IE 窗口。

"故障点评"这是 IE 为了解用户在使用中的错误而设计的一个小程序。

"故障解决"针对不同情况,可分别用以下方法关闭 IE 发送错误报告功能。

① 对 IE 5.x 用户,执行"控制面板"→"添加或删除程序",在列表中选择 Internet Explorer Error Reporting 选项,然后单击"更改/删除"按钮,将其从系统中删除。

② 对 Windows 9x/Me/NT/2000 下的 IE 6.0 用户,则可打开"注册表编辑器",找到 HKEY_LOCAL_MACHINE\Software\Microsoft\Internet Explorer\Main,在右侧窗格创建名为 IEWatsonEnabled 的 DWORD 双字节值,并将其赋值为 0。

③ 对 Windows XP 的 IE 6.0 用户,执行"控制面板"→"系统",切换到"高级"选项卡,单击"错误报告"按钮,选中"禁用错误报告"选项,并选中"但在发生严重错误时通知我",最后单击"确定"按钮。

(2) IE 发生内部错误时窗口被关闭

"故障现象"在使用 IE 浏览一些网页时,出现错误提示对话框"该程序执行了非法操作,即将关闭",单击"确定"按钮后又弹出一个对话框,提示"发生内部错误"。单击"确定"按钮后,所有打开的 IE 窗口都被关闭。

"故障点评"该错误产生原因多种多样,内存资源占用过多、IE 安全级别设置与浏览的网站不匹配、与其他软件发生冲突、浏览网站本身含有错误代码……,这些情况都有可能,需要耐心加以解决。

"故障解决"

① 关闭过多的 IE 窗口。如果在运行需占大量内存的程序,建议 IE 窗口打开数不要超过 5 个。

② 降低 IE 安全级别。执行"工具"→"Internet 选项"菜单,选择"安全"选项卡,单击"默认级别"按钮,拖动滑块降低默认的安全级别。

③ 将 IE 升级到最新版本。IE 6.0 下载地址:http://download.sina.com.cn/cgi-bin/detail.cgi?s_id=6041。IE 6.0 SP1 下载地址:download.microsoft.com。可使用以 IE 为核心的浏览器,如 MyIE2。它占用系统资源相对要少,而且当浏览器发生故障关闭后,下次启动它,会有"是否打开上次发生错误时的页面"的提示,尽可能地帮你挽回损失。下载地址:http://download.sina.com.cn/cgi-bin/detail.cgi?s_id=8012。

计算机软件系统的故障处理及维护

（3）出现运行错误

"故障现象"用 IE 浏览网页时弹出"出现运行错误,是否纠正错误"对话框,单击"否"按钮后,可以继续上网浏览。

"故障点评"可能是所浏览网站本身的问题,也可能是由于 IE 对某些脚本不支持。

"故障解决"

① 启动 IE,执行"工具"→"Internet 选项"菜单,选择"高级"选项卡,选中"禁止脚本调试"复选框,最后单击"确定"按钮即可。

② 将 IE 浏览器升级到最新版本。

（4）IE 窗口始终最小化的问题

"故障现象"每次打开的新窗口都是最小化窗口,即便单击"最大化"按钮后,下次启动 IE 后新窗口仍旧是最小化的。

"故障点评"IE 具有"自动记忆功能",它能保存上一次关闭窗口后的状态参数,IE 本身没有提供相关设置选项,不过可以借助修改注册表来实现。

"故障解决"

① 打开"注册表编辑器",找到 HKEY_CURRENT_USER \ Software \ Microsoft \ Internet Explorer\Desktop\Old WorkAreas,然后选中窗口右侧的 OldWorkAreaRects,将其删除。

② 同样在"注册表编辑器"中找到 HKEY_CURRENT_USER\Software\Microsoft\Internet Explorer\Main,选择窗口右侧的 Window_Placement,将其删除。

③ 退出"注册表编辑器",重启电脑,然后打开 IE,将其窗口最大化,并单击"往下还原"按钮将窗口还原,接着再次单击"最大化"按钮,最后关闭 IE 窗口。以后重新打开 IE 时,窗口就正常了!

（5）IE 无法打开新窗口

"故障现象"在浏览网页过程中,单击超级链接无任何反应。

"故障点评"多半是因为 IE 新建窗口模块被破坏所致。

"故障解决"单击"开始"→"运行",依次运行 regsvr32 actxprxy. dll 和 regsvr32 shdocvw. dll 将这两个 DLL 文件注册,然后重启系统。如果还不行,则可以将 mshtml. dll、urlmon. dll、msjava. dll、browseui. dll、oleaut32. dll、shell32. dll 也注册一下。

（6）联网状态下浏览器无法打开某些站点

"故障现象"上网后,在浏览某些站点时遇到各种不同的连接错误。

"故障点评"这种错误一般是由于网站发生故障或者没有浏览权限所引起的。

"故障解决"针对不同的连接错误,IE 会给出不同的错误信息提示,比较常见的有以下几个。

① 提示信息:404 NOT FOUND 这是最为常见的 IE 错误信息。主要是因为 IE 不能找到用户所要求的网页文件,该文件可能根本不存在或者已经被转移到了其他地方。

② 提示信息:403 FORBIDDEN 常见于需要注册的网站。一般情况下,可以通过在网上即时注册来解决该问题,但有一些完全"封闭"的网站还是不能访问的。

③ 提示信息:500 SERVER ERROR 通常由于所访问的网页程序设计错误或者数据库错误而引起,只有等待对方网页纠正错误后再浏览了。

（7）IE 无法重新安装

"故障现象"IE 不能正常使用，在重装时却提示"发现系统中有该版本的 IE"而拒绝安装；"添加或删除程序"中又没有卸载选项。

"故障点评""重装"是解决 IE 故障的"终极大法"，也是初级用户的法宝。

"故障解决"

① 对 IE 5.0 的重装可按以下步骤进行。

第一步：打开"注册表编辑器"，找到 HKEY_LOCAL_MACHINE\Software\Microsoft\Internet Explorer，单击其下的 Version Vector 键。

第二步：在右侧窗格中双击 IE 子键，将原来的"5.0002"改为"4.0"，单击"确定"按钮后退出"注册表编辑器"。

第三步：重启后，就可以重装 IE 5.0 了。

② IE 6.0 的重装有以下两种方法。

方法 1：打开"注册表编辑器"，找到 HKEY_LOCAL_MACHINE\Software\Microsoft\Active Setup\Installed Components\{89820200-ECBD-11cf-8B85-00AA005B4383}，将 IsInstalled 的 DWORD 值改为 0 就可以了。

方法 2：放入 Windows XP 安装盘，在"开始"→"运行"窗口输入 rundll32.exe setupapi, InstallHinfSection DefaultInstall 132 %windir%\inf\ie.inf。

**4. Windows 系统启动及恢复问题**

Windows 系统作为目前应用最广泛的操作系统，也是软件系统中最大的一个系统软件。本文以最新的 Windows 7 系统为例，来看一下 Windows 系统的启动过程以及在发生系统崩溃后，如何进行系统的恢复。

1）Windows 7 的系统启动过程

按下计算机开关启动计算机，登录到桌面完成启动，一共经过了以下几个阶段。

（1）启动自检阶段

这个阶段主要是读取 BIOS，然后对内存、CPU、硬盘、键盘等设备进行自检。这个阶段在屏幕上显示的就是自检的那些打印信息。

屏幕显示：自检的打印信息，如图 7-1 所示。

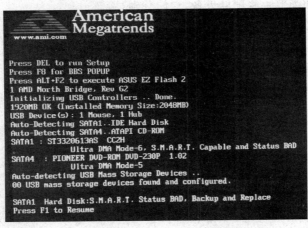

图　7-1

第 7 章

计算机软件系统的故障处理及维护

(2) 初始化启动阶段

这个阶段根据 BIOS 指定的启动顺序,找到可以启动的优先启动设备,比如本地磁盘、CD Driver、USB 设备等,然后准备从这些设备启动系统。

屏幕显示:黑屏。

(3) Boot 加载阶段

这个阶段首先从启动分区(比如 C 盘)加载 Ntldr,然后 Ntldr 做如下设置。

① 内置内存模式,如果是 x86 的处理器,并且操作系统是 32 位的,则设置为 32-bit flat memory mode,如果是 64 位操作系统 + 64 位处理器,则设置为 64 位内存模式。

② 启动文件系统。

③ 读取 boot.ini 文件。

屏幕显示:黑屏,如果按 F8 键或者多系统时会显示启动选项菜单,如图 7-2 所示。

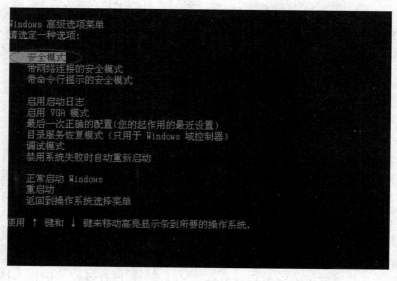

图 7-2

(4) 检测和配置硬件阶段

这个阶段检查和配置一些硬件设备,它们分别是:

• 系统固件,比如时间和日期;

• 总线和适配器;

• 显示适配器;

• 键盘;

• 通信端口;

• 磁盘;

• 软盘;

• 输入设备(如鼠标);

• 并口;

• 在 ISA 总线上运行的设备。

屏幕显示:黑屏。

（5）内核加载阶段

在内核加载阶段，Ntldr 将首先加载 Windows 内核 Ntoskrnl.exe 和 硬件抽象层（HAL）。HAL 有点类似于嵌入式操作系统下的 BSP(Borad Support Package)，这个抽象层对硬件底层的特性进行隔离，对操作系统提供统一的调用接口，操作系统移植到不同硬件时只要改变相应的 HAL 就可以，其他内核组件不需要修改，这个是操作系统通常的设计模式。

接下来 Ntldr 从 HKEY_LOCAL_ MACHINE\SYSTEM\CurrentControlSet 下读取这台机器安装的驱动程序，然后依次加载驱动程序。

驱动程序加载完成后，Windows 做如下设置。

① 创建系统环境变量；

② 启动 win32.sys，这个是 Windows 子系统的内核模式部分；

③ 启动 csrss.exe，这个是 Windows 子系统的用户模式部分；

④ 启动 winlogon.exe；

⑤ 创建虚拟内存页面文件；

⑥ 对一些必要的文件进行改名（主要是驱动文件，如果更新后，需要在下次重启前改名）。

屏幕显示：Windows logo 界面和进度条，如图 7-3 所示。

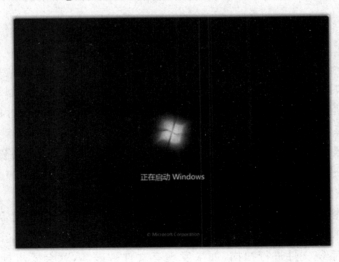

图　7-3

（6）登录阶段

这个阶段会做如下几件事：

① 启动机器上安装的所有需要自动启动的 Windows 服务；

② 启动本地安全认证 Lsass.exe；

③ 显示登录界面。

屏幕显示：登录界面，如图 7-4 所示。

2）Windows 系统崩溃及其恢复

Windows 系统时常容易因为各种原因发生蓝屏或者死机的现象，从而引起操作系统的

计算机软件系统的故障处理及维护

崩溃。一旦发生系统崩溃,轻则系统被破坏,无法正常使用,并导致数据文件丢失;重则完全无法进入系统,所有数据资料付之一炬。因此,在发生系统崩溃时,最重要的是找准原因,对症用药,并掌握最常用和实用的恢复及处理方法,争取把损失降到最低。下面列举了一些常见的系统恢复及处理方法,都是比较容易掌握和学习的。

图 7-4

(1) 最后一次正确的配置

很多系统故障与硬件的驱动程序有关,有时一个新版本的驱动看似能够提高性能,但实际安装到系统中时反而有可能造成系统兼容性问题,更新驱动之后系统无法正常进入Windows 的情况很常见。"最后一次正确的配置"就是专为这种情况设计的,当因新装驱动或系统配置造成系统无法正常启动时,重新启动并在此过程中按住 F8 键,在"高级启动选项"菜单中选择"最后一次正确的配置"选项,系统就会用在正常状态下备份的注册表数据恢复系统,一般就能进入系统了。

(2) 修复系统文件

恢复配置只能修复注册表中的数据,如果是系统文件本身损坏,那就需要使用其他方法了。系统文件损坏会造成系统不稳定,严重的甚至会造成无法正常启动,正确的方法是使用系统命令 SFC 对系统文件进行扫描,如果发现有文件被破坏,就会要求插入安装光盘并恢复原始文件。单击"开始"→"运行"选项,在运行框中输入 sfc/scannow 按 Enter 键后就能开始检查了,完成后重启。如果安装光盘中的系统比较老,那么建议使用打过补丁的光盘进行修复,以免文件被恢复成老版本的。

(3) 更换用户

系统中的注册表主要包括系统分支和用户分支两部分,有些用户对自己使用的系统环境进行了配置,造成登录后出现各种奇怪的故障。别急着重装系统,这种情况完全可以换个用户继续登录。换用管理员账户登录系统,然后在"控制面板"→"用户账户"中建立一个新的管理员账户,然后用此账户登录即可。需要注意的是,原来用户的"我的文档"及其他一些私人数据都在原来账户的目录里,可以事先备份或者用新账户登录后打开 C:WindowsDocuments and Settings[Username]。

（4）恢复 DLL 注册状态

系统中有很多 DLL 文件，它们其实分为两大类，无需注册的标准 DLL 文件和需要注册的 ActiveX DLL 文件，后者在注册表中留下一些相关数据，一旦这些数据被破坏或根本不存在，那么调用这些 DLL 时就会发生错误。有很多此类需要注册的 DLL 文件与系统功能息息相关，当某个系统功能出问题时，怎样准确找出造成麻烦的 DLL 并重新注册它呢？比较好的方法是全部重新注册。打开"记事本"输入以下代码并保存为 regdll. bat，完成后执行它并重新启动。

```
@echo off
for %1 in do regsvr32.exe /s %1
```

（5）完全恢复初始注册表

系统初始化，并不只有重装系统这一个方法。在系统目录下，有一个子目录专门用于存放注册表数据库文件，而令人高兴的是，还有一个子目录专门用于存放新装完系统时的注册表数据库文件备份，在系统出现故障无法恢复时，将备份恢复到当前的注册表数据库中，可以将系统"初始化"，回到刚装完系统时的样子。由于注册表数据库文件在启动后就始终是被系统锁定的状态，因此需要在 DOS 下操作，如果是双系统则可以直接到另一个系统中操作，NTFS 分区的用户可以使用"故障恢复控制台"。在命令行提示下，用 CD 命令将当前目录切换至％windir％Repair 子目录下，依次执行以下命令：

```
copy sam %windir%system32config
copy system %windir%system32config
copy software %windir%system32config
copy default %windir%system32config
copy security %windir%system32config
```

（6）系统还原

Windows XP 的系统还原功能可不像 Windows Me 那样"鸡肋"，出现故障后用此功能可以将系统完美地恢复到出现问题前的状态。如果还能进入系统，依次单击"开始"→"程序"→"附件"→"系统工具"→"系统还原"，在弹出的系统还原设置向导中，选择"恢复我的计算机到一个较早的时间"选项，单击"下一步"按钮。在弹出的系统还原点列表窗口中可以选择要恢复的还原点，一般如果问题刚出现则选择一个离当前日期较近的还原点。如果连"安全模式"都无法启动，可以开机按 F8 键选择进入"带命令行提示的安全模式"，然后在命令行提示中输入 C:\windowssystem32estorestrui. exe 运行系统还原。

至于更高级的 Windows 操作系统，比如 Windows 7 及以上的操作系统，同样也会遇到系统崩溃的情况，而处理方式也大同小异。并且，Windows 7 的系统维护功能已经非常强大，利用它本身的系统备份和还原功能，甚至可以不再需要 Ghost，就可以将系统还原到最近的一个正常状态。对于普通用户来说，在系统出问题后只要按照系统提示进行操作就可以修复；对于有一定经验和电脑基础的用户来说，如果能够判断问题大概出在哪儿，就可以跳过检测过程，直接选择相应的修复工具即可。

相比重装系统，采用系统的修复功能，可以最大程度地减少用户的损失，并节约重新安装系统和相关软件的时间，同时也不用重新进行设置，可谓方便高效。

第 7 章

计算机软件系统的故障处理及维护

### 7.1.1.2  一般软件故障与维护

**1. 文件错误或丢失**

每次启动计算机和运行程序的时候,都会牵扯到上百个文件,绝大多数文件是一些虚拟驱动程序(Virtual Device Drivers)和应用程序非常依赖的动态链接库(Dynamic Link Library,DLL)。VxD 允许多个应用程序同时访问同一个硬件并保证不会引起冲突,DLL 则是一些独立于程序、单独以文件形式保存的可执行子程序,它们只有在需要的时候才会调入内存,可以更有效地使用内存。当这两类文件被删除或者损坏了,依赖于它们的设备和文件就不能正常工作。要检测一个丢失的启动文件,可以在启动 PC 的时候观察屏幕,丢失的文件会显示一个"不能找到某个设备文件"的信息和该文件的文件名、位置,用户会被要求按键继续启动进程。

造成类似这种启动错误信息的绝大多数原因是没有正确使用卸载软件。如果有一个在Windows 启动后自动运行的程序如 Norton Utilities、Nuts and Bolts 等,如果用户希望卸载它们,应该使用程序自带的"卸载"选项,一般在"开始"菜单的"程序"文件夹中该文件的选项里会有,或者使用"控制面板"的"添加/卸载"选项。如果直接删除了这个文件夹,在下次启动后就可能会出现上面的错误提示。其原因是 Windows 找不到相应的文件来匹配启动命令,而这个命令实际上是在软件第一次安装时就已经置入到注册表中了。如果用户可能需要重新安装这个软件,也许丢失的文件没有备份,但是至少知道了是什么文件受到影响和它们来自哪里。

对文件夹和文件重新命名也会出现问题,在软件安装前就应该决定好这个新文件所在文件夹的名字。

如果删除或者重命名了一个在"开始"菜单中运行的文件夹或者文件,会得到另外一个错误信息,在屏幕上会出现一个对话框,提示"无效的启动程序"并显示文件名,但是没有文件的位置。如果桌面或者"开始"菜单中的快捷键指向了一个被删除的文件和文件夹,会得到一个类似的"丢失快捷键"的提示。

丢失的文件可能被保存在一个单独的文件中,或是在被几个出品厂家相同的应用程序共享的文件夹中,例如文件夹\SYMANTEC 就被 Norton Utilities、Norton Antivirus 和其他一些 Symantec 出品的软件共享,而对于\WINDOWS\SYSTEM 来说,其中的文件被所有的程序共享。用户最好搜索原来的光盘和软盘,重新安装被损坏的程序。

**2. 兼容性问题**

兼容性,英文名 Compatibility,这个概念最早是用来形容电脑硬件的,早期的 DIY 电脑,由于每个硬件厂商的标准有可能略有出入,因此把不同厂商生产的产品组合在一起时,它们相互之间难免会发生"摩擦",这种摩擦便是不兼容,最常见的就是主板和其他硬件出现不兼容现象,这也是为什么早期有的厂商会把"兼容机"作为卖点。

后来兼容性这个概念逐渐出现在电脑系统和软件上,而随着系统软件的更新换代,这一词汇出现的频率也越来越高。相对于软件来说,兼容性有几个表现方面,一种是指某个软件是否能够稳定地工作在操作系统之中,一种是指在多任务操作系统中,同时运行几个软件时是否能稳定工作,还有一种就是软件共享,几个软件之间无需复杂的转换,即能方便地共享相互间的数据,也称为兼容。简单地说,兼容性就是指软件、硬件、操作系统之间能够正常有效地合作并稳定运行。

其实造成兼容性问题的主要原因还是因为标准的不统一，我们都知道，软件是要运行在操作系统上的，所以在软件开发时，为了能够适用于绝大多数用户，通常研发人员都是以当时通用的操作系统为样板平台进行开发。比如在 Windows 98 大行其道时，开发商使用的开发平台也是 Windows 98，这样开发出的软件可以非常顺利地运行在 Windows 98 上，不过等到大家都开始使用 Windows XP 时，这个程序就有可能遇到问题。除了软件与操作系统之间的不兼容之外，其实应用软件与应用软件之间也会出现不兼容的情况。不同厂家不同公司出品的软件，特别是同一类型的软件，往往会出现文件不匹配不兼容的问题。在 Windows 7 中会有哪些原因会造成与软件的不兼容呢？总结一下大致由于以下几个原因。

（1）用户账户控制（UAC）：可能有人不知道什么是 UAC，但大家肯定都遇到过在安装或运行程序时，在双击图标后屏幕突然变暗，在屏幕中间出现一个对话框，让我们选择确定或取消。这就是 UAC 起到作用的表现。UAC 是非常出色的安全功能，可以大幅度地提升 Windows 7 的安全性。

（2）操作系统版本更改：操作系统版本号会随每个操作系统版本而更改。而更改操作系统的版本号会影响专门检查操作系统版本的程序，并且可能会阻止安装或阻止程序运行。

（3）Windows 资源保护（WRP）：在 Windows 7 中更为注重安全性，很多受到保护的文件是不允许进行修改或删除的，甚至一些关键位置的文件夹都会有严格的权限控制。而当我们在安装程序时，有的程序可能需要在关键位置或是某个重要程序中修改或写入自己的一些内容，Windows 7 于是会阻止这些操作，因而出现兼容性问题。

（4）颜色、分辨率等设置不满足该程序的要求，通常出现在早期游戏无法在新系统下运行等情况。

这些原因是不可避免的，为了让系统满足技术的发展以及时代的进步，这些改变是必需的，那么如果遇到了不兼容的情况，我们该如何去做？一般来讲有 3 种方法可以解决。第一种方法是等待软件的更新或升级。软件开发商升级软件有时候是因为要弥补漏洞改善功能，有时候也是为了让软件在新的系统中能更好地兼容。第二种方法是一种手动的解决办法，有些软件可能可以借此解决。如果常玩游戏，有时可能会遇到某个游戏在安装后玩不了，但是，当把某个所需的 DLL 文件复制到系统目录下以后，这个游戏就能运行了，这就是所说的手动解决兼容性的方法，不过这个方法局限性很大，只有少部分的软件可以用这种方法解决。第三种方法是凭借 Windows 7 内置的功能进行调整，有一些软件可能在安装或使用时出现了不兼容的情况，但是这并不是真的就不能使用，就像我们之前分析的原因那样，在 Windows 7 的安全架构中，由于有 UAC、WRP 等功能机制的保护，很多权限被严格规范了，而一些程序就因此无法正常使用，而 Windows 7 则给出了自己的解决方法。

### 3. 软件设置与操作问题

在计算机操作过程中，引起故障的原因有多种情况，因系统配置不正确，系统参数不正常，或者系统工作环境被改变而出现的故障不在少数，而由于人为操作因素引起故障的情况则占了绝大多数，有时甚至是多种因素交错影响。因此，除系统本身的漏洞与不足外，使用者更应该注意自己平时的使用与操作，良好的操作习惯与正确的系统设置是保证系统正常工作的一个很重要的保证。

不正确的系统配置引起的故障：系统配置一般有三种，即系统启动基本 BIOS 芯片配置、系统引导过程配置和系统命令配置。如果这些配置的参数和设置不正确，或者没有设置,电脑都不会正常工作或者产生操作故障。在进行正确的参数配置之后,这样的电脑故障一般可以恢复,这里不再详述。不过,在某些情况下有的软件故障也可以转化为硬件故障。

误操作引起的故障:误操作由于使用者的不同而显得各式各样,一般来说分为命令误操作和软件程序运行误操作。执行了不该使用的命令,选择了不该使用的操作,运行了某些具有破坏性的程序、不正确或不兼容的诊断程序、磁盘操作程序、性能测试程序等而使文件丢失、数据被破坏、磁盘被格式化等都属于典型的误操作造成的系统故障。因此,在使用过程中,对于不熟悉不明白的程序与命令,不要随意操作;在所有操作确认无误后再单击操作,特别是对于重要的数据与文件,千万不能掉以轻心,以免造成不可估量的损失。

### 7.1.1.3 信息安全与病毒

**1. 信息安全的概念及主要内容**

信息安全是指信息网络的硬件、软件及其系统中的数据受到保护,不受偶然的或者恶意的原因而遭到破坏、更改、泄露,系统能连续可靠正常地运行,信息服务不中断。信息安全主要包括以下 5 方面的内容,即需保证信息的保密性、真实性、完整性、未授权复制和所寄生系统的安全性。其根本目的就是使内部信息不受外部威胁,因此信息通常要加密。为保障信息安全,要求有信息源认证、访问控制,不能有非法软件驻留,不能有非法操作。

信息安全是一门涉及计算机科学、网络技术、通信技术、密码技术、信息安全技术、应用数学、数论、信息论等多种学科的综合性学科。

信息安全的实现目标如下。

- 真实性:对信息的来源进行判断,能对伪造来源的信息予以鉴别。
- 保密性:保证机密信息不被窃听,或窃听者不能了解信息的真实含义。
- 完整性:保证数据的一致性,防止数据被非法用户篡改。
- 可用性:保证合法用户对信息和资源的使用不会被不正当地拒绝。
- 不可抵赖性:建立有效的责任机制,防止用户否认其行为,这一点在电子商务中是极其重要的。
- 可控制性:对信息的传播及内容具有控制能力。
- 可审查性:对出现的网络安全问题提供调查的依据和手段。

而信息的安全威胁来自于以下几方面。

(1) 信息泄露:信息被泄露或透露给某个非授权的实体。

(2) 破坏信息的完整性:数据被非授权地进行增删、修改或破坏而受到损失。

(3) 拒绝服务:对信息或其他资源的合法访问被无条件地阻止。

(4) 非法使用(非授权访问):某一资源被某个非授权的人,或以非授权的方式使用。

(5) 窃听:用各种可能的合法或非法的手段窃取系统中的信息资源和敏感信息。例如对通信线路中传输的信号搭线监听,或者利用通信设备在工作过程中产生的电磁泄露截取有用信息等。

(6) 业务流分析:通过对系统进行长期监听,利用统计分析方法对诸如通信频度、通信的信息流向、通信总量的变化等参数进行研究,从中发现有价值的信息和规律。

(7) 假冒:通过欺骗通信系统(或用户)达到非法用户冒充成为合法用户,或者特权小的用户冒充成为特权大的用户的目的。黑客大多是采用假冒攻击。

(8) 旁路控制:攻击者利用系统的安全缺陷或安全性上的脆弱之处获得非授权的权利

或特权。例如,攻击者通过各种攻击手段发现原本应保密,但是却又暴露出来的一些系统"特性",利用这些"特性",攻击者可以绕过防线守卫者侵入系统的内部。

(9) 授权侵犯:被授权以某一目的使用某一系统或资源的某个人,却将此权限用于其他非授权的目的,也称做"内部攻击"。

(10) 特洛伊木马:软件中含有一个觉察不出的有害的程序段,当它被执行时,会破坏用户的安全。这种应用程序称为特洛伊木马(Trojan Horse)。

(11) 陷阱门:在某个系统或某个部件中设置的"机关",使得在特定的数据输入时,允许违反安全策略。

(12) 抵赖:这是一种来自用户的攻击,比如:否认自己曾经发布过的某条消息、伪造一份对方来信等。

(13) 重放:出于非法目的,将所截获的某次合法的通信数据进行复制,而重新发送。

(14) 计算机病毒:一种在计算机系统运行过程中能够实现传染和侵害功能的程序。

(15) 人员不慎:一个授权的人为了某种利益或由于粗心,将信息泄露给一个非授权的人。

(16) 媒体废弃:信息被从废弃的磁碟或打印过的存储介质中获得。

(17) 物理侵入:侵入者绕过物理控制而获得对系统的访问。

(18) 窃取:重要的安全物品,如令牌或身份卡被盗。

(19) 业务欺骗:某一伪系统或系统部件欺骗合法的用户或系统自愿地放弃敏感信息等。

**2. 信息安全中主要安全策略**

1) 信息加密技术

信息加密的目的是保护网内的数据、文件、口令和控制信息,保护网上传输的数据。数据加密技术主要分为数据传输加密和数据存储加密。数据传输加密技术主要是对传输中的数据流进行加密,常用的有链路加密、节点加密和端到端加密 3 种方式。链路加密的目的是保护网络节点之间的链路信息安全;节点加密的目的是对源节点到目的节点之间的传输链路提供保护;端到端加密的目的是对源端用户到目的端用户的数据提供保护。在保障信息安全各种功能特性的诸多技术中,密码技术是信息安全的核心和关键技术,通过数据加密技术,可以在一定程度上提高数据传输的安全性,保证传输数据的完整性。一个数据加密系统包括加密算法、明文、密文以及密钥,密钥控制加密和解密过程,一个加密系统的全部安全性是基于密钥的,而不是基于算法的,所以加密系统的密钥管理是一个非常重要的问题。数据加密过程就是通过加密系统把原始的数字信息(明文),按照加密算法变换成与明文完全不同的数字信息(密文)的过程。

2) 防火墙技术

防火墙的本义原是指古代人们在房屋之间修建的那道墙,这道墙可以防止火灾发生的时候蔓延到别的房屋。防火墙技术是指隔离在本地网络与外界网络之间的一道防御系统的总称。在互联网上防火墙是一种非常有效的网络安全模型,通过它可以隔离风险区域与安全区域的连接,同时不会妨碍人们对风险区域的访问。防火墙可以监控进出网络的通信量,仅让安全、核准了的信息进入,同时又抵制对企业构成威胁的数据。目前的防火墙主要有包过滤防火墙、代理防火墙和双穴主机防火墙 3 种类型,并在计算机网络得到了广泛的应用。

3) 入侵检测技术

随着网络安全风险系数的不断提高,作为对防火墙及其有益的补充,IDS(入侵检测系

计算机软件系统的故障处理及维护

统)能够帮助网络系统快速发现攻击的发生,它扩展了系统管理员的安全管理能力(包括安全审计、监视、进攻识别和响应),提高了信息安全基础结构的完整性。入侵检测系统是一种对网络活动进行实时监测的专用系统,该系统处于防火墙之后,可以和防火墙及路由器配合工作,用来检查一个 LAN 网段上的所有通信,记录和禁止网络活动,可以通过重新配置来禁止从防火墙外部进入的恶意流量。入侵检测系统能够对网络上的信息进行快速分析或在主机上对用户进行审计分析,通过集中控制台来管理、检测。

4)系统容灾技术

一个完整的网络安全体系,只有"防范"和"检测"措施是不够的,还必须具有灾难容忍和系统恢复能力。因为任何一种网络安全设施都不可能做到万无一失,一旦发生漏防漏检事件,其后果将是灾难性的。此外,天灾人祸、不可抗力等所导致的事故也会对信息系统造成毁灭性的破坏。这就要求即使发生系统灾难,也能快速地恢复系统和数据,才能完整地保护网络信息系统的安全。主要有基于数据备份和基于系统容错的系统容灾技术。

**3. 计算机病毒**

编制者在计算机程序中插入的破坏计算机功能或者破坏数据,影响计算机使用并且能够自我复制的一组计算机指令或者程序代码被称为计算机病毒(Computer Virus),具有破坏性、复制性和传染性。与医学上的"病毒"不同,计算机病毒不是天然存在的,是某些人利用计算机软件和硬件所固有的脆弱性编制的一组指令集或程序代码。它能通过某种途径潜伏在计算机的存储介质(或程序)里,当达到某种条件时即被激活,通过修改其他程序的方法将自己的精确复制或者可能演化的形式放入其他程序中。从而感染其他程序,对计算机资源进行破坏,所谓的病毒就是人为造成的,对其他用户的危害性很大。

计算机病毒会造成计算机资源的损失和破坏,不但会造成资源和财富的巨大浪费,而且有可能造成社会性的灾难,随着信息化社会的发展,计算机病毒的威胁日益严重,反病毒的任务也更加艰巨了。1988 年 11 月 2 日下午 5 时 1 分 59 秒,美国康奈尔大学的计算机科学系研究生,23 岁的莫里斯(Morris)将其编写的蠕虫程序输入计算机网络,致使拥有数万台计算机的网络被堵塞。这件事就像是计算机界的一次大地震,引起了巨大反响,震惊全世界,引起了人们对计算机病毒的恐慌,也使更多的计算机专家重视和致力于计算机病毒的研究。1988 年下半年,中国在统计局系统首次发现了"小球"病毒,它对统计系统影响极大,此后由计算机病毒发作而引起的"病毒事件"接连不断,后来发现的 CIH、冲击波、熊猫烧香等病毒更是给社会造成了很大损失。

计算机感染病毒的症状有:

(1)计算机系统运行速度减慢。

(2)计算机系统经常无故发生死机。

(3)计算机系统中的文件长度发生变化。

(4)计算机存储的容量异常减少。

(5)系统引导速度减慢。

(6)丢失文件或文件损坏。

(7)计算机屏幕上出现异常显示。

(8)计算机系统的蜂鸣器出现异常声响。

(9)磁盘卷标发生变化。

（10）系统不识别硬盘。

（11）对存储系统异常访问。

（12）键盘输入异常。

（13）文件的日期、时间、属性等发生变化。

（14）文件无法正确读取、复制或打开。

（15）命令执行出现错误。

（16）虚假报警。

（17）换当前盘。有些病毒会将当前盘切换到 C 盘。

（18）一些外部设备工作异常。

（19）Windows 操作系统无故频繁出现错误。

（20）系统异常重新启动。

为了有效预防病毒，达到防患于未然的目的，我们应该做到以下几点。

1）建立良好的安全习惯

比如对一些来历不明的邮件及附件不要打开，不要上一些不太了解的网站、不要执行从 Internet 下载后未经杀毒处理的软件等，这些必要的习惯会使计算机更安全。

2）关闭或删除系统中不需要的服务

默认情况下，许多操作系统会安装一些辅助服务，如 FTP 客户端、Telnet 和 Web 服务器。这些服务为攻击者提供了方便，而又对用户没有太大用处，如果删除它们，就能大大减少被攻击的可能性。

3）经常升级安全补丁

据统计，有 80％的网络病毒是通过系统安全漏洞进行传播的，像蠕虫王、冲击波、振荡波等，所以我们应该定期到微软网站去下载最新的安全补丁，以防患于未然。

4）使用复杂的密码

有许多网络病毒就是通过猜测简单密码的方式攻击系统的，因此使用复杂的密码，将会大大提高计算机的安全系数。

5）迅速隔离受感染的计算机

当计算机发现病毒或异常时应立刻断网，以防止计算机受到更多的感染，或者成为传播源，再次感染其他计算机。

6）了解一些病毒知识

这样就可以及时发现新病毒并采取相应措施，在关键时刻使计算机免受病毒破坏。如果能了解一些注册表知识，就可以定期看一看注册表的自启动项是否有可疑键值；如果了解一些内存知识，就可以经常看看内存中是否有可疑程序。

7）最好安装专业的杀毒软件进行全面监控

在病毒日益增多的今天，使用杀毒软件进行防毒，是越来越经济的选择，不过用户在安装了反病毒软件之后，应该经常进行升级、将一些主要监控经常打开（如邮件监控、内存监控等）、遇到问题要上报，这样才能真正保障计算机的安全。

8）安装个人防火墙软件进行防黑

由于网络的发展，用户电脑面临的黑客攻击问题也越来越严重，许多网络病毒都采用了黑客的方法来攻击用户电脑，因此，用户还应该安装个人防火墙软件，将安全级别设为中、

*计算机软件系统的故障处理及维护*

高,这样才能有效地防止网络上的黑客攻击。

## 7.1.2 软件系统维护

### 1. 一般性维护原则

1) 备份

数据备份是很重要的,为什么要备份数据呢? 最主要的原因:尽可能地减少损失,包括时间上、精神上和金钱上的损失。即使做好安全预防措施,也难免会发生不可预想的问题。因此,数据备份是日常必不可少的操作。

那么,一般我们备份哪些数据呢?

(1) 整个硬盘备份

如果有大量的剩余硬盘空间,或者足够大的移动硬盘,可以考虑将整个硬盘的信息备份到特定的备份盘或移动硬盘。对于 Windows,可以用 Ghost 或在 10 个增强 Windows 效率的必备软件里提到的 DriverImage XML 和 SyncBack 对特定的分区进行备份。

整个硬盘备份是一种万无一失的备份方式,用户不会丢失任何数据。但其缺点是很明显的,需要大量的硬盘空间。

(2) 备份驱动程序

备份驱动程序的好处是显而易见的。当重装时无须将每个硬件的驱动程序拿出来安装,只需简单地将备份好的驱动程序导入。对于一些老式电脑,可能驱动程序光盘或软驱已经丢失,网上也很难找到驱动程序,及早备份是很重要的。

(3) 备份应用程序的配置信息

很多应用程序都有导入/导出配置信息的功能。有些即使不提供导出功能也可以到其文件夹将配置信息的文件备份一份。

(4) 备份聊天记录

飞信、QQ、MSN 等聊天工具都在本地保存聊天记录。飞信和 MSN 的聊天记录位置都很好找,QQ 的聊天记录存放在号码文件夹的 MsgEx.db 里。

(5) 备份网上信息

互联网也不是 100% 可靠的,比如邮件最好在本地备份一份,比如 Gmail,可以用 IMAP 方式在本地备份邮件,又比如订阅的频道列表,可以通过 OPML 导出备份,iGoogle 目前也已经支持导出备份了。

(6) 手机信息备份

手机里最重要的是联系人名单,大部分手机的联系人信息都可以通过厂商提供的软件导出。当然,手机内的其他软件信息也是需要备份的,由于手机的存储空间不大,因此可以考虑将手机存储卡里的所有文件都备份下来。

(7) 其他数据

很多软件或数据都有辅助的备份软件和特殊的备份方法,利用搜索引擎一般能找到。

备份好了之后,进行备份的恢复也很重要。恢复是备份的反过程,恢复的操作一般是将文件复制到原来的位置,或者使用软件本身的导入功能。

良好的备份习惯能带来很多好处,最直接的是将损失降到很低。那么,怎样才是良好的备份习惯呢?

- 定期备份。
- 不要认为备份是麻烦的,当问题发生时就会为已经备份了而感到庆幸。
- 选择性地备份。别全部数据都备份。
- 选择一种好的备份介质。
- 将备份的内容标明时间、分类,方便管理和使用。

2)清理

Windows 为了提供更好的性能,往往会采用建立临时文件的方式加速数据的存取。但是这些临时文件没有定期清理,那么硬盘中许多空间就会被悄悄占用,而且还会影响整体系统的性能,所以定期对文件进行清理是非常有必要的。

(1)手工清理临时文件

以 Windows 系统为例,系统默认的临时文件目录一般为 C:\Windows\Temp,当我们安装软件时就会在这里残留下一些临时文件,或者由于某些程序没有正常关闭也会导致这些文件无法删除,此时就需要手动将其删除。对于 Windows XP/7 而言,系统临时文件目录为 C:\Documents and Settings\Administrator\Local Settings\Temp。另外,一些程序在运行过程中会产生一些备份文件,它们通常是后缀名为 *.tmp、.001、.bak 之类的文件,这些文件的作用是存储程序运行过程中需要使用到的数据,或者是保证在卸载这些软件时能够将 Windows 中更改的文件复原。但实际上部分软件制作的不是很完善,经常会在退出程序之后仍然遗留下一堆临时文件,对于这些根本没有保留必要的文件,用户可以通过"开始"→"查找"→"文件或文件夹"命令,并且在上述的"名称"输入栏中输入如"*.tmp"这类命令,查找硬盘中的临时文件,最后将它们删除即可。

(2)Windows 自带的清理工具

为了便于用户清理这些临时文件,在 Windows 中就集成了这样一些清理程序。我们可以通过"开始"→"程序"→"附件"→"系统工具"→"磁盘清理程序"运行这个程序,并通过它来自动清除那些已不用的垃圾文件。接着在弹出的窗口中选择需要清理的驱动器盘符,单击"确定"按钮之后即可看到界面。

该界面中列举出了 Internet 临时文件、已下载的程序文件、回收站、临时文件等许多种类可以清理的项目以及它们所占用的磁盘空间,当大家觉得这些文件不再需要,只要选择删除的文件并单击"确定"按钮就可以将这些临时文件清理出硬盘。

(3)清除 Internet 残留文件

上网冲浪是现代计算机使用最频繁的一项。但是,当在若干个站点中来回浏览的时候,硬盘中就会残留下和站点相关的临时文件。日积月累,这些文件就会占据大量的硬盘空间,如果想找回这部分被占用的空间,就需要把无用的 Internet 残留文件清理出硬盘。

因为目前 IE 浏览器是用户的首选,清理 Internet 残留文件的时候,只要在 IE 浏览器中运行"工具"→"Internet 选项"选项,接着切换到"常规"标签,在"Internet 临时文件"区域中,单击"删除文件"按钮就能够将硬盘中的临时文件全部清理出去了。

(4)卸载不用的组件和不用的程序

经常卸载不用的组件和不用的程序是一个好习惯。以 Windows 系统为例,在"添加/删除程序"界面选择"其他选项"栏,而后就可以分别给 Windows 组件和不用的程序进行卸载了。如果是绿色软件,可以直接在硬盘上删除;如果在"添加\删除程序"框中找不到该程序,那么可以首先运行注册表编辑器(在"开始"→"运行"中输入 Regedit 并按 Enter 键),依

225

第 7 章

次打开 HKEY_LOCAL_MACHINE\Software\Microsoft\Windows \CurrentVersion\Uninstall,在其中找到要卸载的软件相应的项目,在其目录找到 UninstallString(或QuietUninstallString)键值名,双击它,复制"键值"中的全部内容,退出注册表编辑器。然后打开"开始"菜单,单击"运行"选项,把刚才复制下的内容粘贴到命令行,单击"确定"按钮程序就会安全地被卸载了。当然,如果该软件本来就有个反安装程序快捷选项,那就更加方便了。

(5)其他文件清理

除去上述几方面的文件系统优化之外,还可以使用一些第三方的清理工具或软件对系统文件进行清理,详细情况将在后面的文章中提到。

3)防范

计算机软件系统的防范,主要是指软件系统的安全防范。包括计算机病毒、木马、流氓软件等,保证计算机软件系统的安全性。下面总结了几点个人计算机的安全防范措施。

(1)杀(防)毒软件不可少

病毒的发作给全球计算机系统造成巨大损失,令人们谈"毒"色变。上网的人中,很少有谁没被病毒侵害过。对于一般用户而言,首先要做的就是为电脑安装一套正版的杀毒软件。在使用过程当中,不光要"杀",更重要的是以"防"为主。每周要对电脑进行一次全面的杀毒、扫描工作,以便发现并清除隐藏在系统中的病毒。当用户不慎感染上病毒时,应该立即将杀毒软件升级到最新版本,然后对整个硬盘进行扫描操作,清除一切可以查杀的病毒。在日常生活中养成良好的使用习惯,有备无患。

(2)个人防火墙不可替代

所谓"防火墙",是指一种将内部网和公众访问网(Internet)分开的方法,实际上是一种隔离技术。防火墙是在两个网络通信时执行的一种访问控制尺度,它能允许你"同意"的人和数据进入你的网络,同时将你"不同意"的人和数据拒之门外,最大限度地阻止网络中的黑客来访问你的网络,防止它们更改、复制、毁坏你的重要信息。

目前各家杀毒软件的厂商都会提供个人版防火墙软件,防病毒软件中都含有个人防火墙,所以可用同一张光盘运行个人防火墙安装,重点提示防火墙在安装后一定要根据需求进行详细配置。合理设置防火墙后能防范大部分的蠕虫入侵。

(3)分类设置密码并使密码设置尽可能复杂

计算机中需要设置密码的地方很多,如网上银行、上网账户、E-mail、聊天室以及一些网站的会员等。应尽可能使用不同的密码,以免因一个密码泄露导致所有资料外泄。对于重要的密码(如网上银行的密码)一定要单独设置,并且不要与其他密码相同。设置密码时要尽量避免使用有意义的英文单词、姓名缩写以及生日、电话号码等容易泄露的字符作为密码,最好采用字符与数字混合的密码。

(4)不下载来路不明的软件及程序且不打开来历不明的邮件及附件

几乎所有上网的人都在网上下载过共享软件,在给用户带来方便和快乐的同时,也会悄悄地把一些用户不欢迎的东西带到机器中,比如病毒。因此应选择信誉较好的下载网站下载软件,将下载的软件及程序集中放在非引导分区的某个目录,在使用前最好用杀毒软件查杀病毒。有条件,可以安装一个实时监控病毒的软件,随时监控网上传递的信息。

不要打开来历不明的电子邮件及其附件,以免遭受病毒邮件的侵害。在互联网上有许多种病毒流行,有些病毒就是通过电子邮件来传播的(如梅丽莎、爱虫等),这些病毒邮件通常都会以带有噱头的标题来吸引用户打开其附件,所以对于来历不明的邮件应当将其拒之门外。

(5) 警惕"网络钓鱼"

如今,网上一些黑客利用"网络钓鱼"手法进行诈骗,如建立假冒网站或发送含有欺诈信息的电子邮件,盗取网上银行、网上证券或其他电子商务用户的账户密码,从而窃取用户资金的违法犯罪活动不断增多。公安机关和银行、证券等有关部门提醒网上银行、网上证券和电子商务用户对此提高警惕,防止上当受骗。

(6) 防范间谍软件(Spyware)

最近公布的一份家用电脑调查结果显示,大约 80% 的用户对间谍软件入侵他们的电脑毫无知晓。间谍软件(Spyware)是一种能够在用户不知情的情况下偷偷进行安装(安装后很难找到其踪影),并悄悄把截获的信息发送给第三者的软件。它的历史不长,可到目前为止,间谍软件数量已有几万种。间谍软件的一个共同特点是,能够附着在共享文件、可执行图像以及各种免费软件当中,并趁机潜入用户的系统,而用户对此毫不知情。间谍软件的主要用途是跟踪用户的上网习惯,有些间谍软件还可以记录用户的键盘操作,捕捉并传送屏幕图像。间谍程序总是与其他程序捆绑在一起,用户很难发现它们是什么时候被安装的。一旦间谍软件进入计算机系统,要想彻底清除它们就会十分困难,而且间谍软件往往成为不法分子手中的危险工具。

(7) 只在必要时共享文件夹

笔者赞同把自己的东西共享出来与人分享,但需要知道的是,这也意味着在共享文件的同时把软件漏洞呈现在互联网的不速之客面前,公众可以自由地访问您的那些文件,并很有可能被有恶意的人利用和攻击。因此共享文件应该设置密码,一旦不需要共享时立即关闭。

(8) 不要随意浏览黑客网站、色情网站

许多病毒、木马和间谍软件往往都来自于黑客网站和色情网站。所以,不管是从道德层面,还是技术层面来说,每个人都应该洁身自好,避免因为这些网站而影响自身软件系统的安全。特别是对于没有任何防范措施的电脑来说,更是如此。

(9) 定期备份重要数据

数据备份的重要性毋庸讳言,无论你的防范措施做得多么严密,也无法完全防止"道高一尺,魔高一丈"的情况出现。所以,无论你采取了多么严密的防范措施,也不要忘了随时备份你的重要数据,做到有备无患。

**2. 典型性维护方法**

1) 清理:使用磁盘清理工具

计算机经过长时间使用,由于安装、卸载软件,或者上网等其他因素,会在磁盘上留下很多无用的文件,这些文件就是垃圾文件。垃圾文件占用大量的磁盘空间,因此可以使用磁盘清理工具,清理这些文件。下面介绍这个系统工具的使用方法。步骤如下。

(1) 打开"开始"→"程序"→"附件"→"系统工具"→"磁盘清理"或者是打开"我的电脑",单击鼠标右键打开要清理的磁盘的快捷菜单。

(2) 使用"属性"命令,打开磁盘属性对话框,如图 7-5 所示。

(3) 单击"磁盘清理"命令按钮,打开如图 7-6 所示的"选择驱动器"对话框。

(4) 选中"要删除的文件"下拉列表框里的所有复选框,然后单击"确定"按钮,打开执行清理操作确认对话框。

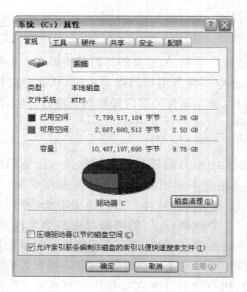

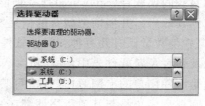

图 7-5 　　　　　　　　　　　　　　　图 7-6

（5）单击"是"命令按钮,开始磁盘清理工作。清理完成后,就可以释放被垃圾文件所占的磁盘空间了。

2）清理：使用磁盘碎片整理工具

所谓的磁盘碎片应该称为文件碎片,这是因为文件被分散保存到整个磁盘的不同位置,而不是连续的保存在磁盘连续的"簇"中形成的。磁盘碎片会大大降低磁盘的读/写速度,因此必须对磁盘碎片进行整理。

步骤：

（1）打开"开始"→"程序"→"附件"→"系统工具"→"磁盘碎片整理程序"或者打开需要进行碎片整理的磁盘的属性对话框。打开磁盘属性"工具"选项卡,如图 7-7 所示。

（2）单击"分析"命令按钮,开始对磁盘进行分析;分析完成后,打开分析完毕对话框,然后单击"碎片整理"命令按钮,开始对磁盘进行整理,如图 7-8 所示。

（3）过很长一段时间,磁盘整理完毕,打开磁盘整理结束对话框。单击"关闭"命令按钮,完成磁盘整理工作。

3）清理：优化大师

Windows 优化大师是一款非常优秀的软件,它能为系统提供全面有效而简便的优化、维护和清理手段,让系统始终保持最佳状态。Windows 优化大师主要包括 3 方面的功能,它们是：详尽准确的系统信息检测功能、全面的系统优化功能和强大的系统清理及维护功能。下面主要介绍全面的系统优化功能和强大的系统清理及维护功能两方面。

图 7-7

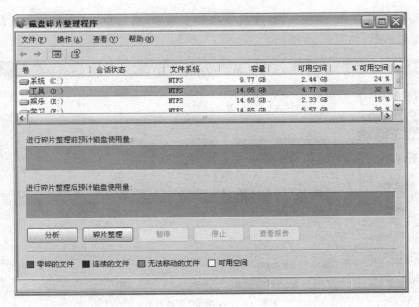

图 7-8

步骤如下。

(1) 启动 Windows 优化大师，如图 7-9 所示。可以看到该软件包括 3 大功能，分别是"系统信息总览"、"系统性能优化"和"系统清理维护"。

图 7-9

计算机软件系统的故障处理及维护

(2) 单击"系统优化"主菜单,打开其下面的子菜单,然后单击"磁盘缓存优化"子菜单,打开其设置对话框,如图 7-10 所示。

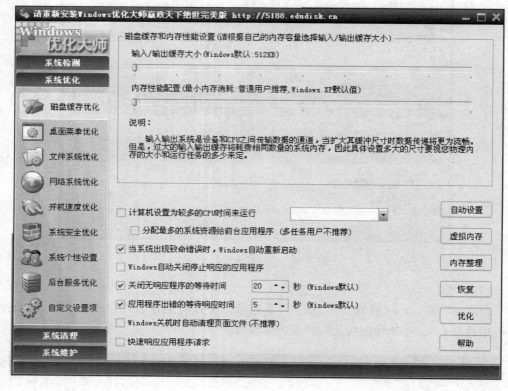

图 7-10

(3) 拖动"输入输出缓存大小"下面的滑块,到达系统推荐的数值处。

(4) 拖动"内存性能配置"下面的滑块,到达"内存性能配置(平衡)"值。最终完成磁盘缓存的优化。

(5) 单击"桌面菜单优化"子菜单,打开其设置对话框,如图 7-11 所示。

(6) 拖动"开始菜单速度"和"菜单运行速度"下面的滑块,到达最左端。

(7) 拖动"桌面图标缓存"下面的滑块,到达"Windows 默认值"处。最后单击"优化"命令按钮,完成桌面菜单的优化。

(8) 单击"文件系统优化"子菜单,打开其设置对话框,如图 7-12 所示。

(9) 拖动"二级数据高级缓存"下面的滑块,到达适合当前系统的推荐值处。

(10) 拖动"CD/DVD-ROM 优化选择"下面的滑块,到达 Windows 优化大师推荐值处。最后单击"优化"命令按钮,完成文件系统的优化。

(11) 单击"网络系统优化"子菜单,打开其设置对话框,如图 7-13 所示。

(12) 在"上网方式选择"下面的单选框中,选中计算机的上网方式。最后单击"优化"命令按钮,完成网络系统优化。

(13) 单击"开机速度优化"子菜单,打开其设置对话框,如图 7-14 所示。

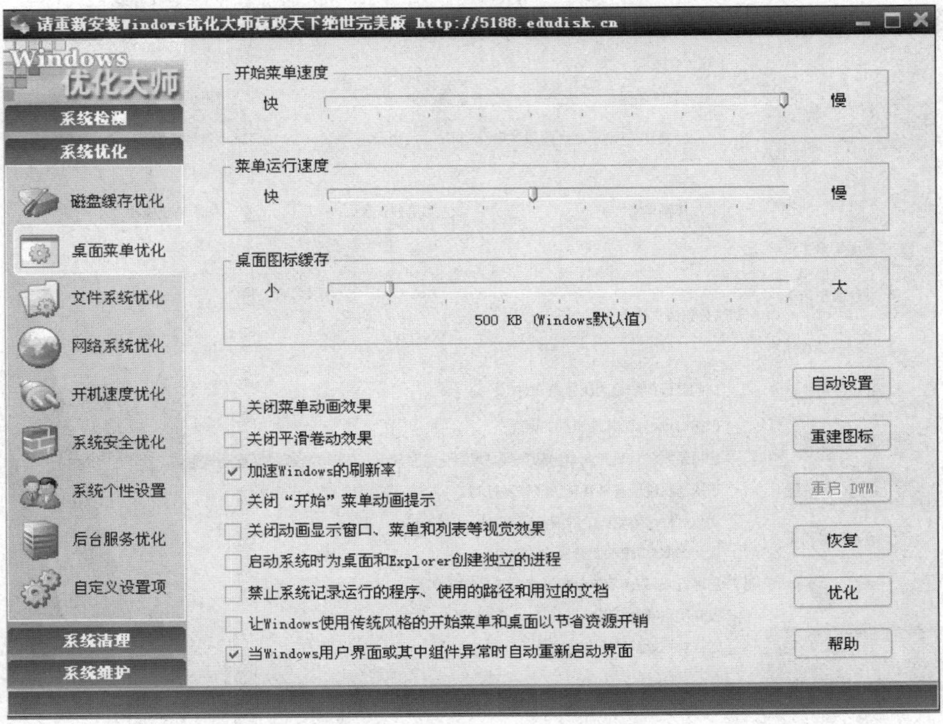
请重新安装Windows优化大师赢政天下绝世完美版 http://5188.edudisk.cn
Windows
优化大师
系统检测
系统优化
磁盘缓存优化
桌面菜单优化
文件系统优化
网络系统优化
开机速度优化
系统安全优化
系统个性设置
后台服务优化
自定义设置项
系统清理
系统维护
开始菜单速度
快
慢
菜单运行速度
快
慢
桌面图标缓存
小
大
500 KB (Windows默认值)
自动设置
重建图标
重启 DWM
恢复
优化
帮助
关闭菜单动画效果
关闭平滑卷动效果
加速Windows的刷新率
关闭“开始”菜单动画提示
关闭动画显示窗口、菜单和列表等视觉效果
启动系统时为桌面和Explorer创建独立的进程
禁止系统记录运行的程序、使用的路径和用过的文档
让Windows使用传统风格的开始菜单和桌面以节省资源开销
当Windows用户界面或其中组件异常时自动重新启动界面

图 7-11

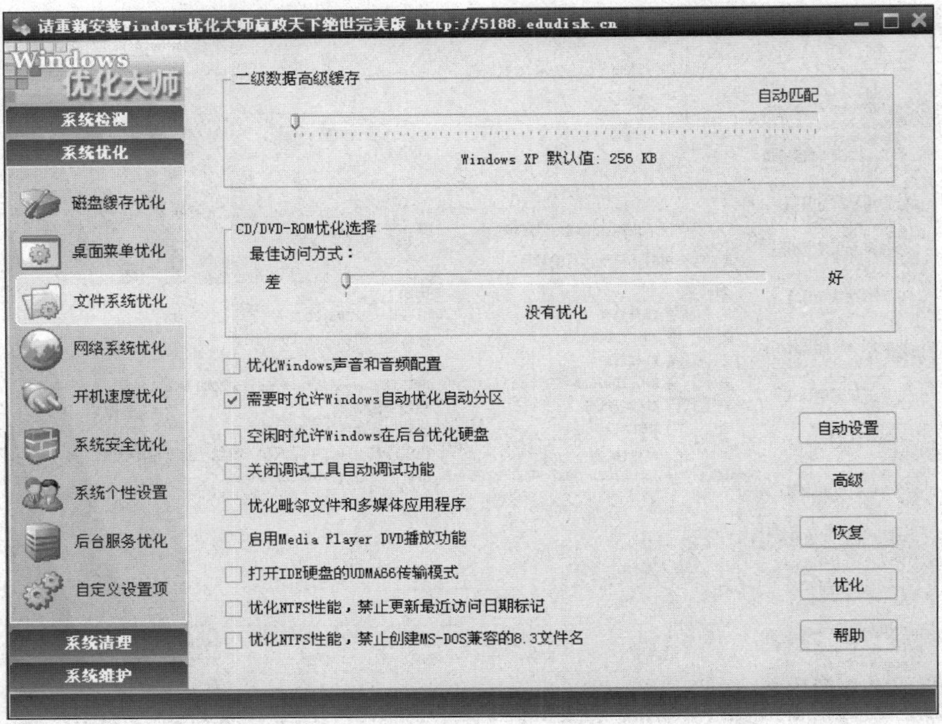
请重新安装Windows优化大师赢政天下绝世完美版 http://5188.edudisk.cn
Windows
优化大师
系统检测
系统优化
磁盘缓存优化
桌面菜单优化
文件系统优化
网络系统优化
开机速度优化
系统安全优化
系统个性设置
后台服务优化
自定义设置项
系统清理
系统维护
二级数据高级缓存
自动匹配
Windows XP 默认值: 256 KB
CD/DVD-ROM优化选择
最佳访问方式:
差
好
没有优化
优化Windows声音和音频配置
需要时允许Windows自动优化启动分区
空闲时允许Windows在后台优化硬盘
关闭调试工具自动调试功能
优化毗邻文件和多媒体应用程序
启用Media Player DVD播放功能
打开IDE硬盘的UDMA66传输模式
优化NTFS性能，禁止更新最近访问日期标记
优化NTFS性能，禁止创建MS-DOS兼容的8.3文件名
自动设置
高级
恢复
优化
帮助

图 7-12

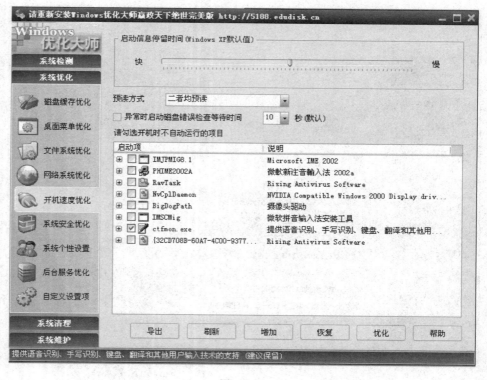

图    7-13

图    7-14

（14）拖动"启动信息停留时间"下面的滑块，到达最左端，然后选中所有开机不自动运行的程序前面的复选框。最后单击"优化"命令按钮，完成开机速度的优化。

（15）单击"系统清理"主菜单，打开其下面的子菜单，如图 7-15 所示。

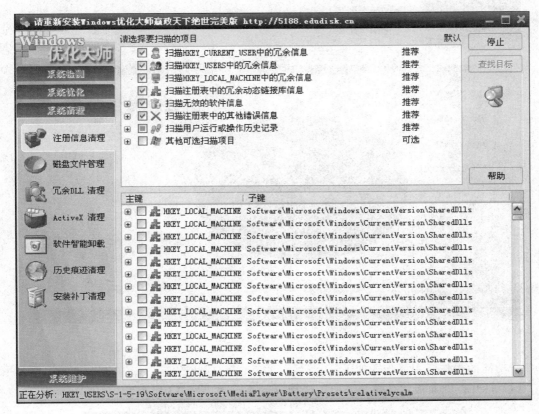

图　7-15

（16）单击"注册信息清理"子菜单，打开其设置对话框。选中下拉列表框中所有的复选框，然后单击"扫描"命令按钮，优化大师开始扫描注册表中的无用信息。

（17）当扫描结束后，单击"全部删除"命令按钮，打开信息提示对话框，建议在删除前最好备份注册表。

（18）单击"是"命令按钮，开始备份注册表，当备份结束后，再次提醒是否删除所有扫描信息。单击"确定"按钮，删除扫描到的所有信息，注册信息清理工作结束。

（19）单击"磁盘文件管理"子菜单，打开其设置对话框，如图 7-16 所示。选中要清理的驱动器前面的复选框，然后单击"扫描"命令按钮，优化大师开始扫描指定驱动器中的垃圾文件。

（20）扫描结束后，单击"全部删除"命令按钮，打开提示对话框，单击"确定"按钮，确认删除全部文件夹和文件，磁盘文件清理工作完成。

4）备份：系统备份工具

Windows 7 系统自带的系统备份功能和其映像备份功能与以前的 Windows 系统略有不同，映像是整个分区的备份，而系统备份是备份系统文件和重要文件，这里我们讲一下系

计算机软件系统的故障处理及维护

234

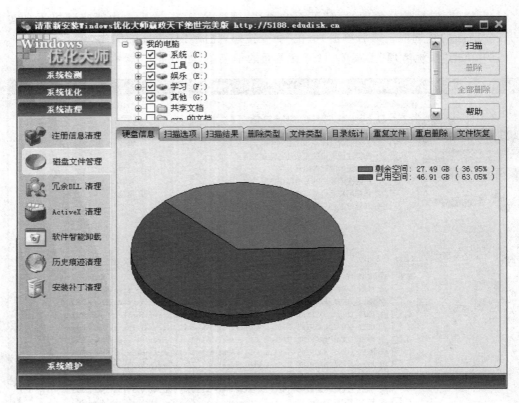

图    7-16

统备份功能的操作。主要步骤如下。

（1）打开控制面板，"备份与还原"，选择设置备份，如图 7-17 所示。

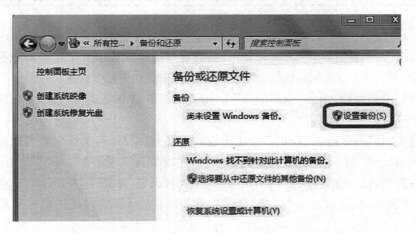

图    7-17

（2）选择备份位置，任何超过 1GB 的磁盘以及 DVD 刻录机会显示在此，如图 7-18 所示。

（3）提示备份内容，可以让 Windows 选择或自行选择，如图 7-19 所示。

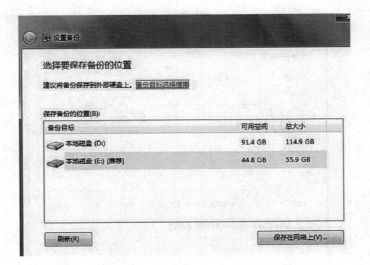

图　7-18

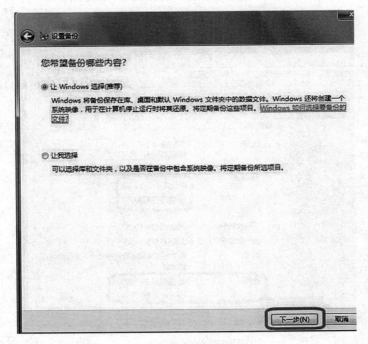

图　7-19

　　(4) 单击"下一步"按钮后出现备份信息,单击"保存设置并运行备份"按钮,如图 7-20 所示。

　　(5) 备份完成,显示备份大小。此时可以管理备份空间,更改计划设置等。至此,本地备份完成,如图 7-21 所示。

　　当然,这个工具除了备份,也有还原的功能,同样可以使用这个向导,还原曾经备份的资料,操作同样非常简单。

计算机软件系统的故障处理及维护

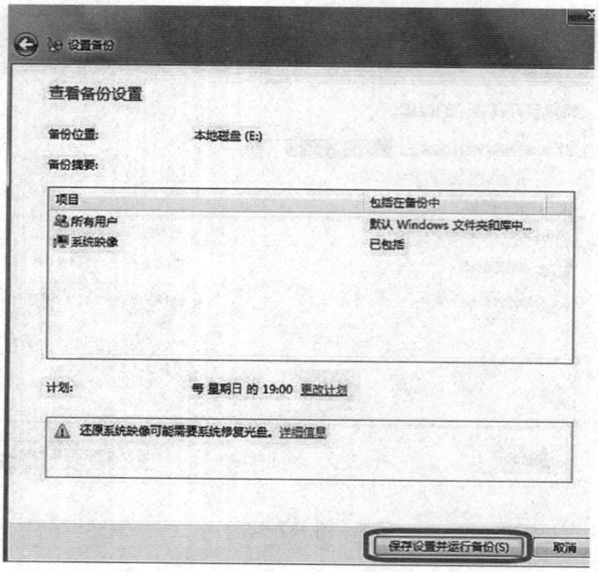

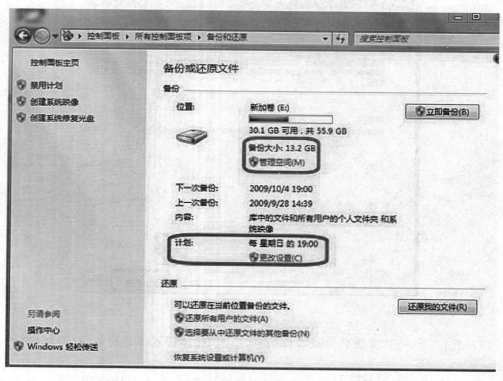

图　7-20

图　7-21

5) 备份：Ghost

Ghost(幽灵)软件是美国赛门铁克公司推出的一款出色的硬盘备份还原工具,可以实现 FAT16、FAT32、NTFS、OS2 等多种硬盘分区格式的分区及硬盘的备份还原。俗称克隆软件。

Ghost 安装非常简单，只要将 ghost.exe 复制到硬盘或软盘即可执行，注意由于操作需要鼠标，建议您最好将鼠标驱动程序复制到和 ghost.exe 在同一个目录下，这样方便使用（不使用鼠标请使用 Tab 键）启动程序（在 DOS 下请先运行鼠标驱动程序，再运行 ghost.exe）。

Ghost 复制、备份可分为硬盘（Disk）和磁盘分区（Partition）两种，如图 7-22 所示。

其中：

Disk——表示硬盘功能选项。

Partition——表示磁盘分区功能选项。

Check——表示检查功能选项。

硬盘功能分为三种，如图 7-23 所示。

(1) Disk To Disk 硬盘复制。

(2) Disk To Image 硬盘备份。

(3) Disk From Image 备份还原。

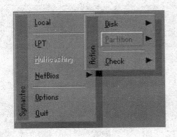

图 7-22

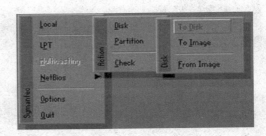

图 7-23

**注意**：若要使用硬盘功能，你必须有两个硬盘以上，才能实现硬盘功能，如图 7-24 所示；所有被还原的硬盘或磁盘，原有资料将完全丢失（请慎重使用，把重要的文件或资料备份以防不测）。详细操作步骤如下。

(1) Disk To Disk 硬盘复制。

① 先来选择源硬盘 source drive 的位置。

② 选择目的硬盘 destination drive 的位置；鼠标移动可按 Tab 键。

③ 在磁盘复制或备份时，可依据使用要求设定分区大小，如图 7-25 所示。

④ 选定后单击 OK 按钮，出现确认单击 Yes 按钮即开始执行复制，如图 7-26 所示。

(2) Disk To Image 硬盘备份，如图 7-27 所示。

① 选择来源硬盘 source drive 的位置，如图 7-28 所示。

② 选择备份档案存储的位置。在是否压缩图像文件询问框中选择 High，如图 7-29 所示。

③ 按 OK 按钮后，出现确认选择 Yes 按钮即开始执行备份，如图 7-30 所示。

(3) Disk From Image 备份还原。

① 选择还原档案，如图 7-31 所示。

② 选择要还原的硬盘 destination drive。

计算机软件系统的故障处理及维护

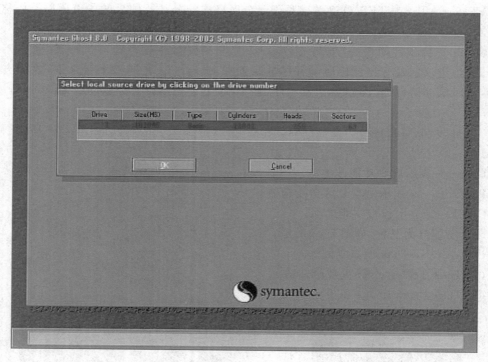

图　7-24

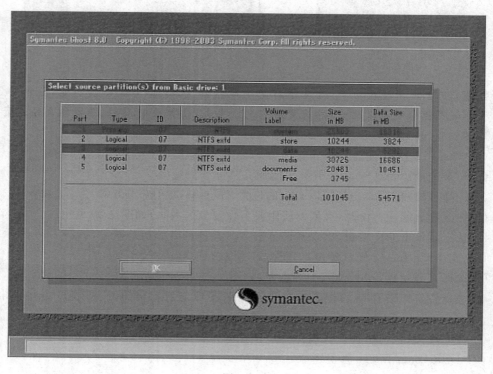

图　7-25

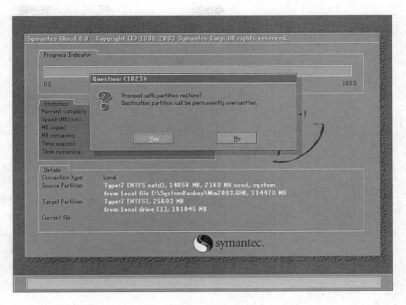

图　7-26

图　7-27

图　7-28

计算机软件系统的故障处理及维护

240

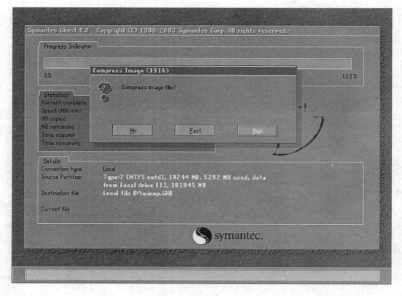

图　7-29

图　7-30

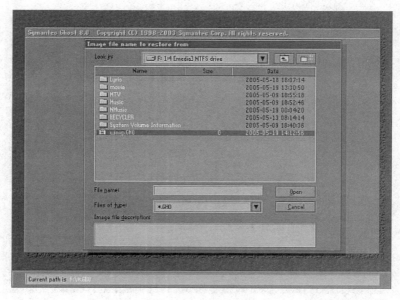

图　7-31

③ 在做硬盘还原(复制)时,可依据使用要求设定分区大小。

④ 按 OK 按钮后,出现确认选择 Yes 按钮即开始执行还原。

磁盘分区功能选项分为三种,如图 7-32 所示。

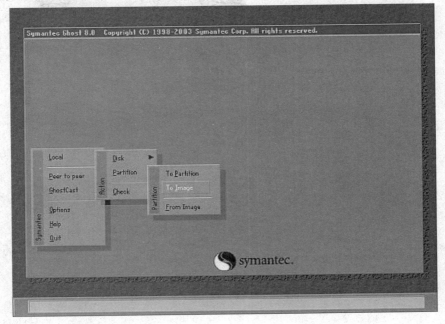

图　7-32

(1) Partition To Partition(复制分区)

复制分区的方法很简单,首先选择来源区,再选择目地区,确定就可以了,与磁盘之间的复制方法基本一样。

(2) Partition To Image(备份分区)

**注意**:若要使用备份分区功能(如要备份 C 盘),必须有两个分区以上,要保证 D 盘有足够的空间存储档案备份。

① 选择要备份的硬盘,如图 7-33 所示。

② 选择要备份的硬盘分区,如 C 盘,这通常存放操作系统与应用程序,如图 7-34 所示。

③ 选择备份档案存放的路径与文件名(创建)。不能放在选择备份的分区,如图 7-35 所示。

④ 按 Enter 键确定后,出现如图 7-36 所示的提示框,有 3 种选择。

• No:备份时,基本不压缩资料(速度快,占用空间较大)。

• Fast:一般少量压缩(速度一般,建议使用)。

• High:最高比例压缩(可以压缩至最小,但备份/还原时间较长)。

⑤ 确认,单击 Yes 按钮执行,如图 7-37 所示。

(3) Partition From Image(还原分区)

① 选择要还原的备份档案,如图 7-38 所示。

② 选择要还原的硬盘。

③ 选择要还原的硬盘分区,如图 7-39 所示。

④ 单击 Yes 按钮执行,如图 7-40 所示。

241

第 7 章

计算机软件系统的故障处理及维护

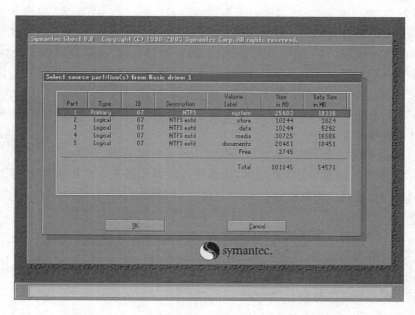

图　7-33

图　7-34

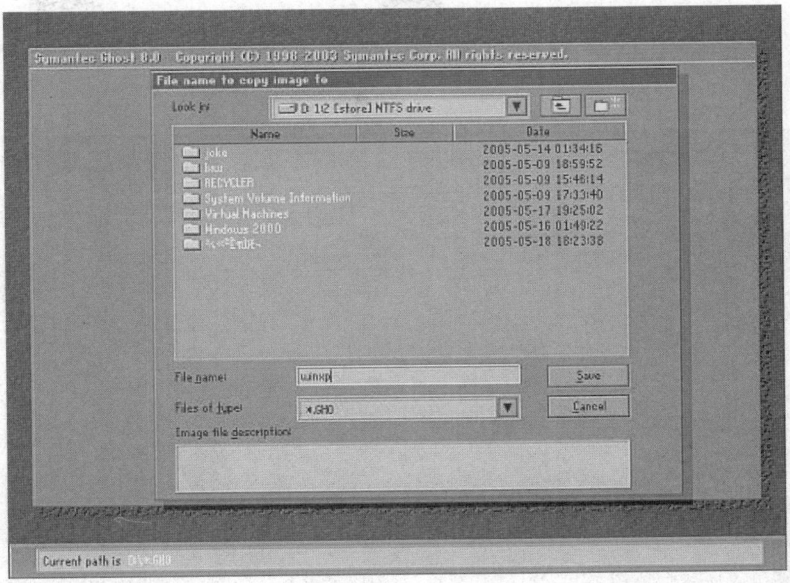

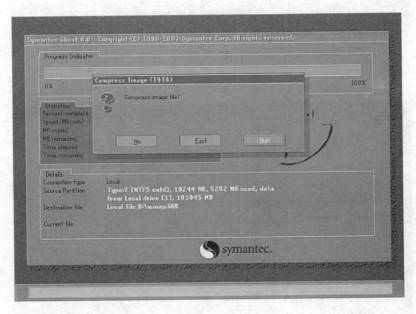

图　7-35

图　7-36

图　7-37

计算机软件系统的故障处理及维护

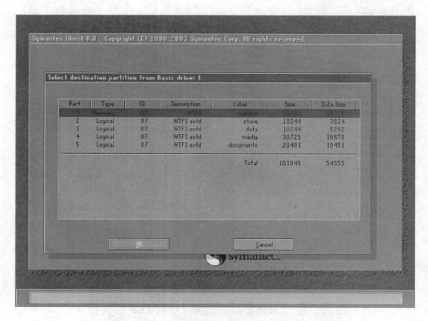

图　7-38

图　7-39

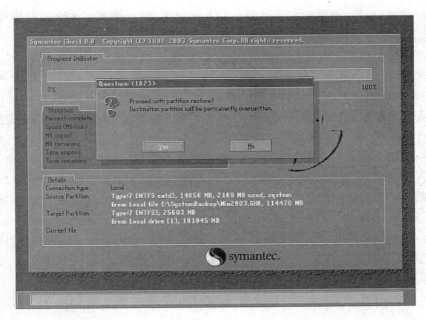

图 7-40

check——此功能是检查磁碟或备份档案因 fat、硬碟坏轨等是否会造成备份或还原失败。

<ghost 参数详细说明>

示例：

ghost.exe - clone,mode = copy,src = 1,dst = 2 - sure
（硬盘对拷）
ghost.exe - clone,mode = pcopy,src = 1:2,dst = 2:1 - sure
（将一号硬盘的第二个分区复制到二号硬盘的第一个分区）
ghost.exe - clone,mode = pdump,src = 1:2,dst = g:\bac.gho
（将一号硬盘的第二个分区做成映像文件放到 g 分区中）
ghost.exe - clone,mode = pload,src = g:\bac.gho:2,dst = 1:2
（从内部存有两个分区的映像文件中,把第二个分区还原到硬盘的第二个分区）
ghost.exe - clone,mode = pload,src = g:\bac.gho,dst = 1:1 - fx - sure - rb
（用 g 盘的 bac.gho 文件还原 c 盘.完成后不显示任何信息,直接启动）
ghost.exe - clone,mode = load,src = g:\bac.gho,dst = 2,sze1 = 60p,sze2 = 40p
（将映像文件还原到第二个硬盘,并将分区大小比例修改成 60:40）

6）数据备份与恢复：EasyRecovery

数据备份是容灾的基础,是指为防止系统出现操作失误或系统故障导致数据丢失,而将全部或部分数据集合从应用主机的硬盘或阵列复制到其他存储介质的过程。备份策略指确定需备份的内容、备份时间及备份方式。

目前被采用最多的备份策略主要有以下三种。

- 完全备份（Full Backup）。
- 增量备份（Incremental Backup）。
- 差分备份（Differential Backup）。

计算机软件系统的故障处理及维护

数据的存储、删除、备份和恢复都是有固定机制的,是一系列有关联的相辅相成的系统活动,了解了它们的原理,才更能知道该如何进行数据的保存和恢复。

数据存储的原理是:当我们要保存文件时,操作系统首先在目录区(DIR 区)中找到空闲区写入文件名、大小和创建时间等相应信息,然后在数据区(DATA 区)找出空闲区域将文件保存,最后返回目录区记录存储的位置。

数据删除的机制是:Windows 只是把目录区的内容删除,让操作系统找不到这个文件,而认为它已经消失,但真正的文件并没有删除。

数据恢复的奥秘是:数据恢复软件可以找到这类数据,并将其文件名、大小、位置等信息重新写入目录区中,让 Windows 系统重新识别出文件。

除了系统自带的备份恢复功能,现在有很多工具软件可以非常方便快捷地进行个人数据的备份与恢复。常见的数据恢复软件有 Winhex、FinalData、EasyRecovery、易我数据恢复向导、DiskGenius、顶尖数据恢复软件等。而 EasyRecovery 作为一款具有磁盘诊断、数据恢复、文件修复功能强大恢复软件,能够恢复由于误操作删除、误格式化等丢失的数据以及重建文件系统。下面详细说明一下 EasyRecovery 的使用方法。

(1) 软件的打开界面,选择“删除恢复”功能,查找并恢复已删除的文件,如图 7-41 所示。

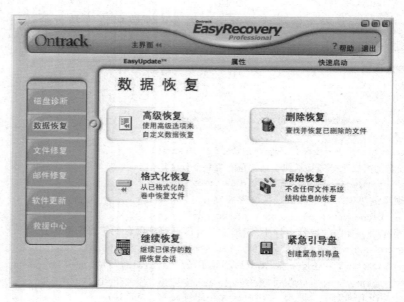

图 7-41

(2) 单击后,注意警告:恢复的文件要复制到不同于来源的目的地,如图 7-42 所示。

(3) 单击“下一步”按钮,选择需要恢复删除文件的分区,并可以自行规定扫描文件类型,如图 7-43 所示。

(4) 单击“下一步”按钮,勾选需要恢复的文件,如图 7-44 所示。

(5) 单击“下一步”按钮,选择恢复文件的存放位置,注意要与源位置不同的盘符,如图 7-45 所示。

(6) 最后,文件恢复完成,可以查看恢复日志,如图 7-46 所示。

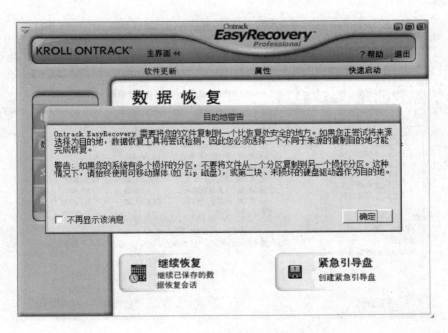

图　7-42

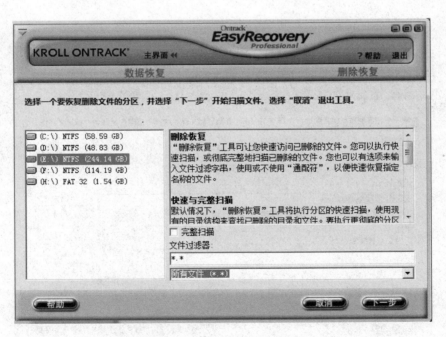

图　7-43

计算机软件系统的故障处理及维护

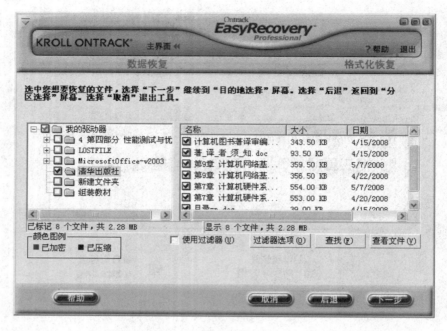

图　7-44

图　7-45

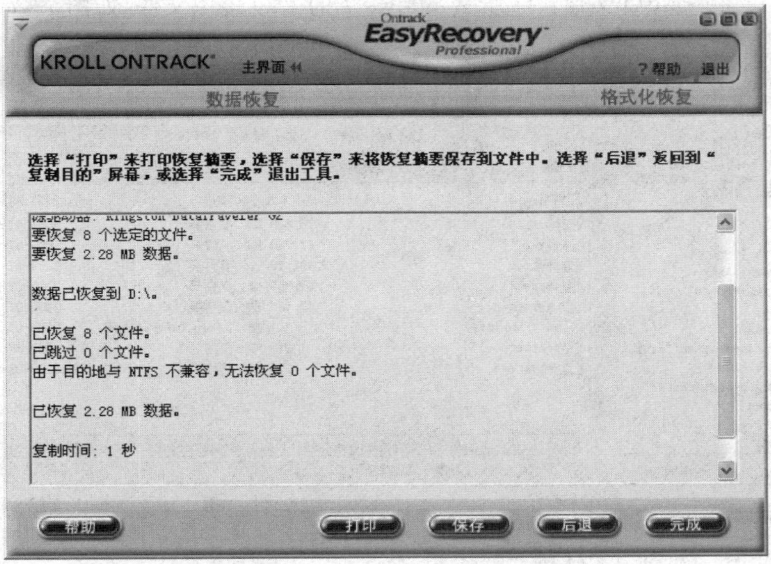

图　7-46

7）注册表维护

注册表作为 Windows 操作系统的核心数据库,从内容到结构都是相当复杂的,且注册表本身也只是以文件形式保存,所以注册表又是比较脆弱的。若注册表存在错误或遭到破坏,轻则影响系统性能和稳定,重则不能正常访问硬件或运行软件,甚至无法启动机器或使程序与数据受到损坏。在我们维护计算机软件系统的过程中,对注册表的维护也是非常重要的一个环节。了解基本的注册表使用和维护方法,对我们正常地使用、管理和维护计算机的软件系统有着非常重要的意义。

8）制作 U 盘启动盘:UltraISO

U 盘安装系统,快捷、方便,其好处无须多言。微软公司最新操作系统 Windows 8 已经到来,很多人都已经跃跃欲试。很多人会问,为什么不可以将下载的 ISO 镜像文件直接复制到 U 盘里成为启动安装盘? 或者是通过解压 ISO 镜像后的文件复制到 U 盘成为启动安装盘呢?

简单地说,不管是 U 盘,还是光盘,既然是想要作为启动盘,那就必须要有一个启动文件,也叫引导文件,并且这个引导文件还得是在根目录下,电脑在启动的时候,就会根据这个引导文件去执行。所以,很简单,我们需要借助一些工具去写入这个引导文件。

目前,U 盘制作工具有 Windows 8 USB Installer Maker、UltraISO、电脑店 U 盘启动盘制作工具。制作 U 盘启动安装的方法和工具其实有很多,但只要掌握其中一种较为简单的就足够了。

另外,在需要使用 U 盘作为启动时,应该首先想到设置 BIOS 里的第一启动项。因为很多主板里默认的第一启动是硬盘启动。由于不同电脑不同主板型号里 BIOS 的设置不一样,这里不做深入讨论。

我们以 UltraISO 为例,详解制作过程:先下载软件 UltraISO,再安装 UltraISO,然后

计算机软件系统的故障处理及维护

插上 U 盘,运行 UltraISO 文件:打开 Windows 7 的 ISO 镜像文件,如图 7-47 所示。

图　7-47

单击"启动"→"写入硬盘镜像",如图 7-48 所示。

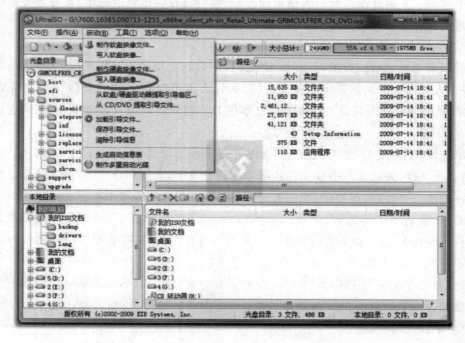

图　7-48

为保证刻录无误建议勾选"刻录效验"复选框,如图 7-49 所示。

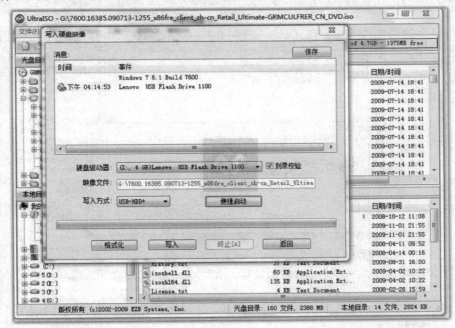

图 7-49

如图 7-50 所示单击"便捷启动"按钮,写入 USB-HDD+,如图 7-51 所示。

图 7-50

计算机软件系统的故障处理及维护

图 7-51

单击"写入"→"开始写入",如图 7-52～图 7-54 所示注意 U 盘会被格式化,有资料请备份。

图 7-52

图　7-53

图　7-54

计算机软件系统的故障处理及维护

U 盘启动盘制作完成,如图 7-55 所示。

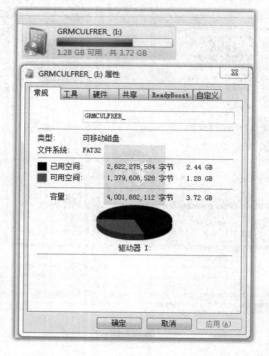

图 7-55

U 盘被占用 2.44GB,注意自己 U 盘是否够大。

**3. 良好的使用习惯**

计算机软件系统的维护,重点并不是在如何使用软件、查杀病毒、设置系统等,更重要的是在于日常的预知与防范。拥有良好的计算机使用习惯,是维护系统稳定、保证系统正常的一个非常必要,也是非常重要的环节。好的使用习惯能够避免以后很多不必要的繁杂的工作,达到事半功倍的作用。本文总结了如下几点,以供参考。

(1) 将我的文档等重要文件转移到非系统盘,以免系统发生问题重装使数据丢失。

(2) 将 IE 缓存区转移到非系统盘,以避免系统盘中临时文件过多,影响系统速度。

(3) 虚拟内存页面文件转移到非系统盘,避免占用大量系统空间,影响速度。

(4) 定期对系统进行磁盘清理和碎片整理,保证系统干净,提高系统运行速度。

(5) 上网冲浪时,不要单击或进入不明网址、网站或邮件等,以免中毒。

(6) 定期升级杀毒软件并定期杀毒,保证系统能正常工作。

(7) 一般应用程序尽量不要安装在系统盘上,使系统盘有足够的空间能够正常运行。

(8) 尽量不要非法关机,按照正常程序关机或重启。以避免文件丢失、损坏,致使系统不能正常使用。

(9) 不要安装来路不明的或者盗版的软件,下载的软件先进行杀毒,再使用。

(10) 做好一个完整干净的系统(包括常用的应用软件)后,及时进行备份。以便以后电脑出现问题后,能够快捷方便地进行系统恢复。

(11) 将各种文件规范存放。建立专门的文件夹分门别类地存放所有文件,比如音乐、游戏、文章、软件、程序、图片、视频影音等。

（12）在使用计算机的过程中，可以使用一些第三方软件对计算机进行优化或者清理，以便能够更好地使用计算机。但要注意的是，不要过分依赖这些软件。

# 7.2　实训内容

## 7.2.1　实训项目一：分析及查杀计算机流行病毒

### 1. 实验目的与要求

- 了解计算机最新流行病毒的相关情况。
- 学会分析病毒状况并找到有效的解决方法。
- 学会使用杀毒软件及各种杀毒方法。
- 掌握对计算机病毒的预防方法。

### 2. 实验步骤

（1）利用搜索引擎在 Internet 上搜索最新流行病毒的相关情况。

推荐实用的搜索引擎，如图 7-56 和图 7-57 所示。利用恰当的关键字搜索出最新流行病毒的详细信息。

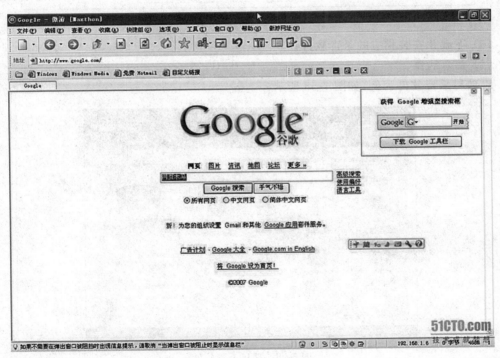

图 7-56　Google 搜索

（2）这一步最重要的是确定针对该病毒的最佳处理方法。目前很多病毒除了常规的杀毒软件杀毒之外，还有很多针对该病毒的个别的处理方法，如修改注册表等。通过分析该病毒的类型及网络资料，最终确定处理方案。

计算机软件系统的故障处理及维护

图 7-57 Baidu 搜索

（3）下载并安装相应的杀毒软件。

（4）查杀病毒。

以瑞星杀毒软件为例，如图 7-58 所示。

图 7-58 瑞星杀毒软件

做好该病毒的预防工作，并对整个病毒的分析和查杀过程进行总结和记录。

### 7.2.2 实训项目二：系统恢复与数据恢复实验

**1. 实验目的与要求**

（1）了解 Windows 7 系统的备份与恢复的方法。

（2）了解数据恢复的原理，掌握常用的数据恢复软件的使用方法。

**2. 实验步骤**

（1）使用 Windows 7 系统自带的系统备份与恢复软件，进行系统备份。

（2）学习数据恢复软件 EasyRecovery 的使用方法。

（3）模拟删除数据或文件，使用 EasyRecovery 软件进行数据文件的恢复。

（4）总结并记录实验过程中应该注意的问题，并填写实验指导书。

# 7.3  相 关 资 源

[1] 东方标准-电脑维修技巧. http://www. oneedu. cn/xxyd/dnjq/wsjq/Index. html.

[2] 清风网络-网络学院. http://www. ubss. cn/default_study. html.

[3] 风满楼数据屋. http://www. fmlkp. com/default. asp.

[4] 软件专区. http://www. it168. com/IT168.

[5] Windows 7 之家. http://www. windows7en. com/.

[6] 百度百科. http://baike. baidu. com/.

[7] 计算机组装与维护技术. http://jsjzx. cqut. edu. cn/web/main. htm.

# 7.4  练 习 与 思 考

1. 主要的计算机软件系统故障不包括_____。
   A. 系统文件丢失　　　　　　　　　　B. "木马软件"侵害
   C. 非法操作　　　　　　　　　　　　D. 资源耗尽问题

2. 下面哪个行为不是可能导致系统出现"非法操作"问题的原因？ _____
   A. 内存条质量问题　　　　　　　　　B. 软件冲突
   C. 打开有病毒的网页　　　　　　　　D. IE 窗口打开过多

3. 访问网站时，页面提示"404 not found"，可能是因为_____。
   A. 所访问的网站已经不存在　　　　　B. 网页有病毒
   C. 没有连接到 Internet 上　　　　　　D. 网页被禁止访问

4. DMA 表示_____。
   A. 外设与 CPU 直接访问　　　　　　B. 外设与内存直接访问
   C. CPU 与硬盘直接访问　　　　　　　D. 外设与硬盘直接访问

5. 蓝屏提示信息不包括_____。
   A. 调试端口　　　　　　　　　　　　B. 故障检查信息
   C. 推荐操作　　　　　　　　　　　　D. 故障产生原因

计算机软件系统的故障处理及维护

6. 启动系统时,提示"NTLDR is missing"表示下列问题_____。

    A. 根目录中没有找到 Ntldr 文件　　　　B. Ntldr 路径不正确

    C. Ntldr 服务没有启动　　　　D. Ntldr 文件被破坏

7. 信息安全的主要策略不包括_____。

    A. 系统容灾技术　　　　B. 云查杀技术

    C. 信息加密技术　　　　D. 防火墙技术

8. 计算机病毒的特征不包括_____。

    A. 随机性　　　　B. 潜伏性　　　　C. 破坏性　　　　D. 传染性

9. 下面_____操作不属于系统误操作。

    A. 随意单击"格式化"选项　　　　B. 单击不明来历的邮件

    C. 单击软件"升级"选项　　　　D. 同时打开多个软件

10. 下列中的_____不属于病毒范畴。

    A. 特洛伊木马　　　　B. 爱情后门病毒

    C. 熊猫烧香　　　　D. 尼姆达病毒

11. 关于数据恢复,不正确的说法是_____。

    A. 重要的数据文件最好先备份　　　　B. 用软件可以恢复任何消失的文件

    C. 没有备份的文件,也可能被找回来　　　　D. 最好少用磁盘的格式化操作

12. 一般来说,计算机病毒不会通过下列_____途径进行传播。

    A. 网上聊天　　　　B. 电子邮件　　　　C. 优盘　　　　D. 网页

13. 对于计算机软件系统日常维护,一般不包括_____。

    A. 垃圾文件清理　　　　B. 少安装软件

    C. 磁盘碎片整理　　　　D. 数据备份

14. 系统自带的系统维护工具有_____。

    A. 磁盘清理工具　　　　B. 磁盘碎片整理工具

    C. 系统备份工具　　　　D. 系统查毒工具

# 第8章　　计算机网络基础及故障处理

## 8.1　实训预备知识

### 8.1.1　计算机网络的概述

计算机网络是计算机和通信这两大现代技术密切结合的产物,它代表了目前计算机体系结构发展的一个极其重要的方向。计算机网络技术包括了硬件、软件、网络体系结构和通信技术。计算机网络化是计算机进入到第4个时代的标志,几乎所有的计算机都面临着网络化的问题。在微机普及的今天,网络平台是个人计算机使用环境的一种必然选择。一个国家、地区或单位微机的网络化水平,几乎可以代表计算机的使用水平。

**1. 计算机网络的形成**

任何一种新技术的出现都必须具备两个条件,一是强烈的社会需求,二是前期技术的成熟。计算机网络技术的形成与发展也遵循这样一个技术发展轨迹。

20世纪50年代初,由于美国军方的需要,美国半自动地面防空系统(SAGE)的开发开始了计算机技术与通信技术相结合的尝试。

SAGE系统需要将远程雷达与其他测量设施连接起来,使得观测到的防空信息通过总长度达2 410 000km的通信线路与一台IBM计算机连接,实现分布的防空信息能够集中处理与控制。

要实现这样的目的,首先要完成数据通信技术的基础研究。

1954年,一种叫收发器的终端研制成功,人们用它首次实现了将穿孔卡片上的数据从电话线路上发送到远地的计算机上,此后电传打字机也作为远程终端和计算机相连。而计算机的信号是数字脉冲,为使它能在电话线路上传输,需增加一个调制解调器,以实现数字信号和模拟信号的转变。用户可在远地的电传打字机上输入自己的程序,而计算机算出的结果又可从计算机传送到电传打字机打印出来。计算机与通信的结合开始。

这种需求主要来自军事、科学研究、地区与国家经济信息分析决策、大型企业经营管理。他们希望将分布在不同地点的计算机通过通信线路互联成为主计算机——计算机网络。网络用户可以通过计算机使用本地计算机的软件、硬件与数据资源,也可以使用联网的其他地方的计算机软件、硬件与数据资源,以达到计算机资源共享的目的。

这一阶段研究的典型代表:美国国防部高级研究计划局的ARPANET(通常称为ARPA网)。

**2. 计算机网络的发展**

所谓联网,就是把计算机与计算机通过通信线路连接起来,使其彼此能相互通信,计算机网络的发展,经过了以下几个阶段。

第一阶段:联网的尝试。从20世纪50年代开始,美国军方所研制的半自动地面防空系统(SAGE)试图把各雷达站测得的数据传送到计算机进行处理。在1958年首先建成了纽约防区,到1963年共建成了17个防区。该项工程投入了80亿美元,推动了当时计算机产业的技术进步,几乎同时,由IBM公司研制了全美航空订票系统(SABRAI)。到1964年,美国各地的旅行社就都能用它来预订航班的机票了。

严格地说,上述两个系统都只是将远程终端和主机联机的系统,只是人们联网的尝试,并没有实现计算机之间的联网。同一时期,在大学与研究机构中,为均衡计算机的负荷和共享宝贵的硬件资源,也进行着计算机间通信的试验,做了联网的种种尝试。

第二阶段:ARPANET的诞生。20世纪60年代,在数据通信领域提出分组交换的概念,这是人们着手研究计算机间通信技术的开端。1968年美国国防部高级研究计划署(Advanced Research Projects Agency,ARPA)资助了对分组交换的进一步研究,1969年12月,在西海岸建成有4个通信节点的分组交换网,这就是最初的ARPANET。随后,ARPANET的规模不断扩大,很快就遍布在美国的西海岸和东海岸之间了。

ARPANET实际上分成了两个基本的层次,底层是通信子网,上层是资源子网。初期的ARPANET租用专线连接专门负责分组交换的通信节点,通信节点实际上是专用的小型计算机,线路和节点组成了底层的通信子网。大型主机通常分接到通信节点上,由通信节点支持它的通信需求。由于这些大型主机提供了网上最重要的计算资源和数据资源,故有些文献说联网的主机及其终端构成了ARPANET上的资源子网。这种把网络分层的做法,极大地简化了整个网络的设计。

分组交换和进行网络服务的分层对计算机网络的发展都起了重要的作用。

第三阶段:多种网络技术的并存。在20世纪70年代,IBM、DEC等计算机公司分别制定了自己计算机产品的联网方案。在公司内部以及自身的用户群中建立了一批专门性的网络,并分别确定了网络的体系结构。IBM所生产的各种计算机,能够以系统网络体系结构(SNA)组网;DEC生产的各种型号的计算机则能够以Digit网络体系结构(DNA)组网,不同的计算机公司,用于组成网络的硬件、软件和通信协议都各不兼容,难以互相连接。

第四阶段:Internet——TCP/IP的崛起。从1988年起,Internet就正式跨出了美国国门,首先是接到了加拿大、法国和北欧,随后延伸到了地球的每个大洲的各个角落。

NSF还陆续支持了许多项目,鼓励地区级(中级)网络的建设,特别是鼓励建设替代原有干线的新通信干线,资助了提升干线传输速率的种种研究试验。到1995年,大量由公司运行的商业性IP网络出现了,NSF把ANS主干卖给了American Online,迫使各中级网络利用商业性IP服务相互连接。在这种形势下,形成了Internet具有多个主干、数百个中级网络、数万个LAN、数百万台主机和几千万用户的规模。

第五阶段:G级网络的试验研究。G级网络(GigaBit Network)指每秒传送千兆位的网络,通常也包括速率大于500Mb/s的全双工干线。

**3. 计算机网络的功能、应用和分类**

1) 计算机网络的基本功能与特点

(1) 数据通信。

数据通信是计算机网络基本的功能,可实现不同地理位置的计算机与终端、计算机与计算机之间的数据传输。

（2）资源共享。

资源共享包括网络中软件、硬件和数据资源的共享，这是计算机网络最主要和最有吸引力的功能。

（3）集中管理。

（4）分布式处理。

（5）可靠性高。

（6）均衡负荷。

（7）综合信息服务。

2）计算机网络的主要应用

计算机网络是信息产业的基础，在各行各业都获得了广泛的应用：

（1）办公自动化系统（OAS）。

（2）管理信息系统（MIS）。

（3）电子数据交换（EDI）。

（4）现代远程教育（Distance Education）。

（5）电子银行。

（6）企业信息化。

（7）负荷均衡。负荷均衡是指工作被均匀地分配给网络上的各台计算机系统。网络控制中心负责分配和检测，当某台计算机负荷过重时，系统会自动转移负荷到较轻的计算机系统去处理。

计算机网络可以大大扩展计算机系统的功能，扩大其应用范围，提高可靠性，为用户提供方便，同时也减少了费用，提高了性能价格比。

3）可以按许多不同的方法对计算机网络进行分类

（1）按网络的分布范围分类

按地理分布范围来分类，计算机网络可以分为广域网、局域网和城域网3种。

（2）按网络的交换方式分类

按交换方式来分类，计算机网络可以分为电路交换网、报文交换网和分组交换网3种。

除了以上两种分类方法外，还可按所采用的拓扑结构将计算机网络分为星状网、总线型网、环状网、树状网和网状网络。

**4. 计算机网络的组成**

计算机网络系统是由通信子网和资源子网组成的。而网络软件系统和网络硬件系统是网络系统赖以存在的基础。在网络系统中，硬件对网络的选择起着决定性的作用，而网络软件则是挖掘网络潜力的工具。

1）网络软件

在网络系统中，网络上的每个用户，都可享有系统中的各种资源，系统必须对用户进行控制。否则，就会造成系统混乱、信息数据的破坏和丢失。为了协调系统资源，系统需要通过软件工具对网络资源进行全面的管理、调度和分配，并采取一系列的安全保密措施，防止用户不合理地对数据和信息的访问，以防数据和信息的破坏与丢失。网络软件是实现网络功能不可缺少的软件环境。

通常网络软件包括以下几种。

网络协议和协议软件：它是通过协议程序实现网络协议功能。

网络通信软件：通过网络通信软件实现网络工作站之间的通信。

网络操作系统：网络操作系统是用于实现系统资源共享、管理用户对不同资源访问的应用程序，它是最主要的网络软件。

网络管理及网络应用软件：网络管理软件是用来对网络资源进行管理和对网络进行维护的软件。网络应用软件是为网络用户提供服务并为网络用户解决实际问题的软件。

网络软件最重要的特征是：网络管理软件所研究的重点不是在网络中互连的各个独立的计算机本身的功能，而是在如何实现网络特有的功能。

2）网络硬件

网络硬件是计算机网络系统的物质基础。要构成一个计算机网络系统，首先要将计算机及其附属硬件设备与网络中的其他计算机系统连接起来。不同的计算机网络系统，在硬件方面是有差别的。随着计算机技术和网络技术的发展，网络硬件日趋多样化，功能更加强大，更加复杂。

（1）线路控制器 LC(Line Controller)：LC 是主计算机或终端设备与线路上调制解调器的接口设备。

（2）通信控制器 CC(Communication Controller)：CC 是用于对数据信息各个阶段进行控制的设备。

（3）通信处理机 CP(Communication Processor)：CP 是作为数据交换的开关，负责通信处理工作。

（4）前端处理机 FEP(Front End Processor)：FEP 也是负责通信处理工作的设备。

（5）集中器 C(Concentrator)、多路选择器 MUX(Multiplexor)：是通过通信线路分别和多个远程终端相连接的设备。

（6）主机 HOST(Host Computer)。

（7）终端 T(Terminal)。

## 8.1.2 计算机网络的拓扑结构

为了进行复杂的计算机网络结构设计，人们引用了拓扑学中拓扑结构的概念。在网络的设计中，网络拓扑的设计选型是计算机网络设计的第一步。因此，拓扑结构是影响网络性能的主要因素之一，也是实现各种协议的基础。所以，网络拓扑结构直接关系到网络的性能、系统可靠性、通信和投资费用等因素。

**1. 计算机网络拓扑结构的定义**

通常，将通信子网中的通信处理机和其他通信设备称为节点，通信线路称为链路，而将节点和链路连接而成的几何图形称为网络的拓扑结构。因此，计算机网络拓扑结构是指它的通信子网的拓扑构型。它反映出通信网络中各实体之间的结构关系。

**2. 计算机网络的拓扑结构的分类**

计算机网络的拓扑结构，即是指网上计算机或设备与传输媒介形成的节点与线的物理构成模式。网络的节点有两类：一类是转换和交换信息的转接节点，包括节点交换机、集线器和终端控制器等；另一类是访问节点，包括计算机主机和终端等。线则代表各种传输媒介,包括有形的和无形的。

计算机网络的拓扑结构主要有总线型结构、星状结构、环状结构、树状结构和混合型结构。

### 8.1.3 网络传输介质

传输介质是网络中连接各个通信处理设备的物理媒体,是网络通信的物质基础之一。传输介质可以是有线的,也可以是无线的。前者被称为约束介质,而后者被称为自由介质。

传输介质的性能特点对传输速度、成本、抗干扰能力、通信的距离、可连接的网络节点数目和数据传输的可靠性等均有很大的影响。因此,必须根据不同的通信要求,合理地选择合适的传输介质。

**1. 网络传输介质介绍**

传输介质是网络连接设备的中间介质,也是信号传输的媒体,常用的介质有以下几种。

1) 双绞线

双绞线(Twisted Pair,如图 8-1 所示)是现在最普通的传输介质,它由两条相互绝缘的铜线组成,直径为 1mm。两根线铰接在一起是为了防止其电磁感应在邻近线对中产生干扰信号。现行双绞线电缆中一般包含 4 个双绞线对,具体为橙白/橙、蓝白/蓝、绿白/绿、棕白/棕。计算机网络使用 1/2、3/6 两组线对分别来发送和接收数据。双绞线接头为具有国际标准的 RJ-45 插头和插座。

双绞线分为屏蔽(Shielded)双绞线 STP 和非屏蔽(Unshielded)双绞线 UTP,非屏蔽双绞线由线缆外皮作为屏蔽层,适用于网络流量不大的场合中。屏蔽式双绞线具有一个金属甲套(Sheath),对电磁干扰 EMI(Electromagnetic Interference)具有较强的抵抗能力,适用于网络流量较大的高速网络协议应用。双绞线根据性能又可分为 5 类、6 类和 7 类,现在常用的为 5 类非屏蔽双绞线,其频率带宽为 100MHz。当运行 100MB 以太网时,可使用屏蔽双绞线以提高网络在高速传输时的抗干扰特性。6 类、7 类双绞线分别可工作于 200MHz 和 600MHz 的频率带宽之上,且采用特殊设计的 RJ-45 插头(座)。

2) 同轴电缆

广泛使用的同轴电缆(Coaxial,如图 8-2 所示)有两种:一种为 50Ω(沿电缆导体各点的电磁电压对电流之比)同轴电缆,用于数字信号的传输,即基带同轴电缆;另一种为 75Ω 同轴电缆,用于宽带模拟信号的传输,即宽带同轴电缆。同轴电缆以单根铜导线为内芯,外裹一层绝缘材料,外覆密集网状导体,最外面是一层保护性塑料。金属屏蔽层能将磁场反射回中心导体,同时也使中心导体免受外界干扰,故同轴电缆比双绞线具有更高的带宽和更好的噪声抑制特性。

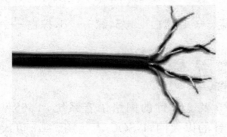

图 8-1　双绞线　　　　　　　　　图 8-2　同轴电缆

计算机网络基础及故障处理

现行以太网同轴电缆的接法有两种：直径为 0.4cm 的 RG-11 粗缆采用凿孔接头接法，直径为 0.2cm 的 RG-58 细缆采用 T 型头接法。粗缆要符合 10BASE5 介质标准，使用时需要一个外接收发器和收发器电缆，单根最大标准长度为 500m，可靠性强，最多可接 100 台计算机，两台计算机的最小间距为 2.5m。细缆按 10BASE2 介质标准直接连到网卡的 T 型头连接器（即 BNC 连接器）上，单段最大长度为 185m，最多可接 30 个工作站，最小站间距为 0.5m。

3）光导纤维

光导纤维（Fiber Optic，如图 8-3 所示）是软而细的、利用内部全反射原理来传导光束的传输介质，有单模和多模之分。单模（模即 Mode，入射角）光纤多用于通信业。多模光纤多用于网络布线系统。

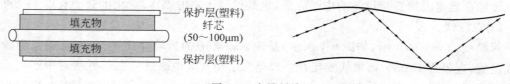

图 8-3　光导纤维

光纤为圆柱状，由 3 个同心部分组成——纤芯、包层和护套，每一路光纤包括两根，一根接收，一根发送。

用光纤作为网络介质的 LAN 技术主要是光纤分布式数据接口（Fiber-optic Data Distributed Interface，FDDI）。与同轴电缆比较，光纤可提供极宽的频带且功率损耗小、传输距离长（2km 以上）、传输率高（可达数千 Mb/s）、抗干扰性强（不会受到电子监听），是构建安全性网络的理想选择。

4）微波传输和卫星传输

这两种传输方式均以空气为传输介质，以电磁波为传输载体，联网方式较为灵活。

**2. 双绞线的制作**

一般的网络结构最常见的可分为双机直连和多机互连，而双绞线的制作也是有讲究的。

按国际标准共有 4 种线序：T568A、T568B、USOC(8)、USOC(6)。一般常用的是前两种。剥开一段双绞线，会看到其中共有四对互相缠绕的独股塑包线：绿对、蓝对、橙对、棕对。

T568A 标准：绿白——1，绿——2，橙白——3，蓝——4，蓝白——5，橙——6，棕白——7，棕——8。

T568B 标准：橙白——1，橙——2，绿白——3，蓝——4，蓝白——5，绿——6，棕白——7，棕——8。

USOC(8)的线序是：白棕、绿、白橙、蓝、白蓝、橙、绿、棕。

USOC(6)的线序是：空、白绿、白橙、蓝、白蓝、橙、绿、空。

USOC 是一旧式的语音传输标准，对于采用 4/5 及 3/6 针的网络语音系统，T568A 及 T568B 与 USOC 一样适用，但对于使用 1/2 及 3/6 针的以太网，USOC 不适用，一个以太网 NIC 是以 1/2 针来传输信号，而由于 1/2 针不是一对（它们具有不同颜色及不是互绞），所以

NIC 不能透过 1/2 针来传输信号。除非确切知道布线系统只有模拟电话应用而不会有任何数据语音应用,最好尽量避免使用 USOC 接线方式。网络布线中,双绞线的制作多采用 T568A 和 T568B 标准线序。这样可以避免信号传输中的干扰,提高传输距离。

不同的网络结构需要使用不同做法的双绞线来连接,大家可按以下原则来使用:异种网络设备连接交换时应该使用直通线,即双绞线两端的线序排列一致,遵循的排列规则如下。

T568A——T568A 或 T568B——T568B

而同种设备之间的级连(比如计算机之间)使用普通并行接口时,则使用交叉线连接;这种双绞线遵循的排列规则为:

T568A——T568B

双绞线的测试。在双绞线制作完成后,一般都要使用专门的网线测试仪来测试连通性,可检测 5E、6E、STP/UDP 双绞线,某些产品还能检测同轴电缆及电话线的接线故障。功能再强大一点的能测试出开路、短路、跨接、反接和串接各种情况;能定位接线和连接的错误;能测量线路长度,确定短路、开路的距离等。

使用网线测试仪时,将网线两端的水晶头分别插入主测试仪和远程测试端的 RJ-45 端口,将开关开至 ON(S 为慢速挡),主机指示灯从 1 至 G 逐个顺序闪亮,表示网线连接没有问题。

如果网线中有几根导线发生断路,则主测试端和远程测试端相应线号的指示灯就不亮。

## 8.1.4 计算机网络模型

随着新媒体类型的开发、新传输协议的增长,许多人都看到了不同媒体类型和协议能够互相操作的需求。早在 1980 年,国际标准化组织(ISO)就着手解决这个问题,并于 1984 年成功地创建了开放系统互连参考模型(OSI),为不同厂商之间创建可互操作规程的网络软件部件提供了基本依据。

OSI 模型描述了在像 Windows NT、Windows 2000、Windows XP 之类的模块化操作系统中,所有网络部件都应该承认的 7 个标准层:

- 应用层;
- 表示层;
- 会话层;
- 传输层;
- 网络层;
- 数据链路层;
- 物理层。

在这 7 个标准层中,每一层使用下一层的服务,并直接对上一层提供服务。例如,TCP 是传输层服务,使用可靠的 IP 服务,保证了对其上一层的可靠连接。开放互连参考模型如图 8-4 所示。

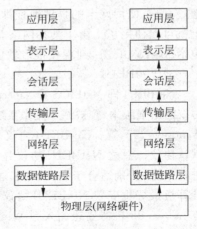

图 8-4 OSI 7 层模型

计算机网络基础及故障处理

### 8.1.5 计算机网络的通信协议

#### 1. 网络协议

网络协议是网络上所有设备(网络服务器、计算机及交换机、路由器、防火墙等)之间通信规则的集合,它定义了通信时信息必须采用的格式和这些格式的意义。大多数网络都采用分层的体系结构,每一层都建立在它的下层之上,向它的上一层提供一定的服务,而把如何实现这一服务的细节对上一层加以屏蔽。一台设备上的第 $n$ 层与另一台设备上的第 $n$ 层进行通信的规则就是第 $n$ 层协议。在网络的各层中存在着许多协议,接收方和发送方同层的协议必须一致,否则一方将无法识别另一方发出的信息。网络协议使网络上各种设备能够相互交换信息。常见的协议有 TCP/IP 协议、IPX/SPX 协议、NetBEUI 协议等。在局域网中用得比较多的是 IPX/SPX。用户如果访问 Internet,则必须在网络协议中添加 TCP/IP 协议。

1) TCP/IP

TCP/IP 是"Transmission Control Protocol/Internet Protocol"的简写,中文译名为传输控制协议/互联网络协议,TCP/IP(传输控制协议/网间协议)是一种网络通信协议,它规范了网络上的所有通信设备,尤其是一个主机与另一个主机之间的数据往来格式以及传送方式。TCP/IP 是 Internet 的基础协议,也是一种电脑数据打包和寻址的标准方法。在数据传送中,可以形象地理解为有两个信封,TCP 和 IP 就像是信封,要传递的信息被划分成若干段,每一段塞入一个 TCP 信封,并在该信封面上记录有分段号的信息,再将 TCP 信封塞入 IP 大信封,发送上网。在接收端,一个 TCP 软件包收集信封,抽出数据,按发送前的顺序还原,并加以校验,若发现差错,TCP 将会要求重发。因此,TCP/IP 在 Internet 中几乎可以无差错地传送数据。对普通用户来说,并不需要了解网络协议的整个结构,仅需了解 IP 的地址格式,即可与世界各地进行网络通信。

2) IPX/SPX

IPX/SPX 是基于施乐的 XEROX'S Network System(XNS)协议,而 SPX 是基于施乐的 XEROX'S SPP(Sequenced Packet Protocol,顺序包协议)协议,它们都是由 Novell 公司开发出来应用于局域网的一种高速协议。它和 TCP/IP 的一个显著不同就是它不使用 IP 地址,而是使用网卡的物理地址即 MAC 地址。在实际使用中,它基本不需要什么设置,装上就可以使用了。由于其在网络普及初期发挥了巨大的作用,所以得到了很多厂商的支持,包括 Microsoft 等,到现在很多软件和硬件也均支持这种协议。

3) NetBEUI

NetBEUI 即 NetBIOS Enhanced User Interface 或 NetBIOS 增强用户接口。它是 NetBIOS 协议的增强版本,曾被许多操作系统采用,例如 Windows for Workgroup、Windows 9x 系列、Windows NT 等。NetBEUI 协议在许多情形下很有用,是 Windows 98 之前的操作系统的默认协议。总之 NetBEUI 协议是一种短小精悍、通信效率高的广播型协议,安装后不需要进行设置,特别适合于在"网络邻居"传送数据。所以建议除了 TCP/IP 协议之外,局域网的计算机最好也安装 NetBEUI 协议。另外还有一点要注意,如果一台只装了 TCP/IP 协议的 Windows 98 机器要想加入到 Windows NT 域,也必须安装 NetBEUI 协议。

#### 2. IP 地址与 MAC 地址

基于 IP 协议的因特网,目前已经发展成为当今世界上规模最大、拥有用户最多、资源最广泛的通信网络。IP 协议也因此成为事实上的业界标准,以 IP 协议为基础的网络已经成为通信网络的主流。

1) IP 地址

IP 地址是用来标识网络中的一个通信实体,比如一台主机,或者是路由器的某一个端口。而在基于 IP 协议网络中传输的数据包,也都必须使用 IP 地址来进行标识,如同写一封信,要标明收信人的通信地址和发信人的地址,邮政工作人员通过该地址来决定邮件的去向。

在计算机网络里,每个被传输的数据包也要包括一个源 IP 地址和一个目的 IP 地址。当该数据包在网络中进行传输时,这两个地址要保持不变,以确保网络设备总能根据确定的 IP 地址,将数据包从源通信实体送往指定的目的通信实体。

目前,IP 地址使用 32 位二进制地址格式,为方便记忆,通常使用以点号划分的十进制来表示,如 202.112.14.1。

一个 IP 地址主要由两部分组成:一部分是用于标识该地址所从属的网络号;另一部分用于指明该网络上某个特定主机的主机号。

为了给不同规模的网络提供必要的灵活性,IP 地址的设计者将 IP 地址空间划分为 5 个不同的地址类别,如表 8-1 所示,其中 A、B、C 三类最为常用。

表 8-1　IP 地址类别详述

| IP 地址类型 | 第一字节十进制范围 | 二进制固定最高位 | 二进制网络位 | 二进制主机位 |
| --- | --- | --- | --- | --- |
| A 类 | 0~127 | 0 | 8 位 | 24 位 |
| B 类 | 128~191 | 10 | 16 位 | 16 位 |
| C 类 | 192~223 | 110 | 24 位 | 8 位 |
| D 类 | 224~239 | 1110 | 组播地址 | |
| E 类 | 240~255 | 1111 | 保留试验使用 | |

网络号由因特网权力机构分配,主机地址由各个网络的管理员统一分配。因此,网络地址的唯一性与网络内主机地址的唯一性确保了 IP 地址的全球唯一性。

2) 子网划分

为了提高 IP 地址的使用效率,一个网络可以划分为多个子网:采用借位的方式,从主机最高位开始借位变为新的子网位,剩余部分仍为主机位。这使得 IP 地址的结构分为三部分:网络位、子网位和主机位,如图 8-5 所示。

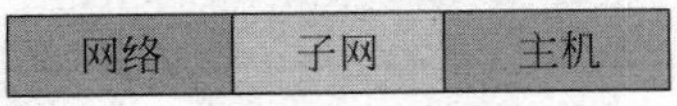

引入子网概念后,网络位加上子网位才能全局唯一地标识一个网络。把所有的网络位用 1 来标识,主机位用 0 来标识,就得到了子网掩码。

| 网络 | 子网 | 主机 |
| --- | --- | --- |

图 8-5　IP 地址的结构

子网编址使得 IP 地址具有一定的内部层次结构,这种层次结构便于 IP 地址分配和管理。它的使用关键在于选择合适的层次结构,使得网络地址既能适应各种现实的物理网络规模,又能充分地利用 IP 地址空间(即从何处分隔子网号和主机号)。

3) IP 地址的局限性

最初的因特网设计者没有预想到网络会如此快速地发展,因此现在网络面临的问题都可以追溯到因特网发展的早期决策上,IP地址的分配更能体现这一点。

目前使用的IPv4地址使用32位的地址,即在IPv4的地址空间中有$2^{32}$(约43亿)个地址可用。这样的地址空间在因特网早期看来几乎是无限的,于是便将IP地址根据申请而按类别分配给某个组织或公司,而没有考虑到IPv4地址空间最终会被用尽。

在这种情况下,人们开始致力于下一代因特网协议——IPv6的研究。由于现在IPv6的协议并不完善和成熟,还需要长期的试验验证,因此,IPv4到IPv6的完全过渡将是一个比较长的过程,在过渡期间仍然需要在IPv4上实现网络间的互连。

Internet IP地址由NIC(Internet Network Information Center,因特网信息中心)统一负责全球地址的规划、管理;同时由Internet NIC、APNIC、RIPE三大网络信息中心具体负责美国及其他地区的IP地址分配。

固定IP:固定IP地址是长期固定分配给一台计算机使用的IP地址,一般是特殊的服务器才拥有固定IP地址。

动态IP:因为IP地址资源非常短缺,通过电话拨号上网或普通宽带上网用户一般不具备固定IP地址,而是由ISP动态分配暂时的一个IP地址。普通人一般不需要去了解动态IP地址,这些都是计算机系统自动完成的。

公有地址(Public Address)由Internet NIC负责。这些IP地址分配给注册并向Internet NIC提出申请的组织机构。通过它直接访问因特网。

私有地址(Private Address)属于非注册地址,专门为组织机构内部使用。

以下列出留用的内部私有地址。

A类:10.0.0.0～10.255.255.255。

B类:172.16.0.0～172.31.255.255。

C类:192.168.0.0～192.168.255.255。

4) MAC地址

MAC地址是固化在网卡上串行EEPROM中的物理地址,通常有48位长。以太网交换机根据某条信息包头中的MAC源地址和MAC目的地址实现包的交换和传递。要搭建局域网,必须学会绑定IP与MAC地址;换了新网卡,必须学会修改MAC地址以应对不能上网的尴尬。不要让MAC地址成为网上生活的绊脚石。

图8-6　获取MAC地址

对于数量不多的几台机器,可以这样获取MAC地址:在Windows 98/Me中,依次单击"开始"→"运行",输入winipcfg,按Enter键,如图8-6所示。

在Windows 2000/XP/Windows7中,依次单击"开始"→"运行",输入CMD,按Enter键,输入ipconfig /all,按Enter键。

## 8.1.6　计算机局域网的组建

局域网即一组计算机和其他设备,在物理地址上彼此相隔不远,以允许用户相互通信和共享诸如打印机和存储设备之类的计算资源而互连在一起的系统。就其技术性定义而言,它由特定类型的传输媒体（如电缆、光缆和无线媒体）和网络适配器（也称为网卡）互连在一起的计算机，并受网络操作系统监控的网络系统。

### 1. 局域网概述

为了完整地给出 LAN 的定义，必须使用两种方式：一种是功能性定义，另一种是技术性定义。前一种将 LAN 定义为一组台式计算机和其他设备，在物理地址上彼此相隔不远，以允许用户相互通信和共享诸如打印机和存储设备之类的计算资源而互连在一起的系统。这种定义适用于办公环境下的 LAN、工厂和研究机构中使用的 LAN。

局域网（LAN）的名字本身就隐含了这种网络地理范围的局域性。由于较小的地理范围，LAN 通常要比广域网（WAN）具有高得多的传输速率，例如，目前 LAN 的传输速率为 10Mb/s，FDDI 的传输速率为 100Mb/s，而 WAN 的主干线速率国内目前仅为 64Kb/s 或 2.048Mb/s，最终用户的上线速率通常为 14.4Kb/s。

LAN 的拓扑结构目前常用的是总线型和环状。这是由于有限的地理范围决定的。这两种结构很少在广域网环境下使用。

LAN 还有诸如高可靠性、易扩缩和易于管理及安全等多种特性。

### 2. 局域网基本组成

要构成局域网，如图 8-7 所示，必须有其基本组成部件。局域网既然是一种计算机网络，自然少不了计算机，特别是个人计算机（PC）。几乎没有一种网络只由大型机或小型机构成。

计算机互连在一起，当然也不可能没有传输媒体，这种媒体可以是同轴电缆、双绞线、光缆或辐射性媒体。

第 3 个构件是任何一台独立的计算机通常都配备的网卡，也称为网络适配器。在构成 LAN 时，是不可少的部件。

第 4 个构件是将计算机与传输媒体相连的各种连接设备，如 RJ-45 插头（座）等。

具备了上述 4 种网络构件，便可搭成一个基本的 LAN 硬件平台，如图 8-7 所示。

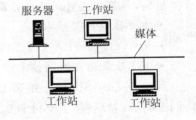

图 8-7　局域网的组成

有了 LAN 硬件环境，还需要控制和管理 LAN 正常运行的软件，即谓 NOS 是在每个 PC 原有操作系统上增加网络所需的功能。例如，当需要在 LAN 上使用字处理程序时，用户的感觉犹如没有组成 LAN 一样，这正是 LAN 操作发挥了对字处理程序访问的管理。在 LAN 情况下，字处理程序的一个复制通常保存在文件服务器中，并由 LAN 上的任何一个用户共享。由上面介绍的情况可知，组成 LAN 需要下述 5 种基本结构：

- 计算机（特别是 PC）；
- 传输媒体；
- 网络适配器；
- 网络连接设备；
- 网络操作系统。

### 3. 典型局域网组网技术

以太网组网非常灵活和简便，可使用多种物理介质，以不同拓扑结构组网，是目前国内

计算机网络基础及故障处理

外应用最为广泛的一种网络,已成为网络技术的主流。

以太网按其传输速率又分成 10Mb/s、100Mb/s、1000Mb/s。

1) 细缆以太网 10 BASE-2

10 BASE-2 以太网是采用 IEEE 802.3 标准,它是一种典型的总线型结构,如图 8-7 所示。采用细缆为传输介质,通过 T 型接头与网卡上的 BNC 接口相连的总线型网络。

一个细缆以太网电缆段长度超过 185m 或工作站个数多于 30 个时,应采用支持 BNC 接口的中继器来延长距离,或增加节点个数。使用 4 个中继器的细缆以太网的最大长度可达到 925m。

2) 双绞线以太网 10 BASE-T

10 BASE-T 是采用无屏蔽双绞线(UTP)作为传输介质的以太网,其标准为 IEEE 802.3i。在网络拓扑结构中增加了集线器(Hub),采用 RJ-45 连接头实现网络连接。

10 BASE-T 以太网的基本硬件组成:

- 网络服务器和工作站。
- 交换机或集线器(Hub)。
- 3 类或 5 类 UTP。
- 带有 RJ-45 接口的 Ethernet 网卡。
- RJ-45 连接头(水晶头)。

3) 100 BASE-T 组网技术

目前,具有代表性的 100M 局域网技术有:

- 100 BASE-T 技术。
- 100 VG-AnyLAN 技术。
- FDDI 快速光纤网技术。

其中 100 BASE-T 是由 10 BASE-T 以太网直接升级得到的,100 BASE-T 技术在介质访问控制层(物理层)上支持 100 BASE-TX、100 BASE-T4 和 100 BASE-FX 三种介质协议。传输介质可以是 3 类 UTP、5 类 UTP 或光纤。

4) 100 BASE-TX

100 BASE-TX 使用 5 类非屏蔽双绞线或 1 类屏蔽双绞线作为传输介质。100 BASE-TX 使用其中的两对,连接方法和 10 BASE-T 完全相同,这意味着不必改变布线格局便可直接将 10 BASE-T 的布线系统移植到 100 BASE-TX 上。100 BASE-TX 是全双工系统,站点可以在以 100Mb/s 的速率发送的同时,以 100Mb/s 的速率进行接收。100 BASE-TX 规定 5 类 UTP 电缆采用 RJ-45 连接头,而 1 类 STP 电缆采用 9 芯 D 型(DB-9)连接器。

5) 100 BASE-T4

100 BASE-T4 使用 4 对 UTP 3 类线,这是为已使用 UTP 3 类线的大量用户而设计的。它是一项新的信号发送技术,采用 8B6T 编码技术,即把 8 位二进制码组编码成 6 位三进制码组,再经过不归零(NRZ)编码后输出到 3 对数据线上。每对线的传输速率为 33.3Mb/s,三对线的总传输速率为 100Mb/s,即在音频级的 3 类 UTP 电缆上实现了 100Mb/s 的传输速率。在 4 对线中,3 对线用于数据传输,1 对线用于冲突检测。

6) 100 BASE-FX

100 BASE-FX 是多模光纤系统,它使用两束 62.5/125μm 光纤,每束都可用于两个方向,因此它也是全双工的,并且在每个方向上速率均为 100Mb/s。100 BASE-FX 特别适用于长距离或易受电磁波干扰的环境,站点与集线器之间的最大距离可达 2km。

7) 千兆位以太网技术

千兆以太网是对 100M 以太网的升级,其技术标准如表 8-2 所示。

表 8-2　千兆以太网技术标准

| 千兆以太网标准 | 传输介质类型 | 传输距离(m) |
|---|---|---|
| 1000 BASE-LX<br>(802.3z) | $62.5\mu m$ 多模光纤 | 550 |
| | $50\mu m$ 多模光纤 | 550 |
| | $10\mu m$ 多模光纤 | 5000 |
| 1000 BASE-SX<br>(802.3z) | $62.5\mu m$ 多模光纤 | 275 |
| | $50\mu m$ 多模光纤 | 550 |
| 1000 BASE-CX<br>(802.3z) | 屏蔽铜缆 | 25 |
| 1000 BASE-T<br>(802.3ab) | 4 对 5 类 UTP | 100 |

8) ATM 组网技术

异步传输模式 ATM(Asynchronous Transfer Mode)是一种快速分组交换技术,它是以信元为信息传输和交换的基本单位,是一种面向连接的交换技术。为了简化信元的传输控制,在 ATM 中采用了固定长度的信元,规定为 53 字节,其中信元头 5 个字节,信息段 48 个字节。

ATM 是将分组交换与电路交换优点相结合的网络技术,可以工作在任何一种不同的速度、不同的介质和使用不同的传送技术,适用于广域网、局域网场合,可在局域网/广域网中提供一种单一的网络技术,实现完美的网络集成。

9) 交换局域网

交换局域网的核心部件是局域网交换机。局域网交换机一般有多个端口,每个端口可以直接和网络中的一般节点连接,也可以和集线器连接。交换局域网与共享式局域网的不同包括以下几点。

(1) "共享式"局域网

共享式集线器是共享式局域网络上使用的中心控制设备。它的工作原理是建立在"共享介质"基础上的,相应的介质访问控制方法是 CSMA/CD、Token Ring 和 Token Bus。如某共享式以太网上的数据传输速率为 10Mb/s,当 10 个节点同时使用时,每个节点平均分配的带宽就只有 1Mb/s。

(2) "交换式"局域网

交换机是交换式局域网上使用的中心控制设备。在交换式局域网中,可以通过交换机为所有节点建立并行、独立和专用带宽的连接。不管有多少工作站,各工作站均可以得到并行、独立的带宽。若某交换式以太网数据传输速率为 10Mb/s,每个节点均可以得到 10Mb/s 的带宽。

10) 虚拟局域网

虚拟局域网是建立在局域网交换机或 ATM 交换机的基础上的,以软件方式来实现逻辑工作组的划分与管理,逻辑工作组的节点组成不受物理位置的限制。

逻辑工作组将网络上的节点按工作性质与需要划分而得到,一个逻辑工作组就是一个虚拟网络。

构成虚拟局域网的条件是:所有用户终端都连接到支持虚拟局域网的交换机端口上。

**4. 常用的组网设备**

1) 网络适配器

网卡(如图 8-8 所示)的基本功能主要有 3 个方面:①数据转换;②数据缓存;③通信服务。

市场上常见的网卡种类繁多。按所支持的带宽分有 10Mb/s 网卡、100Mb/s 网卡、10/100Mb/s 自适应网卡和 1000Mb/s 网卡;按组网类型网卡又分为以太网卡、令牌环网卡、FDDI 网卡和 ATM 网卡等。

2) 集线器

集线器(如图 8-9 所示)的基本功能是信息分发,它把一个端口接收的所有信号向所有端口分发出去。一些集线器在分发之前将弱信号重新生成,一些集线器整理信号的时序以提供所有端口间的同步数据通信。

图 8-8 网络适配器

图 8-9 集线器

3) 交换机

交换机(Switch)是一种高性能的集线设备(如图 8-10 所示)。用交换机组成的交换式网络,传输速率可以高达吉比特每秒。随着交换机价格的不断降低,它已经逐渐取代集线器。具有堆叠功能的交换机可以堆叠。

图 8-10 交换机

4) 网线

目前,局域网组网使用的传输介质主要是双绞线和光纤,有时也使用同轴电缆和微波。

**5. 局域网常用命令**

1) ping 命令的使用技巧

ping 就是一个测试程序,如果 ping 运行正确,大体上就可以排除网络访问层、网卡、Modem 的输入输出线路、电缆和路由器等存在故障,从而减小了问题的范围。但由于可以自定义所发数据包的大小及无休止的高速发送,ping 也被某些别有用心的人作为 DDOS(拒绝服务攻击)的工具,曾经 Yahoo 就是被黑客利用数百台可以高速接入互联网的电脑连续发送大量 ping 数据包而瘫痪的。

按照默认设置,Windows 上运行的 ping 命令发送 4 个 ICMP(网间控制报文协议)回送请求,每个 32 字节数据,如果一切正常,应能得到 4 个回送应答。

ping 能够以毫秒为单位显示发送回送请求到返回回送应答之间的时间量。如果应答时间短,表示数据包不必通过太多的路由器或网络连接速度比较快。ping 还能显示 TTL (Time To Live 存在时间)值,可以通过 TTL 值推算一下数据包已经通过了多少个路由器:源地点 TTL 起始值(就是比返回 TTL 略大的一个 2 的乘方数)一返回时 TTL 值。例如,返回 TTL 值为 119,那么可以推算数据包离开源地址的 TTL 起始值为 128,而源地点到目标地点要通过 9 个路由器网段(128−119);如果返回 TTL 值为 246,TTL 起始值就是 256,源地点到目标地点要通过 10 个路由器网段。

(1) ping 127.0.0.1

这个 ping 命令被送到本地计算机的 IP 软件。如果测试没有通过,就表示 TCP/IP 的安装或运行存在某些最基本的问题。

(2) ping 本机 IP

这个命令被送到计算机所配置的 IP 地址,计算机始终都应该对该 ping 命令做出应答,如果没有,则表示本地配置或安装存在问题。

(3) ping 局域网内其他 IP

这个命令经过网卡及网络电缆到达其他计算机,再返回。收到回送应答表明本地网络中的网卡和载体运行正确。但如果收到 0 个回送应答,那么表示子网掩码不正确或网卡配置错误或电缆系统有问题。

(4) ping 网关 IP

这个命令如果应答正确,表示局域网中的网关路由器正在运行并能够做出应答。

(5) ping 远程 IP

如果收到 4 个应答,表示成功地使用了默认网关。对于拨号上网用户则表示能够成功地访问 Internet(但不排除 ISP 的 DNS 会有问题)。

(6) ping localhost

localhost 是个作系统的网络保留名,它是 127.0.0.1 的别名,每台计算机都应该能够将该名字转换成该地址。如果没有做到,则表示主机文件(/Windows/host)中存在问题。

(7) ping www.yahoo.com

对这个域名执行 ping 地址,通常是通过 DNS 服务器。如果这里出现故障,则表示 DNS 服务器的 IP 地址配置不正确或 DNS 服务器有故障。也可以利用该命令实现域名对 IP 地址的转换功能。

2) netstat 命令的使用技巧

netstat 用于显示与 IP、TCP、UDP 和 ICMP 协议相关的统计数据,一般用于检验本机各端口的网络连接情况。

(1) netstat-s

本选项能够按照各个协议分别显示其统计数据。如果应用程序(如 Web 浏览器)运行速度比较慢,或者不能显示 Web 页之类的数据,那么就可以用本选项来查看一下所显示的信息。需要仔细查看统计数据的各行,找到出错的关键字,进而确定问题所在。

(2) netstat-e

本选项用于显示关于以太网的统计数据。它列出的项目包括传送的数据包的总字节数、错误数、删除数、数据包的数量和广播的数量。这些统计数据既有发送的数据包数量,也有接收的数据包数量。这个选项也可以用来统计一些基本的网络流量。

(3) netstat-r

本选项可以显示关于路由表的信息,类似于后面所讲使用 route print 命令时看到的信息。除了显示有效路由外,还显示当前有效的连接。

(4) netstat-a

本选项显示一个所有的有效连接信息列表,包括已建立的连接(ESTABLISHED),也包括监听连接请求(LISTENING)的那些连接。

(5) netstat-n

显示所有已建立的有效连接。

3) ipconfig 命令的使用技巧

ipconfig 实用程序和它的等价图形用户界面——Windows 95/98 中的 winipcfg 可用于显示当前的 TCP/IP 配置的设置值。这些信息一般用来检验人工配置的 TCP/IP 设置是否正确。

如果计算机和所在的局域网使用了动态主机配置协议(DHCP),这个程序所显示的信息更加实用。ipconfig 可以了解计算机是否成功地租用到一个 IP 地址,如果租用到则可以了解它目前分配到的是什么地址。了解计算机当前的 IP 地址、子网掩码和缺省网关实际上是进行测试和故障分析的必要项目。

(1) ipconfig

当使用 ipconfig 时不带任何参数选项,为每个已经配置了的接口显示 IP 地址、子网掩码和默认网关值。

(2) ipconfig /all

当使用 all 选项时,ipconfig 能为 DNS 和 WINS 服务器显示它已配置且所要使用的附加信息(如 IP 地址等),并且显示内置于本地网卡中的物理地址(MAC)。如果 IP 地址是从 DHCP 服务器租用的,ipconfig 将显示 DHCP 服务器的 IP 地址和租用地址预计失效的日期。

(3) ipconfig /release 和 ipconfig /renew

这是两个附加选项,只能在向 DHCP 服务器租用其 IP 地址的计算机上起作用。如果输入 ipconfig /release,那么所有接口的租用 IP 地址便重新交付给 DHCP 服务器(归还 IP 地址)。如果输入 ipconfig /renew,那么本地计算机便设法与 DHCP 服务器取得联系,并租用一个 IP 地址。大多数情况下网卡将被重新赋予和以前所赋予的相同的 IP 地址。

如果使用的是 Windows 95/98,那么应该更习惯使用 winipcfg 而不是 ipconfig,因为它是一个图形用户界面,而且所显示的信息与 ipconfig 相同,并且也提供发布和更新动态 IP 地址的选项。

4) ARP(地址转换协议)的使用

ARP 是一个重要的 TCP/IP 协议,并且用于确定对应 IP 地址的网卡物理地址。实用

arp 命令，能够查看本地计算机或另一台计算机的 ARP 高速缓存中的当前内容。此外，使用 arp 命令，也可以用人工方式输入静态的网卡物理/IP 地址对。

按照缺省设置，ARP 高速缓存中的项目是动态的，每当发送一个指定地点的数据包且高速缓存中不存在当前项目时，ARP 便会自动添加该项目。一旦高速缓存的项目被输入，它们就已经开始走向失效状态。例如，在 Windows NT/2000 网络中，如果输入项目后不进一步使用，物理/IP 地址对就会在 2 至 10 分钟内失效。因此，如果 ARP 高速缓存中项目很少或根本没有时，请不要奇怪，通过另一台计算机或路由器的 ping 命令即可添加。所以，需要通过 arp 命令查看高速缓存中的内容时，请最好先 ping 此台计算机。

(1) arp -a 或 arp -g

用于查看高速缓存中的所有项目。-a 和-g 参数的结果是一样的，多年来-g 一直是 UNIX 平台上用来显示 ARP 高速缓存中所有项目的选项，而 Windows 用的是 arp -a(-a 可被视为 all，即全部的意思)，但它也可以接受比较传统的-g 选项。

(2) arp -a IP

如果有多个网卡，那么使用 arp -a 加上接口的 IP 地址，就可以只显示与该接口相关的 ARP 缓存项目。

(3) arp -s IP 物理地址

可以向 ARP 高速缓存中人工输入一个静态项目。该项目在计算机引导过程中将保持有效状态，或者在出现错误时，人工配置的物理地址将自动更新该项目。

(4) arp -d IP

使用本命令能够人工删除一个静态项目。

5) tracert 与 route 的使用

如果有网络连通性问题，可以使用 tracert 命令来检查到达的目标 IP 地址的路径并记录结果。tracert 命令显示用于将数据包从计算机传递到目标位置的一组 IP 路由器，以及每个跃点所需的时间。如果数据包不能传递到目标，tracert 命令将显示成功转发数据包的最后一个路由器。当数据包从计算机经过多个网关传送到目的地时，tracert 命令可以用来跟踪数据包使用的路由(路径)。该实用程序跟踪的路径是源计算机到目的地的一条路径，不能保证或认为数据包总遵循这个路径。如果配置使用 DNS，那么常常会从所产生的应答中得到城市、地址和常见通信公司的名字。tracert 是一个运行得比较慢的命令(如果指定的目标地址比较远)，每个路由器大约需要给它 15s。

tracert 的使用很简单，只需要在 tracert 后面跟一个 IP 地址或 URL，tracert 会进行相应的域名转换。

tracert 最常见的用法：tracert IP address [-d] 该命令返回到达 IP 地址所经过的路由器列表。通过使用 -d 选项，将更快地显示路由器路径，因为 tracert 不会尝试解析路径中路由器的名称。

tracert 一般用来检测故障的位置，可以用 tracert IP 检测在哪个环节上出了问题，虽然还是没有确定是什么问题，但它已经告诉问题所在的地方，也就可以很有把握地告诉别人——某某地方出了问题。

大多数主机一般都是驻留在只连接一台路由器的网段上。由于只有一台路由器，因此不存在使用哪一台路由器将数据包发送到远程计算机上去的问题，该路由器的 IP 地址可作

计算机网络基础及故障处理

为该网段上所有计算机的缺省网关来输入。

但是,当网络上拥有两个或多个路由器时,就不一定想只依赖缺省网关了。实际上可能想让某些远程 IP 地址通过某个特定的路由器来传递,而其他远程 IP 则通过另一个路由器来传递。

在这种情况下,需要相应的路由信息,这些信息存储在路由表中,每个主机和每个路由器都配有自己独一无二的路由表。大多数路由器使用专门的路由协议来交换和动态更新路由器之间的路由表。但在有些情况下,必须人工将项目添加到路由器和主机上的路由表中。route 就是用来显示、人工添加和修改路由表项目的。

(1) route print

本命令用于显示路由表中的当前项目,在单路由器网段上的输出;由于用 IP 地址配置了网卡,因此所有的这些项目都是自动添加的。

(2) route add

使用本命令,可以将新路由项目添加给路由表。例如,如果要设定一个到目的网络209.98.32.33 的路由,其间要经过 5 个路由器网段,首先要经过本地网络上的一个路由器,其 IP 为 202.96.123.5,子网掩码为 255.255.255.224,那么应该输入以下命令:

```
route add 209.98.32.33 mask 255.255.255.224 202.96.123.5 metric 5
```

(3) route change

可以使用本命令来修改数据的传输路由,不过,不能使用本命令来改变数据的目的地。下面这个例子可以将数据的路由改到另一个路由器,它采用一条包含 3 个网段的更直的路径:

```
route add 209.98.32.33 mask 255.255.255.224 202.96.123.250 metric 3
```

(4) route delete

使用本命令可以从路由表中删除路由。例如:

```
route delete 209.98.32.33
```

### 8.1.7　家庭无线局域网的组建

如今,随着无线网络技术的成熟,无线网络也已经走入了人们的生活,在普通家庭中,拥有两三台电脑也是非常平常的事,那么几台电脑该如何连接来实现共享上网呢? 传统的方式是通过共享上网或者代理上网来实现的,但在使用的过程中都会受到诸多限制,比如代理上网需要先开启一台主机,其他机器才能上网;共享上网还对家庭布线提出了较高的要求,如果房子都装修好了,再挖洞就麻烦了。而且现在部分地区的宽带运营商还封杀宽带路由器共享上网,其实,家庭无线网络就能很好地解决这个问题。随着笔记本电脑使用的增多,无线网络无疑将成为家庭组网的首选方式。

**1. 无线网络的优点**

无线局域网(Wireless Local-Area Network,WLAN)是利用无线技术实现快速接入以太网的技术,与有线网络相比,WLAN 最主要的优势在于不需要布线,可以不受布线条件的限制,因此广泛应用于酒店、机场等,目前它已经从商业使用逐渐开始进入家庭以及教育机构等领域。

**2. 无线局域网组网的准备工作**

要组建家庭无线网络,其实很简单,只要有无线宽带路由器和无线网卡即可,下面以"台式机＋笔记本"的典型家庭电脑配置为例进行介绍,由于现在无线路由器和无线网卡的价格都便宜了,因此,组建无线网络的硬件设施很容易实现。但是由于现在市场上无线网络设备种类繁多、技术指标各不相同,所以无线网络设备的选购也是很重要的。

选购无线路由器,需要注意以下几点。

(1) 注意无线路由器的端口数量。无线路由器的端口分 LAN 口和 WAN 口两类,其中 WAN 口是用来连接到 Internet 网络中的,LAN 口则是供局域网中的计算机连接的。在选购时,用户需要询问一下该产品提供多少个以太网口,并且接口速率是多少,接口数量一定要多于自己家电脑一个或两个接口,以方便日后扩展,而接口速率多是 10/100Mb/s 自适应。路由器上提供的 WAN 口用于连接到外部网络的接口,通常是 RJ-45 接口。目前大多数无线路由器都提供 4 个 LAN 口和一个 WAN 口。

(2) 关注支持的无线协议标准。无线网络协议属于 802.11 协议族,这个协议族中包含近 20 个协议版本。目前 802.11b 标准是无线局域网的流行标准,而 802.11g 标准由于能和 802.11b 标准兼容,速率更高,因此将逐步取代 802.11b 标准。但对于家用来说,802.11g 标准产品比 802.11b 产品更贵。对于普通的网络应用,802.11b 标准的产品也已经足够。

(3) 产品的传输速率和传输距离。目前 11Mb/s 无线路由器基本上能满足小范围的 WLAN 组建需求,不会对网络宽带造成阻塞,而且 11Mb/s 的无线设备价格相对低廉,扩展应用成本低,不过局域网传输大文件时速度较慢。由于目前 11Mb/s 与 54Mb/s 速率的无线路由器价格相差并不太大,因此可以考虑选择 54Mb/s 的无线路由器。而 108Mb/s 的产品,对普通家庭或者宿舍而言则是有些浪费,没有必要购买。此外,无线设备的传输距离也很重要。传输距离越大,意味着信号覆盖范围就越广。目前大多数无线路由器的传输距离在室内都能达到 150m 以上,而在室外就更远了,可以达到 300m 到 800m。

(4) 无线路由器的加密功能。无线网络一般会有如下安全手段:WEP(有线等效加密)、SSID 服务区标识符、用户端无线客户端设备 MAC 地址过滤、支持标准的 802.1x 安全认证协议、VPN。SSID 隐藏可能是一种高效的无线安全解决方案。MAC 地址过滤通过在无线路由器端设置接入主机的网卡 MAC 硬件地址来实现访问控制,也是小规模网络比较容易设置,工作量不大。对于 802.1x 认证,比较适合于大规模的网络,它基于使用者身份的认证,因此最安全,但这需要专门的认证服务器。VPN 方案主要应用于敏感数据,这也是企业网络才用上的技术,在这里就不适合家用。在家用的环境里有 NAT、端口过滤、WEP 加密、SSID、MAC 地址过滤等安全手段就已经足够了。

**3. 无线设备的连接**

无线路由器通常拥有 4 个 LAN 口和 1 个 WAN 口,可以同时为以太网用户和无线网络用户提供 Internet 连接,下面是具体的连接方法:

(1) 将无线路由器的 WAN 口连接至 ADSL Modem 或者小区宽带的信息插座,实现 Internet 连接共享。

(2) 无线路由器的 LAN 口连接至台式计算机的普通网卡,实现无线与有线的相互通信。

无线网络的硬件设备连接比较简单,安装好后,把无线路由器的电源和 ADSL Modem

计算机网络基础及故障处理

的电源都打开,第一次使用时,需要对无线路由器进行初始配置。

**4. 无线路由器初始配置**

硬件设备连接好后,还需要对无线路由器进行一些初始配置,才能保证路由器正确接入因特网,这样接入无线局域网的设备才能连入网络。下面以常见的 TP-LINK 路由器为例介绍无线路由器的配置方法。

(1)打开 Web 浏览器,在地址栏输入 http://192.168.1.1,打开无线路由器配置界面,出现登录界面,系统默认登录名和密码都为 admin,单击"确定"按钮,进入配置主界面,如图 8-11 所示。

图 8-11　TP-LINK 路由器配置界面

(2)无线路由器连接参数设置。要使无线路由器接入因特网,必须配置路由器 WAN口的连接参数。常用的连接方式有动态 IP、静态 IP 和 PPPoE 三种方式。三种连接方式的选择需要根据具体的网络类型而定。现在一般家庭接入的网络中,小区宽带网络采用动态分配 IP 的形式,选择这种方式,路由器可以自动地从网络服务器租用一个 IP 地址,接入因特网。某些网络采用静态 IP 的分配方式,这就需要用户从网络管理员处获得 IP 地址的配置信息。而对于 ADSL 拨号网络,就需要选择 PPPoE 连接方式,这时需要在路由器配置界面中填入上网账号和密码信息,这些信息都是用户家庭开通网络时,从所选择的网络服务商那里获得的。

单击路由器配置界面左侧"网络参数"→"WAN 口设置"选项,打开 WAN 口设置界面,根据具体的网络环境,选择适合的连接方式,如图 8-12 所示。

(3)设置无线网络的 SSID。正确设置好 WAN 口的连接方式后,路由器就能够接入因特网了。下面要对无线路由器的连接参数进行设置。首先要设置的是路由器的 SSID。SSID 是服务集标识的英文缩写,简单地说,SSID 就是路由器发出的无线信号的名字,当电脑等设备需要连接无线网络时,就需要使用这个名字来找到要接入的网络信号。单击"无线设置"→"基本设置"命令,打开设置界面,在 SSID 一栏中填入名字,单击"保存"按钮就可以了,如图 8-13 所示。

(4)无线安全设置。接下来要对无线路由器进行安全设置,使得接入无线网络的用户都要通过密码验证。单击"无线设置"→"无线安全设置"命令,打开设置界面。在这个界面

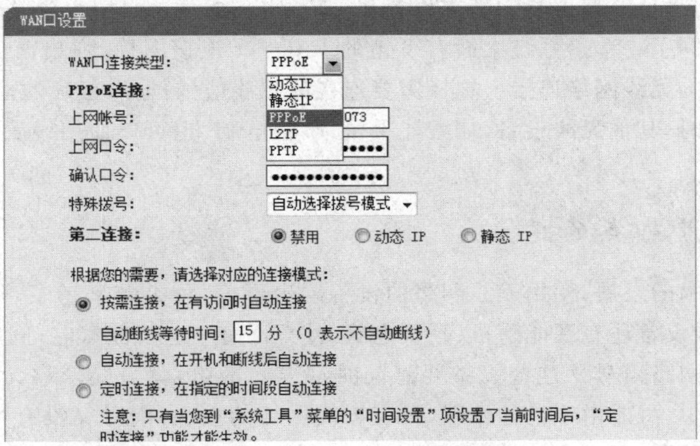

图 8-12　WAN 口设置界面

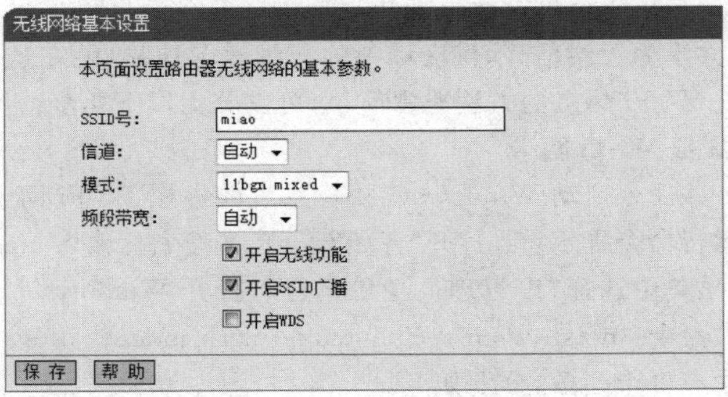

图 8-13　SSID 设置界面

中,用户可以选择多种安全认证选项,一般情况下,用户希望自己为网络指定接入密码,这种情况下,可以选择 WPA-PSK/WPA2-PSK 加密方法,这也是系统推荐选择的加密方法。选择加密方法后,在 PSK 密码栏中填入指定的密码,保存后就可以完成设置了,如图 8-14所示。

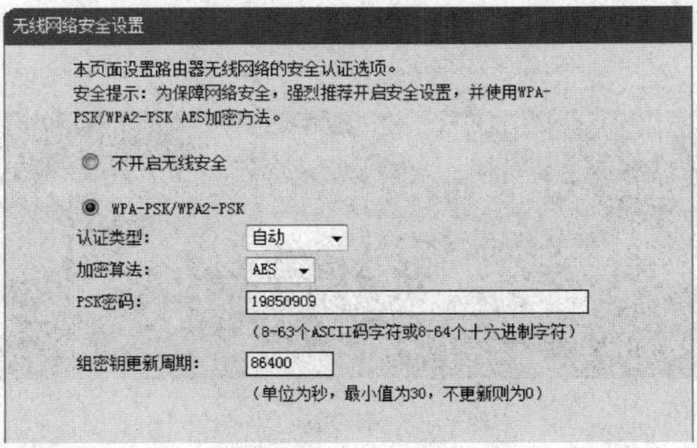

图 8-14　无线安全设置

计算机网络基础及故障处理

完成以上设置以后,路由器的基本设置就完成了,下面就可以用无线设备连接到无线路由器并接入因特网了。单击系统桌面右下角的 Internet 连接图标,弹出窗口中显示了当前所在环境中可用的无线网络连接。选择需要连接的无线信号,输入正确的密码,就可以接入无线网络了。同时,其他无线设备,如智能手机、平板电脑,也可以使用设置的 SSID 和密码连入无线网络了。

### 8.1.8　Wi-Fi 热点的建立

随着硬件技术的发展,使用无线网络的设备层出不穷,种类越来越多,除了传统的笔记本外,常见的无线设备还有智能手机、平板电脑,甚至还有一些智能家电,例如电视、冰箱等,都可以连接无线网络信号。这些设备要想同时都连入网络,就只能依靠无线网络的连接。但是在某些环境中,可能由于种种原因,只有有线网络的接入,同时又没有可以使用的无线路由器。这种情况下,只要有一台安装了 Windows 操作系统的笔记本电脑,就可以将有线信号共享为无线信号,也就是说可以用笔记本电脑建立一个 Wi-Fi 热点。

所谓 Wi-Fi 热点,是指一个可以通过无线局域网连接到互联网的区域。使用笔记本电脑,将有线网络连接共享为无线信号,供区域中的无线设备连接,就在这个区域中建立了一个 Wi-Fi 热点。建立 Wi-Fi 热点的方法非常简单,可以分为以下几步。

#### 1. 启用并设定虚拟 Wi-Fi 网卡

首先需要使用一条命令启动 Windows 7 操作系统的虚拟 Wi-Fi 网卡。执行这条命令,需要以管理员身份运行命令提示符:打开"开始"菜单,在搜索栏输入 cmd,在程序 cmd 上单击右键,然后在弹出菜单中选择"以管理员身份运行",打开 Windows 7 系统的命令提示符界面。在窗口中输入命令:netsh wlan set hostednetwork mode＝allow ssid＝myPC key＝myWifiPass。命令中有 3 个参数,分别如下。

- mode:是否启用虚拟 Wi-Fi 网卡。mode 参数有两个取值,分别是 allow 和 disallow。取值 allow 时,表示启用虚拟 Wi-Fi 网卡,取值 disallow 表示禁用 Wi-Fi 网卡。
- ssid:无线网名称,即要设定的 Wi-Fi 热点名称,常用英文。
- key:要设定的 Wi-Fi 热点密码,常用 8 个字符以上。

执行命令以后,系统会在命令提示符中显示运行结果,当出现如图 8-15 所示的提示时,表示虚拟 Wi-Fi 网卡已启用。

图 8-15　命令运行结果

### 2. 查看虚拟 Wi-Fi 网卡

成功执行命令后，可以在网络连接窗口查看已启用的虚拟 Wi-Fi 网卡，打开"网络和共享中心"，选择"更改适配器设置"选项，窗口中出现名为 Microsoft Virtual WiFi Miniport Adapter 的本地连接，则说明命令执行正确。同时当前虚拟 Wi-Fi 网卡的图标上有一个红色的叉，说明当前虚拟 Wi-Fi 网卡处于未连接的状态，下一步的工作就是将已连接有线网络的网卡共享至虚拟 Wi-Fi 网卡，如图 8-16 所示。

图 8-16　查看虚拟 Wi-Fi 网卡

### 3. 设置本地连接共享

右键单击已连接的"本地连接"，选择"属性"选项，打开"本地连接属性"窗口，然后在该窗口中选择"共享"标签，在标签中勾选"允许其他网络用户通过此计算机的 Internet 连接来连接"，并在下方的下拉菜单中选择"虚拟 WiFi"选项，如图 8-17 所示。

图 8-17　设置网络共享

完成设置后，再次打开网络连接窗口，可以看到在本地连接的图标旁会出现"共享的"字样，表示"宽带连接"已设置为共享。

### 4. 开启无线网络

再次在命令提示符中，执行命令：netsh wlan start hostednetwork。这条命令用于开启无线承载网络，命令执行成功后会显示"已启动承载网络"字样，如图 8-18 所示。

### 5. 查看无线网络状态

完成以上的步骤后，就成功地将笔记本电脑连接的有线网络连接共享至无线网络。再次打开网络连接窗口，可以在窗口中看到虚拟 Wi-Fi 连接图标上的红叉标志已经消失，说明

计算机网络基础及故障处理

虚拟 Wi-Fi 网卡处于已连接的状态,如图 8-19 所示。

图 8-18　开启承载网络

图 8-19　查看虚拟 Wi-Fi 连接状态

除了在网络连接窗口中查看虚拟 Wi-Fi 网卡连接状态外,还可以在命令提示符中执行命令 netsh wlan show hostednetwork,查看无线网络的设置及运行状态。命令的执行结果如图 8-20 所示。

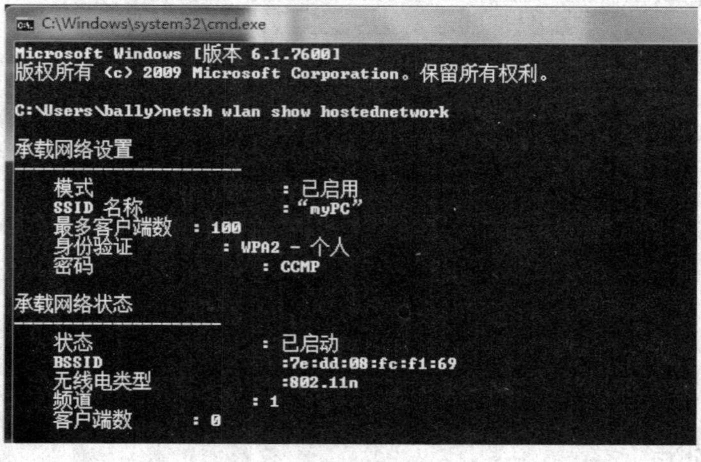

图 8-20　无线网络设置及状态

按照前面的步骤,就可以用一台安装了 Windows 7 操作系统的笔记本电脑,将有线网络连接,通过共享的方式,使用笔记本内置的无线网卡,转化为无线网络信号,供环境中的无线设备使用。这就通过笔记本电脑建立了一个 Wi-Fi 热点。虽然这样建立的热点的范围无法和由无线路由器建立的热点的范围相比,但是也足够一个房间中的无线设备连接了。

## 8.1.9 Windows 2003 服务器搭建

作为网络操作系统或服务器操作系统,高性能、高可靠性和高安全性是其必备要素,尤其是日趋复杂的企业应用和 Internet 应用,对其提出了更高的要求。微软的企业级操作系统中,如果说 Windows 2000 全面继承了 NT 技术,那么 Windows Server 2003 则是依据 .Net 架构对 NT 技术做了重要发展和实质性改进,凝聚了微软多年来的技术积累,并部分实现了.Net 战略,或者说构筑了.Net 战略中最基础的一环。

Windows Server 2003 包含了基于 Windows 2000 Server 构建的核心技术,从而提供了经济划算的优质服务器操作系统。Windows Server 2003 在任意规模的单位里都能成为理想的服务器平台的那些新功能和新技术。正是这些核心技术使机构和员工工作效率更高并且能更好地沟通。

**1. 活动目录(域控制器 Active Directory)的搭建管理**

活动目录是 Windows 2003 网络中目录服务的实现方式。目录服务是一种网络服务,它存储网络资源的信息并使得用户和应用程序能访问这些资源。

活动目录对象主要包括用户、组、计算机和打印机,然而网络中的所有服务器、域和站点等也可认为是活动目录中的对象。

运行活动目录安装向导将 Windows 2003 计算机升级为域控制器,会创建一个新域或者向现有的域添加其他域控制器。

1)安装前的准备工作

首先,也是最重要的一点,就是必须有安装活动目录的管理员权限,否则无法安装。在安装活动目录之前,要确保系统盘为 NTFS 分区。同时,已做好了 DNS 服务器的解析,如 shixun.com。

2)安装域控制器

在安装活动目录前首先确定 DNS 服务正常工作,下面来安装根域为 shixun.com 的域控制器。

(1)依次单击“开始”→“设置”→“控制面板”菜单项,在“控制面板”对话框中双击“管理工具”项,然后在出现的对话框中双击“管理你的服务器向导”选项,启动配置向导。单击“添加或删除角色”选项,单击“下一步”按钮。

(2)在“配置选项”对话框中,选择“自定义配置”选项,单击“下一步”按钮。

(3)在“服务器角色”对话框中,选择“域控制器(Active Directory)”选项,单击“下一步”按钮,将启动活动目录安装向导。单击“下一步”按钮。注意:也可以运行位于 C:\ Windows\system32 目录下的 dcpromo.exe 文件,启动活动目录安装向导。

(4)由于用户所建立的是域中的第一台域控制器,所以在“域控制器类型”对话框中选择“新域的域控制器”选项,单击“下一步”按钮。

(5)在“创建一个新域”对话框中选择“在新林中的域”选项。单击“下一步”按钮。

(6)在“新的域名”对话框中的“新域的 DNS 全名”框中输入需要创建的域名,这里是 shixun.com,单击“下一步”按钮。

(7)在“NetBIOS 名”对话框中,更改 NetBIOS 名称。运行非 Windows 操作系统客户端将使用 NetBIOS 域名。可保持默认设置,单击“下一步”按钮。

计算机网络基础及故障处理

(8) 在"数据库和日志文件文件夹"对话框中,将显示数据库、日志文件的保存位置,一般不做修改,单击"下一步"按钮。

(9) 在"共享的系统卷"对话框中,指定作为系统卷共享的文件夹。Sysvol 文件夹存放域的公用文件的服务器副本。Sysvol 广播的内容被复制到域中的所有域控制器,其文件夹位置一般不做修改,单击"下一步"按钮。

(10) 在"配置 DNS"对话框中,单击"下一步"按钮(如果在安装活动目录之前未配置 DNS 服务器,可在此让安装向导配置 DNS,推荐使用这种方法)。

(11) 在"权限"对话框中为用户和组选择默认权限,考虑到现在大多数网络环境中仍然需要使用 Windows 2003 以前的操作系统,所以选择"与 Windows 2000 之前的服务器操作系统兼容的权限"选项,单击"下一步"按钮。

(12) 在"目录服务恢复模式的管理员密码"对话框中输入目录恢复模式下的管理员密码,单击"下一步"按钮。

此时,安装向导将显示安装摘要信息。单击"下一步"按钮即可开始安装,安装完成之后,重新启动计算机即可。

3) 删除活动目录

运行 dcpromo.exe 文件,根据向导提示即可删除活动目录。

4) 备份活动目录

在 Windows 2003 中,备份与恢复活动目录是一项非常重要的工作。不能单独备份活动目录,因为 Windows 2003 将活动目录作为系统状态数据的一部分进行备份。系统状态数据包括注册表、系统启动文件、类注册数据库、证书服务数据、文件复制服务、集群服务、域名服务和活动目录等 8 部分,通常情况下只有前 3 部分。这 8 部分都不能单独进行备份,必须作为系统状态数据的一部分进行备份。

如果一个域内存在不止一台域控制器,当重新安装其中的一台域控制器时,备份活动目录并不是必需的,只需要将其中的一台域控制器从域中删除,重新安装,并使之回到域中,那么另外的域控制器自然会将数据复制到这台域控制器上。如果一个域内只有一台域控制器,那就有必要对活动目录进行备份。

(1) 单击"开始"→"程序"→"附件"→"系统工具"→"备份"菜单项,以启动备份或还原向导。单击"高级模式"选项,打开"备份工具"对话框,单击"备份向导"按钮,单击"下一步"按钮。

(2) 在"要备份的内容"对话框中,选择"只备份系统状态数据"选项,单击"下一步"按钮。

(3) 在"备份类型、目标和名称"对话框中,输入备份数据文件名,单击"下一步"按钮,完成备份向导。

5) 活动目录的恢复

有两种办法可以恢复活动目录。

第一种方法是从域的其他域控制器上恢复数据,前提是域内必须还有一台域控制器是可用的,这时当损坏的域控制器重新安装并加入到它原来的域时,域控制器之间会自动进行数据复制,活动目录也会随之恢复。

另一种方法就是从备份介质进行恢复。通常情况下,整个网络环境中只有一台域控制器,因此从介质恢复活动目录是经常遇到的事情。

从备份介质进行活动目录恢复有两种方式可以选择:非验证方式(Nonauthoritative Restore)和验证方式(Authoritative Restore)。

(1) 非验证方式恢复

通常情况下,Windows 2003 使用非验证方式恢复。活动目录从备份介质中恢复以后,域内其他的域控制器会在复制过程中使用新的数据覆盖旧的数据。

要实现非验证恢复,目录服务必须处于离线状态。同时,必须使域服务器处于"目录服务恢复模式"。重新启动服务器,按下 F8 键展开系统启动高级菜单,选择其中的"目录服务恢复模式"选项。当 Windows 2003 出现用户登录窗口时,输入本地管理员账户和密码,登录成功后,就可以进行恢复操作了。注意:这里并不是在活动目录中的管理员账号和密码。

首先,单击"开始"→"程序"→"附件"→"系统工具"→"备份"菜单项,以启动备份或还原向导。单击"高级模式"选项,打开"备份工具"对话框,单击"还原向导"按钮,随后单击"下一步"按钮。

然后,在"还原项目"对话框中,选择相应的备份文件,单击"下一步"按钮,完成数据恢复,重新启动机器即可。注意:通常情况下,不能恢复 60 天以前备份的活动目录数据。

(2) 验证方式恢复

验证模式会将从备份介质恢复过来的数据强行复制到域内所有的域控制器上,无论从备份以后数据是否发生了变化。验证模式恢复活动目录通常用于活动目录在域内某台域控制器上发生了严重的错误,而且这种错误通过复制扩散到了域内的其他域控制器上。为实现验证方式恢复,必须首先实现非验证方式恢复,然后使用 NTDSUTIL 命令行工具实现验证方式恢复。

重新启动服务器,按下 F8 键展开系统启动高级菜单,选择其中的"目录服务恢复模式"选项。当 Windows 2003 出现用户登录窗口时,输入本地管理员账户和密码,登录成功后,就可以进行恢复操作了。

首先,单击"开始"→"运行"菜单项,在出现的对话框中输入 ntdsutil,启动命令行工具。恢复整个活动目录数据库,可使用下列命令:authoritative restore restore database。

然后,恢复部分活动目录数据,使用下列命令:authoritative restore restore subtree ou=works,dc=shixun,dc=com。第二行命令需要根据实际情况确定,比如域名字是 shixun.com,要恢复的 ou 是 works,即为上式中的:restore subtree ou=works,dc=shixun,dc=com,以此类推。最后使用 QUIT 命令退出,重新启动机器即可。

**2. 使用 IIS 建立 HTTP 服务器和 FTP 服务器**

IIS 是英文 Internet Information Server 的缩写,译成中文就是"Internet 信息服务"的意思。它是微软公司主推的服务器,最新的版本是 Windows 2003 里面包含的 IIS 6,IIS 与 Windows NT Server 完全集成在一起,因而用户能够利用 Windows NT Server 和 NTFS (NT File System,NT 的文件系统)内置的安全特性,建立强大、灵活且安全的 Internet 和 Intranet 站点。

IIS 支持 HTTP(Hypertext Transfer Protocol,超文本传输协议)、FTP(File Transfer Protocol,文件传输协议)以及 SMTP 协议,通过使用 CGI 和 ISAPI,IIS 可以得到高度的扩展。

计算机网络基础及故障处理

IIS 支持与语言无关的脚本编写和组件,通过 IIS,开发人员就可以开发新一代动态的、富有魅力的 Web 站点。IIS 不需要开发人员学习新的脚本语言或者编译应用程序,IIS 完全支持 VBScript、JScript 开发软件以及 Java,它也支持 CGI 和 WinCGI,以及 ISAPI 扩展和过滤器。

如果只是想建立一个小型的同时在线用户数不超过 10 个的 FTP 服务器,且不会同时进行大流量的数据传输,则可以使用 IIS 作为服务器软件来架设。

Windows XP 默认状态是不安装 FTP 服务器的,需要手动添加安装,安装过程如下。

(1)进入控制面板,找到"添加/删除程序",打开后选择"添加/删除 Windows 组件"选项。

(2)在弹出的"Windows 组件向导"界面中,在"组件"列表中选择"Internet 信息服务(IIS)"项,单击"详细信息"按钮,显示有关 Internet 信息服务的所有子组件。

(3)勾选"文件传输协议(FTP)服务"复选框,单击"确定"按钮,并根据提示插入系统安装盘。

FTP 服务器安装完毕,默认状态 FTP 服务器会随系统自动开始。FTP 服务器的标识为"默认 FTP 站点",主目录的文件夹为"C:\Interpub\Ftproot",IP 地址为"全部为分配"。

用户无须做任何设置,只要把文件复制到 C:\Interpub\Ftproot 下,用户就可以通过 FTP 客户端以匿名方式登录。默认状态匿名只能浏览,不能下载。

重启计算机后,FTP 服务就开始运行,但是还要进行一些设置。依次单击"开始"→"所有程序"→"管理工具"→"Internet 信息服务"选项,进入后,用鼠标右键单击"默认 FTP 站点",在弹出的菜单中选"属性"选项,这里可以设置 FTP 服务器的名称、IP、端口、访问账号、FTP 目录未知、用户进入 FTP 时接收的消息等。

### 3. DNS 和 DHCP 服务器

DNS(Domain Name System,域名系统)是一种组织成层次结构的分布式数据库,里面包含有从 DNS 域名到各种数据类型(如 IP 地址)的映射。这通常需要建立一种 A(Address)记录,意为"主机记录"或"主机地址记录",是所有 DNS 记录中最常见的一种。通过 DNS,用户可以使用友好的名称查找计算机和服务器在网络上的位置。DNS 名称分为多个部分,各部分之间用点分隔。最左边的是主机名,其余部分是该主机所属的 DNS 域。因此一个 DNS 名称应该表示为"主机名+DNS 域"的形式。

要想成功部署 DNS 服务,运行 Windows Server 2003 的计算机中必须拥有一个静态 IP 地址,只有这样才能让 DNS 客户端定位 DNS 服务器。另外如果希望该 DNS 服务器能够解析 Internet 上的域名,还需保证该 DNS 服务器能正常连接至 Internet。

默认情况下 Windows Server 2003 系统中没有安装 DNS 服务器,所做的第一件工作就是安装 DNS 服务器。

第 1 步,依次单击"开始"→"管理工具"→"配置您的服务器向导"选项,在打开的向导页中依次单击"下一步"按钮。配置向导自动检测所有网络连接的设置情况,若没有发现问题则进入"服务器角色"向导页。

第 2 步,在"服务器角色"列表中单击"DNS 服务器"选项,并单击"下一步"按钮。打开"选择总结"向导页,如果列表中出现"安装 DNS 服务器"和"运行配置 DNS 服务器向导来配置 DNS",则直接单击"下一步"按钮。否则单击"上一步"按钮重新配置,如图 8-21 所示。

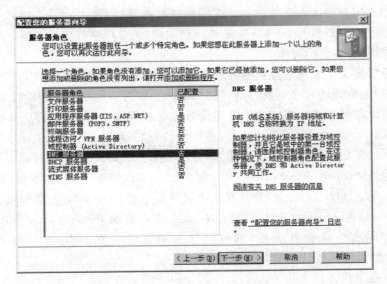

图 8-21　配置服务器向导

第 3 步，向导开始安装 DNS 服务器，并且可能会提示插入 Windows Server 2003 的安装光盘或指定安装源文件。

如果该服务器当前配置为自动获取 IP 地址，则"Windows 组件向导"的"正在配置组件"页面就会出现，提示用户使用静态 IP 地址配置 DNS 服务器。

动态主机分配协议（DHCP）是一个简化主机 IP 地址分配管理的 TCP/IP 标准协议。用户可以利用 DHCP 服务器管理动态的 IP 地址分配及其他相关的环境配置工作（如 DNS、WINS、Gateway 的设置）。

在使用 TCP/IP 协议的网络上，每一台计算机都拥有唯一的计算机名和 IP 地址。IP 地址（及其子网掩码）使用与鉴别它所连接的主机和子网，当用户将计算机从一个子网移动到另一个子网的时候，一定要改变该计算机的 IP 地址。如采用静态 IP 地址的分配方法将增加网络管理员的负担，而 DHCP 可以让用户将 DHCP 服务器中的 IP 地址数据库中的 IP 地址动态地分配给局域网中的客户机，从而减轻了网络管理员的负担。用户可以利用 Windows 2003 服务器提供的 DHCP 服务在网络上自动地分配 IP 地址及相关环境的配置工作。

在使用 DHCP 时，整个网络至少有一台 NT 服务器上安装了 DHCP 服务，其他要使用 DHCP 功能的工作站也必须设置成利用 DHCP 获得 IP 地址。如图 8-22 所示是一个支持 DHCP 的网络实例。

使用 DHCP 的好处：安全而可靠的设置。DHCP 避免了因手工设置 IP 地址及子网掩码所产生的错误，同时也避免了把一个 IP 地址分配给多台工作站所造成的地址冲突，降低了管理 IP 地址设置的负担。使用 DHCP 服务器大大缩短了配置或重新配置网络中工作站所花费的时间，同时通过对 DHCP 服务器的设置可灵活地设置地址的租期。同时，DHCP 地址租约的更

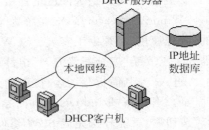

图 8-22　DHCP 的网络实例

新过程将有助于用户确定哪个客户的设置需要经常更新(如使用便携机的客户经常更换地点),且这些变更由客户机与 DHCP 服务器自动完成,无需网络管理员干涉。

**4. 服务器组策略维护管理**

组策略设置定义了系统管理员需要管理的用户桌面环境的各种组件,例如,用户可用的程序、用户桌面上出现的程序以及"开始"菜单选项。要为特定用户组创建特定的桌面配置,请使用组策略对象编辑器。指定的组策略设置包含在组策略对象中,而组策略对象又与选定的 Active Directory 对象(即站点、域或组织单位)相关联。

组策略不仅应用于用户和客户端计算机,还应用于成员服务器、域控制器以及管理范围内的任何其他 Microsoft Windows 2000 计算机上。默认情况下,应用于域(即在域级别应用,刚好在 Active Directory 用户和计算机的根目录之上)的组策略会影响域中的所有计算机和用户。"Active Directory 用户和计算机"还提供内置的 Domain Controllers 组织单位。如果将域控制器账户保存在那里,则可以使用组策略对象 Default Domain Controllers Policy 将域控制器与其他计算机分开管理。

使用组策略可执行以下任务。

(1) 通过"管理模板"管理基于注册表的策略。组策略创建了一个包含注册表设置的文件,这些注册表设置写入注册表数据库的 User 或 Local Machine 部分。登录到给定工作站或服务器的用户的特定用户配置文件写在注册表的 HKEY_CURRENT_USER (HKCU)下,而计算机特定设置写在 HKEY_LOCAL_MACHINE (HKLM)下。

(2) 指派脚本。包括计算机的启动、关闭、登录和注销等脚本。详细信息,请参阅使用启动、关机、登录和注销脚本。

(3) 重定向文件夹。可以将文件夹(如 My Documents 和 My Pictures)从本地计算机上的 Documents and Settings 文件夹中重定向到网络位置上。

(4) 管理应用程序。使用组策略,可以通过"组策略软件安装"来指派、发布、更新或修复应用程序。

(5) 指定安全选项。要了解有关设置安全选项方面的信息。

**5. 服务器安全设置**

Windows Server 2003 是最常用的服务器操作系统之一。虽然提供了强大的网络服务功能,并且简单易用,但安全性一直困扰着众多网管,如何在充分利用 Windows Server 2003 提供的各种服务的同时,保证服务器的安全稳定运行,最大限度地抵御病毒和黑客的入侵。Windows Server 2003 SP1 中文版补丁包的发布,恰好解决这个问题,它不但提供了对系统漏洞的修复,还新增了很多易用的安全功能,如安全配置向导(SCW)功能。利用 SCW 功能的"安全策略"可以最大限度增强服务器的安全,并且配置过程非常简单。

Windows Server 2003 系统为增强其安全性,默认情况下,很多服务组件是不被安装的,要想使用,必须手工安装。SCW 功能也是一样,虽然已经成功安装了补丁包 SP1,但也需要手工安装"安全配置向导"组件。

进入"控制面板"后,运行"添加或删除程序"选项,然后切换到"添加/删除 Windows 组件"页。下面在"Windows 组件向导"对话框中选中"安全配置向导"选项,最后单击"下一步"按钮后,就能轻松完成 SCW 组件的安装了。

在 Windows Server 2003 服务器中,单击"开始"→"运行"后,在运行对话框中执行

SCW. exe 命令，就会弹出"安全配置向导"对话框，开始安全策略配置过程。当然也可以进入"控制面板"→"管理工具"窗口后，执行"安全配置向导"快捷方式来启用 SCW。

1）新建第一个"安全策略"

如果是第一次使用 SCW 功能，首先要为 Windows Server 2003 服务器新建一个安全策略，安全策略信息是被保存在格式为 XML 的文件中的，并且它的默认存储位置是 C:\WINDOWS\security\msscw\Policies。因此一个 Windows Server 2003 系统可以根据不同需要，创建多个"安全策略"文件，并且还可以对安全策略文件进行修改，但一次只能应用其中一个安全策略。

在"欢迎使用安全配置向导"对话框中，单击"下一步"按钮，进入到"配置操作"对话框，因为是第一次使用 SCW，这里要选择"创建新的安全策略"单选项，单击"下一步"按钮，就开始配置安全策略了。

2）轻松配置"角色"

首先进入"选择服务器"对话框，在"服务器"栏中输入要进行安全配置的 Windows Server 2003 服务器的机器名或 IP 地址，单击"下一步"按钮后，"安全配置向导"会处理安全配置数据库。

接着就进入到"基于角色的服务配置"对话框。在基于角色的服务配置中，可以对 Windows Server 2003 服务器角色、客户端角色、系统服务、应用程序以及管理选项等内容进行配置。

所谓服务器"角色"，其实就是提供各种服务的 Windows Server 2003 服务器，如文件服务器、打印服务器、DNS 服务器和 DHCP 服务器等，一个 Windows Server 2003 服务器可以只提供一种服务器"角色"，也可以扮演多种服务器角色。单击"下一步"按钮后，就进入到"选择服务器角色"配置对话框，这时需要在"服务器角色列表框"中勾选 Windows Server 2003 服务器所扮演的角色。

**注意**：为了保证服务器的安全，只勾选所需要的服务器角色即可，选择多余的服务器角色选项，会增加 Windows Server 2003 系统的安全隐患。如 Windows Server 2003 服务器只是作为文件服务器使用，这时只要选择"文件服务器"选项即可。

进入"选择客户端功能"标签页，来配置 Windows Server 2003 服务器支持的"客户端功能"，其实 Windows Server 2003 服务器的客户端功能也很好理解，服务器在提供各种网络服务的同时，也需要一些客户端功能的支持才行，如 Microsoft 网络客户端、DHCP 客户端和 FTP 客户端等。根据需要，在列表框中勾选所需的客户端功能即可，同样，对于不需要的客户端功能选项，建议一定要取消对它的选择。

接下来进入到"选择管理和其他选项"对话框，在这里选择需要的一些 Windows Server 2003 系统提供的管理和服务功能，操作方法是一样的，只要在列表框中勾选需要的管理选项即可。单击"下一步"按钮后，还要配置一些 Windows Server 2003 系统的额外服务，这些额外服务一般都是第三方软件提供的服务。

然后进入到"处理未指定的服务"对话框，这里"未指定服务"是指，如果此安全策略文件被应用到其他 Windows Server 2003 服务器中，而这个服务器中提供的一些服务没有在安全配置数据库中列出，那么这些没被列出的服务该在什么状态下运行呢？在这里就可以指定它们的运行状态，建议大家选中"不更改此服务的启用模式"单选项。最后进入到"确认服务更改"对话框,对配置进行最终确认后,就完成了基于角色的服务配置。

3)配置网络安全

以上完成了基于角色的服务配置。但 Windows Server 2003 服务器包含的各种服务,都是通过某个或某些端口来提供服务内容的,为了保证服务器的安全,Windows 防火墙默认是不会开放这些服务端口的。下面就可以通过"网络安全"配置向导开放各项服务所需的端口,这种向导化配置过程与手工配置 Windows 防火墙相比,更加简单、方便和安全。

在"网络安全"对话框中,要开放选中的服务器角色,Windows Server 2003 系统提供的管理功能以及第三方软件提供的服务所使用的端口。单击"下一步"按钮后,在"打开端口并允许应用程序"对话框中开放所需的端口,如 FTP 服务器所需的 20 和 21 端口,IIS 服务所需的 80 端口等,这里要切记"最小化"原则,只要在列表框中选择要必须开放的端口选项即可,最后确认端口配置,这里要注意:其他不需要使用的端口,建议大家不要开放,以免给 Windows Server 2003 服务器造成安全隐患。

4)注册表设置

Windows Server 2003 服务器在网络中为用户提供各种服务,但用户与服务器的通信中很有可能包含"不怀好意"的访问,如黑客和病毒攻击。如何保证服务器的安全,最大限度地限制非法用户访问,通过"注册表设置"向导就能轻松实现。

利用注册表设置向导,修改 Windows Server 2003 服务器注册表中某些特殊的键值,来严格限制用户的访问权限。用户只要根据设置向导提示,以及服务器的服务需要,分别对"要求 SMB 安全签名"、"出站身份验证方法"、"入站身份验证方法"进行严格设置,就能最大限度地保证 Windows Server 2003 服务器的安全运行,并且免去手工修改注册表的麻烦。

5)启用"审核策略"

聪明的网管会利用日志功能来分析服务器的运行状况,因此适当地启用审核策略是非常重要的。SCW 功能也充分地考虑到这些,利用向导化的操作就能轻松启用审核策略。

在"系统审核策略"配置对话框中要合理选择审核目标,毕竟日志记录过多的事件会影响服务器的性能,因此建议用户选择"审核成功的操作"选项。当然如果有特殊需要,也可以选择其他选项。如"不审核"或"审核成功或不成功的操作"选项。

6)增强 IIS 安全

IIS 服务器是网络中最为广泛应用的一种服务,也是 Windows 系统中最易受攻击的服务。如何来保证 IIS 服务器的安全运行,最大限度免受黑客和病毒的攻击,这也是 SCW 功能要解决的一个问题。利用"安全配置向导"可以轻松地增强 IIS 服务器的安全,保证其稳定、安全运行。

在"Internet 信息服务"配置对话框中,通过配置向导,来选择启用的 Web 服务扩展、要保持的虚拟目录,以及设置匿名用户对内容文件的写权限。这样 IIS 服务器的安全性就大大增强了。

如果 Windows Server 2003 服务器没有安装,运行 IIS 服务,则在 SCW 配置过程中不会出现 IIS 安全配置部分。

完成以上几步配置后,进入到保存安全策略对话框,首先在"安全策略文件名"对话框中为配置的安全策略起个名字,最后在"应用安全策略"对话框中选择"现在应用"选项,使配置的安全策略立即生效。

利用 SCW 增强 Windows Server 2003 服务器的安全性能就这么简单,所有的参数配置都是通过向导化对话框完成的,免去了手工烦琐的配置过程,SCW 功能的确是安全性和易用性有效的结合点。

# 8.2　实训内容

## 8.2.1　实训项目一：双绞线的制作与测试

### 1. 实训目的

(1) 掌握双绞线的制作。

(2) 掌握双绞线的测试工具使用。

### 2. 实训软硬件要求

双绞线、RJ-45 水晶头若干、压线钳、网线测试仪。

### 3. 实训内容

(1) 制作双绞线,用于异种设备的连接(直连线)。

$$T568B——T568B　或　T568A——T568A$$

(2) 制作双绞线,用于同种设备(双机互连)的连接。

$$T568A——T568B$$

(3) 使用网线测试仪,测试以上制作的网线,注意观察测试仪的工作情况。

## 8.2.2　实训项目二：网络常用命令

### 1. 实训目的

(1) 掌握网络常用命令的应用。

(2) 能够应用网络命令解决常见网络问题。

### 2. 实训软硬件要求

(1) 硬件要求：能够连接上网的计算机。

(2) 操作系统：Windows 2000 或 Windows XP 系统平台。

### 3. 实训内容

(1) 利用 ipconfig 或 ipconfig /all 命令,显示当前计算机的网络设置情况,并做好数据记录。

(2) 利用 ping 命令,进行网络连通测试,将各项测试结果进行分析并记录。

(3) 练习 netstat 各参数的使用,并观察实验数据。

(4) 练习 arp 各参数的使用,并观察实验数据。

(5) 练习 route 各参数的使用,并观察实验数据。

(6) 练习 tracert 各参数的使用,并观察实验数据。

(7) 将实验网络进行人为中断,再练习以上命令的使用,并进行比较,进一步掌握命令的使用。

### 8.2.3　实训项目三：建立 Wi-Fi 热点

**1. 实训目的**

（1）了解无线网络的应用方法。

（2）掌握使用笔记本电脑建立 Wi-Fi 热点的方法。

**2. 实训软硬件要求**

（1）硬件要求：有线网络连接，智能手机或平板电脑。

（2）操作系统：Windows 7 操作系统。

**3. 实训内容**

（1）启用 Windows 7 操作系统的虚拟 Wi-Fi 网卡。

（2）设置有线网络连接为共享状态。

（3）查看虚拟 Wi-Fi 网卡的运行状态。

（4）使用智能手机或平板电脑连接虚拟 Wi-Fi 网卡。

### 8.2.4　实训项目四：Windows 2003 服务器的搭建

**1. 实训目的**

（1）掌握 Windows 2003 的系统安装，IP 的设置。

（2）掌握活动目录（域控制器 Active Directory）的搭建。

（3）了解 DNS 和 DHCP 服务器的搭建。

（4）设置服务器安全。

**2. 实训软硬件要求**

（1）硬件要求：处理器，550MHz Pentium/Celeron 系列，AMD K6/Athlon/Duron 系列或兼容的中央处理器；内存，最小 128MB，推荐 256MB 以上；磁盘空间，2GB 硬盘以上。

（2）操作系统：Windows Server 2003。

（3）软件：Windows Server 2003 系统安装光盘。

**3. 实训内容**

（1）准备 Windows 2003 启动安装盘，将实验机器设置为光盘引导启动，按照提示安装 Windows 2003 系统。

（2）根据网络要求设置系统的 IP 地址情况。

（3）搭建 shixun.com 的活动目录（域控制器 Active Directory）。

（4）练习 DNS 服务器的搭建。

（5）练习 DHCP 服务器的搭建。

## 8.3　相 关 资 源

［1］Andrew S. Tanenbaum. 计算机网络（第 4 版）. 北京：清华大学出版社，2004.

［2］谢希仁. 计算机网络（第 4 版）. 北京：清华大学出版社，2004.

［3］活动目录专家. http://www.adchina.org.cn/.

［4］510CTO. http://www.51cto.com/.

[5] 互联网实验室. http://www.chinalabs.com/.

# 8.4　练习与思考

**一、选择题**

1. 下列选项中，_____是将单个计算机连接到网络上的设备。

   A. 显示卡　　　　　B. 网卡　　　　　C. 路由器　　　　　D. 网关

2. 管理计算机通信的规则称为_____。

   A. 网络操作系统　　B. 介质　　　　　C. 服务　　　　　　D. 协议

3. OSI 模型中从高到低排列的第 5 层是_____。

   A. 会话层　　　　　B. 数据链路层　　C. 网络层　　　　　D. 表示层

4. TCP/IP 上每台主机都需要用_____以区分网络号和主机号。

   A. IP 地址　　　　　B. IP 协议　　　　C. 子网屏蔽号　　　D. 主机名

5. _____是信息传输的物理通道。

   A. 信号　　　　　　B. 编码　　　　　C. 数据　　　　　　D. 介质

6. 具有结构简单灵活、成本低、扩充性强、性能好以及可靠性高等特点，局域网广泛采用的网络结构_____。

   A. 星状结构　　　　B. 总线型结构　　C. 环状结构　　　　D. 以上都不是

7. 下列不是无线传输介质的是_____。

   A. 无线电　　　　　B. 激光　　　　　C. 红外线　　　　　D. 光缆

8. 双绞线是成对线的扭绞旨在_____。

   A. 使电磁辐射和外部电磁干扰减到最小　B. 易辨认

   C. 加快数据传输速度　　　　　　　　　D. 便于与网络设备连接

**二、思考题**

1. 简述计算机网络的发展阶段。

2. 计算机网络有哪些功能特点？

3. 计算机网络的应用都有哪些？

4. 计算机网络的分类及拓扑结构有哪些？都有什么特点？

5. 计算机网络中有哪些传输介质？它们各有什么特点？

6. 简述计算机网络 OSI 七层的功能。

7. 计算机网络 IP 地址和 MAC 地址的关系是什么？

8. Windows 2003 服务器的优势有哪些？

9. 简述活动目录、DNS 和 DHCP 的功能作用。

10. 简述 Windows 2003 服务器的安全设置。

# 第9章 虚拟化技术

## 9.1 实训预备知识

### 9.1.1 虚拟机的概念

作为计算机系统的两个基本组成部分,硬件和软件,实际上是可以互相模拟的。即所有的硬件都可以利用软件技术来进行模拟,所有的软件也可以利用硬件技术来进行模拟。而虚拟机正是利用软件对硬件进行模拟的典范。

"虚拟"一词最早源于光学,用于解释镜子当中的像,镜子当中的所有物体都是实际物体的一个影像,并非真实物体,只是它看起来和真实物体一样。当然,"虚拟"一词的含义现在已经扩展了,可以用来描述任何真实物体的模拟,如虚拟内存、虚拟磁盘、虚拟光驱、虚拟软驱、虚拟打印机等。虚拟机并无统一的定义,凡是通过软件模拟具有完整功能的硬件平台,并运行于一个隔离环境当中的计算机系统均可视为虚拟化系统。

通常认为通过安装桌面虚拟化软件(安装于用户桌面操作系统之上),在一台 PC 上模拟出一台或者多台虚拟的计算机,这些计算机就像完全真实的计算机一样,可以完成所有物理计算机可以完成的工作(比如安装操作系统、安装应用软件、访问网络资源、提供软件服务等)即桌面虚拟化。

对于用户而言,虚拟机是运行于物理计算机之上的一个应用软件,虚拟机出现的任何错误,包括系统崩溃,仅仅是物理计算机上的一个软件出错,并不会影响到物理计算机的其他部分。并且,绝大部分的虚拟机都提供 Undo 功能,即使虚拟出来的系统出现问题,还可以将其恢复到之前的正常状态。另外,即使虚拟机应用软件出错,也只需要重新安装配置该应用软件即可,并不会真正损坏其中的虚拟系统。

虚拟系统相比实际系统来说,有以下几种独特的特点。

**1. 多系统并行**

虚拟系统的第一个特点,就是可以在单一的物理机器上轻松地安装多个操作系统,虚拟出多个虚拟计算机。这些虚拟的计算机可以独立运行,在资源允许的情况下,这些虚拟计算机可以并发运行,且可以互相或和实际系统通信。

**2. 硬件标准性**

虚拟系统的硬件是由厂家虚拟出的标准硬件构成的,这有效地降低了由于硬件不一致导致的兼容问题和安装操作系统时的驱动难找问题,这些虚拟的硬件能满足绝大部分的系统需求和性能指标。可以方便用户使用系统,同时虚拟硬件对实际硬件的透明映射,也方便用户进行扩展。

### 3. 快速恢复性

虚拟系统的硬盘有很多种,通常使用的是虚拟硬盘,它实际上是实际系统中的一个或多个文件,因此它具有可快速恢复的特性,虚拟机具有快照功能(在有些系统上被称为撤销盘Undo-DISK),可以将虚拟机的当前状态完整地保留下来,在必要的时候可以快速地恢复到过去的保存状态,这一点有点像系统还原功能,但它比系统还原简单,而且高速。

### 4. 灵活扩展性

虚拟系统由于大多为文件形式存储硬盘,因此具有比实际系统好得多的扩展性,可以方便地在虚拟系统上增加一个硬盘或是加上一个网卡,这一切都是举手之劳。再也不用拆开机箱,还要为多余的硬件花费额外的开支了。

### 5. 可移植性

实际系统如果要从一个计算机迁移到另一个计算机上,将是一件费时费力的事情,不仅需要严格的规划,还会不可避免地出现这样那样的问题,尤其是 Windows 2000/XP 系统的产品,由于有硬件抽象层(HAL)的关系,导致克隆系统变得几乎不可能。而虚拟系统由于使用的硬件完全一样,而且以文件形式存储,所以移动非常便捷,可以方便地克隆需要的系统或将系统迁移到其他计算机上。再也不用为硬件问题担心了。

## 9.1.2　Windows 桌面虚拟化软件

桌面虚拟化产品由来已久,很早以前的 Linux 桌面系统当中已包含有虚拟化软件。Windows 平台上的虚拟化软件也很早面世,但由于硬件性能的原因,虚拟化并没有得到普及,虚拟化的应用模式与商业模式也不明朗。随着硬件性能的不断提升,在普通 PC 上虚拟多台机器已经不再有太大的硬件条件限制,桌面虚拟化技术被广泛应用于各个领域当中。典型案例是 Windows 7 操作系统当中,为了解决 Windows XP 应用软件的兼容性问题,在操作系统当中集成了 Virtual PC 软件,可以虚拟出一个 Windows XP 操作系统,运行原有的应用程序。桌面虚拟化产品众多,版本繁杂,良莠不齐,目前,在国内用户当中,流传甚广的桌面虚拟化软件主要有 VMWare、Virtual PC、Virtual Box 等。下面重点介绍这 3 款产品。

### 9.1.2.1　VMWare

VMWare Workstation 一直被认为是桌面虚拟化的黄金标准,强大而且易于使用。事实上,VMWare Workstation 已经推出多年,并且 VMWare 在虚拟化的很多领域都处于领先的地位。

实际上,VMWare 是提供一套虚拟机解决方案的软件公司,产品线极其丰富,包含各种收费的、免费的版本。大体可以分为服务器版本和桌面版本,同时各自还有收费版本、免费版本以及其他配套的管理工具等。VMWare 除了针对 Windows 操作系统之外,还针对Linux 与 MAC OS 都提供了相应的版本。初次接触如此众多的软件与工具往往会使人一头雾水,但只掌握其两条产品线,基本上就可以理清楚各个软件之间的关系。

VMWare Server:这个版本并不需要操作系统的支持。它本身就是一个操作系统,用来管理硬件资源。所有的系统都安装在它的上面。带有远程 Web 管理和客户端管理功能。当然,根据版本不同,服务器版本的名称也在不断地进行更新,当前最新版本就只做VSphere(针对云计算提供的平台),同时还有配套的管理工具及免费版本。

VMWare Workstation：需要安装在一个操作系统下，提供桌面虚拟化，可以建立并同时运行多个虚拟系统。

VMWare 可以在一台机器上同时运行两个或更多 Windows、DOS、Linux 系统。与"多启动"系统相比，VMWare 采用了完全不同的概念。多启动系统在一个时刻只能运行一个系统，在系统切换时需要重新启动机器。VMWare 是真正"同时"运行多个操作系统在主系统的平台上，就像标准 Windows 应用程序那样切换。而且每个操作系统都可以进行虚拟的分区、配置而不影响真实硬盘的数据，甚至可以通过网卡将几台虚拟机用网卡连接为一个局域网，极其方便。安装在 VMWare 操作系统上的性能比直接安装在硬盘上的系统要低不少，因此，比较适合学习和测试。

目前，VMWare Workstation 的最新版本是 7.0 版，相对以前的各个版本，功能更加完善，系统更加稳定。VMWare 产品极为庞大，好几百兆的容量其实不是十分必要。国内有众多精简版、绿色版可供下载使用，可以提供同完整版几乎完全一致的用户体验（VMWare 使用方法见实验步骤）。

### 9.1.2.2　Virtual PC

Virtual PC 为微软收购 Connectix 公司相关产品之后推出的一个免费软件，同样提供服务器版本和桌面版本，目前最新版本为 Virtual PC 2007。相对于 VMWare 而言，Virtual PC 个头要小得多，仅仅几十兆的安装文件，并且经过微软的优化，与 Windows 操作系统密切配合，占用资源较少。

微软针对服务器版的虚拟化产品是 Virtual Server，主要是基于企业级应用程序测试和企业管理的需求而设计的。因此和 Virtual PC 相比，它没有对桌面用户提供更多的支持，而是提供了更多的企业级管理和扩展特性，例如虚拟机的远程管理、虚拟机所使用的 CPU 和系统资源分配等。

### 9.1.2.3　Virtual Box

能免费得到产品还是比较受人欢迎的，Sun 公司的 Virtual Box 就凭开放源代码赢得了越来越多用户的喜爱。Sun Virtual Box 始于 Sun 收购了当时名不见经传的德国开发商 Innotek 的产品。在 Sun 公司强大的工程资源支持下，Virtual Box 迅速成长，逐渐从小的虚拟化方案商成长到了桌面虚拟化可扩展和可管理技术的领导者。事实上，Virtual Box 发展速度如此迅速，以至于难以识别它了。比如 32 路虚拟 SMP 支持是无与伦比的，而分支快照技术使得其与竞争对手平分秋色。但是，Virtual Box 3.1 真正让人震惊的是虚拟机能在 Virtual Box 主机系统里动态移动，类似 VMware 的 VMotion 技术，Sun 称这项新功能为"心灵传输"。

## 9.1.3　Java 虚拟机与桌面虚拟化的区别

以前，往往说起虚拟机，用户最先反应的并不是虚拟化产品，而是 Java 虚拟机。事实上，Java 虚拟机也是虚拟化技术相当重要的组成部分，但它与前面提到的虚拟化产品又有着本质的不同。

事实上，最先研究虚拟化技术的目的，同 Java 虚拟化有着相同之处，都是为了跨平台。可能 Java 的最大好处，每个用户都知道它是跨平台的，程序编写一次即可以在所有平台上同样执行。Java 的跨平台即是通过它的虚拟机来实现的。早在 Java 虚拟机之前，POSIX 项目的研究，目的也是为了跨平台。不过 POSIX 项目是纯粹基于操作系统的，而 Java 是在操作系统之上的一个平台。我们至今仍可享受众多 POSIX 项目带来的好处，众多跨 UNIX、Linux、Windows 平台的 POSIX 项目至今仍有旺盛的生命力。

Java 的虚拟机并不能提供虚拟出一个硬件平台或者一个操作系统的能力，但是它提供了一个程序代码执行的虚拟环境。实际上，PC 硬件执行的是二进制代码，桌面虚拟化软件执行的是各自的虚拟指令集（其中绝大部分指令同硬件执行的二进制代码是一致的），而 Java 虚拟机执行的是 Java 字节流的代码。所以，从严格意义上来说，Java 实实在在地是一个虚拟机。

Java 的虚拟机从某种意义上来说，实现了操作系统一直想实现但却至今也没有实现的虚拟化初衷。

尽管 Java 不能让我们运行多个操作系统，但 Java 却可以让编程人员只需要写一次代码即可在 UNIX、Linux、Windows、MAC 甚至手机上来运行同一个程序。对开发人员的意义而言，比虚拟化软件提供的便利要大得多。当然，我们除了享受 Java 提供的编程便利，还可以利用桌面虚拟化来完成许多工作。

## 9.1.4 芯片虚拟化技术

虚拟化历来性能为人所诟病，即使再好的虚拟化系统，恐怕无论如何也比不上直接在硬件平台上运行的效果。但虚拟化为未来的技术发展提供了很多的好处，因此各个硬件厂商都努力改善虚拟化的性能。芯片虚拟化技术即是对虚拟化的有力支持。虚拟化的运行方式不外乎是执行虚拟化指令，如果 CPU 天生就支持这一虚拟指令集，对虚拟指令的运行效率自然会有很大的提高，而不需要通过多次转换才能实现虚拟指令的执行。

CPU 的虚拟化技术是一种硬件方案，支持虚拟技术的 CPU 带有特别优化过的指令集来控制虚拟过程，通过这些指令集，VMM（Virtual Machine Monitor，虚拟机监视器）会很容易提高性能，相比软件的虚拟实现方式会很大程度上提高性能。虚拟化技术可提供基于芯片的功能，借助兼容 VMM 软件能够改进纯软件解决方案。由于虚拟化硬件可提供全新的架构，支持操作系统直接在上面运行，从而无须进行二进制转换，减少了相关的性能开销，极大地简化了 VMM 设计，进而使 VMM 能够按通用标准进行编写，性能更加强大。另外，在纯软件 VMM 中，目前缺少对 64 位客户操作系统的支持，而随着 64 位处理器的不断普及，这一严重缺点也日益突出。而 CPU 的虚拟化技术除支持广泛的传统操作系统之外，还支持 64 位客户操作系统。硬件虚拟化并不仅仅依靠 CPU 即可完成，还需要相应的 BIOS、主板芯片组才能完成。

对于个人 PC 的 CPU，应用最广泛的还属于 Intel 和 AMD，从架构上来说，传统的 x86 平台并不是为支持多操作系统并行而设计的。因此，AMD 和 Intel 需要重新设计 CPU，增加虚拟化特性，以解决上述问题。即 Intel VT-x 和 AMD-V 技术。

在传统的 x86 运行环境下，操作系统运行在 CPU 中受保护的 ring 0 位置。在没有处理器辅助的虚拟化中，ring 0 还需要运行 VMM 或 Hypervisor，以帮助 VM（虚拟机）及其 VOS（虚拟操作系统）管理硬件资源。因此，芯片厂商引入了一个新的、具有超级特权和受保护的 ring －1 位置来运行虚拟机监控器（VMM）。这个新位置可以让 VOS 和平共存于 ring 0，

虚拟化技术

而通信改道于 ring −1,并且,VOS 并不知道正在和同一系统的其他 OS 共享物理资源。芯片上的这一重要创新消除了操作系统的 ring 转换问题,降低了虚拟化门槛,支持任何操作系统的虚拟化而无须修改 OS 内核或 run time。Intel 和 AMD 分别推出了 VT-x 和 AMD-V(即 Pacifica)芯片辅助技术,并得到了虚拟化软件厂商的支持。Intel VT-x 技术是在芯片内创建新的 ring −1,并且提供了新的指令集,用来建立、管理和退出各种 VM。在带有虚拟化功能的芯片中,Hypervisor 处于 ring −1 位置,它生成一个 VM 控制结构来支持每个新 VM。可见,这提供了一种机制,可以根据需要来启动、恢复和退出 VM,并且在 VMM 和大量的 VM 之间提供了内容交换框架(Framework for Context Switching)。对 VM 的控制,Intel 称之为 VMXs,而 AMD 称之为 SVMs(Secure VMs),虽然名称不同,但两家芯片的处理方式是比较相似的。更重要的是,都允许客机操作系统(Guest OS)进驻 ring 0,从而消除了 ring 转换问题。由于许多指令对位置具有敏感性(Location Sensitive),而且被设计为只能在 ring 0 和 ring 3 之间转化,因此,如果 VOS 运行在 ring 0 之外的地方,就可能会导致关键进程的运行出现无法预知的错误,或者在应该出错的时候却没有出错。以往,虚拟化厂商都是通过软件机制来截取和纠正相应问题的。现在,由于虚拟机可以安全地运行在 ring 0 位置,因此,这一软件机制也就无须再考虑了。当 VM 发生错误时,处理器可以将控制权转给受保护的 VMM,从而解决问题和重新控制 VM,或者终止出错进程但不影响同一系统上的其他 VM。

Intel 和 AMD 的不同之处在于:Intel 处理器使用外部内存控制器,因此 VT-x 技术不提供虚拟内存管理功能,这就意味着仍然需要通过软件来解决物理内存和虚拟内存资源之间的地址转换问题。这种方法虽然有效,但不是最好的。

AMD Opteron 处理器集成了内存控制器,增加处理器数量就能增加内存带宽。

Intel 平台上的所有 Xeon 处理器都共享一个外部内存控制器,而 AMD 的处理器集成了内存控制器,所以 AMD-V 虚拟化技术引入了独特的新指令,可以实现独特的内存模式和特性。其中大部分指令都是针对内存管理单元(Memory Management Unit,MMU)设计的,可以进行内存分配。在虚拟化环境下,当需要映射多操作系统和运行多个应用程序时,MMU 可以对物理内存寻址进行大量有效的跟踪协调。AMD-V 提供了更高级的内存特性,如 Tagged Translation Look Aside Buffers,可通过帮助 VM 识别最近访问的内存页表来提升性能。AMD-V 还提供了 Paged Real Mode,支持某些需要在虚拟环境下以真实模式(Real Mode)进行寻址的应用程序。

另外,最有意思的特性可能是 AMD 对各种嵌套页表(Nested Page Table,NPT)的支持。与 Intel 的软件方法不同,NPT 允许每个 VM 通过独立于硬件、虚拟的 CR3 内存寄存器对其内部内存管理进行更有力的控制。虽然使用 NPT 增加了内存查找的数量,但 NPT 却消除了 VT-x 必需的软件层。这种方法通过硬件管理内存的方式大大提高了 VM 的内存性能。在内存密集型应用,特别是在多个 VM 共存的环境下,这一方法的效果最为明显。

CPU 和 VMM 内存管理只是问题的一部分。对于硬件厂商来说,下一个巨大挑战是要改善共享 I/O 设备的内存交互和安全性。可能最艰巨的任务会落在 I/O 硬件厂商身上,需要开发可以在多个 VM 之间共享存取通道的设备。当前的存储、网络和图形卡等设备都只能向 OS 提供单一接口界面。这意味着,对于具有多个 VM 的系统来说,只有通过软件方法来处理 IRQ 中断、内存和计时器功能,除非 I/O 硬件可以支持多个功能性接口。

从处理器的角度来看,挑战在于要为共享设备开发处理器级的架构。目前,AMD 和 Intel 已经制定了非常相似的规划,已在 06 年春季公布,并得到了虚拟化厂商的支持。

在这方面,AMD 可能率先推出 IOMMU(I/O Memory Mapping Unit,I/O 内存映射单元)技术,可以提供额外的指令来支持硬件虚拟化。相应的新特性可以改进 DMA(Direct Memory Access,直接内存读取)映射和硬件设备的访问,取代当前的图形寻址机制,支持 VM 对设备的直接控制,同时在 VM 中可以直接访问相应用户的 I/O。

Intel 的 VT-d(Virtualization Technology for Directed I/O,定向 I/O 虚拟化技术)标准也非常关注直接设备访问和内存保护的问题。跟 IOMMU 相似,VT-d 提供了在多个 VM 和 I/O 设备之间进行直接通信的架构。

不过,就目前来说,这些对于推动虚拟化应用还是有名无实,因为 I/O 虚拟化本身还在探讨中。当前的 I/O 设备还不能管理共享 VM 对硬件资源的访问。实际上,现在通过 PCI 总线来实现设备共享的合适标准还没有。可能需要经过 2~4 年,普遍的、基于设备的 I/O 硬件虚拟化解决方案才会出现。到那时,虚拟化厂商需要提供一个提取层,来支持对存储、网络和其他设备的共享访问。

总的来说,虚拟化像旋风一样席卷全球 IT 市场。特别是在 Intel 和 AMD 在各自新推出的 x86 处理器中内置了虚拟化功能,更是为 x86 平台虚拟化的广泛普及铺平了道路。

## 9.1.5 服务器虚拟化

### 9.1.5.1 服务器虚拟化的概念

相对于桌面虚拟化而言,服务器领域的虚拟化技术在近几年应用更加广泛,更加深入。但服务器虚拟化比桌面虚拟化的硬件要求要高得多,过低的硬件配置无益于充分发挥服务器的性能,也无法为用户提供更佳的服务。对于较低配置的服务器,往往单独配置操作系统直接运行效果更好。当然,众多厂商有时候的宣传并非如此,厂商经常会将他们的虚拟化产品宣传成无所不能,实际运行情况还需要用户自行详细测试才行。

通过虚拟化软件,将服务器的物理资源抽象成逻辑资源,让一台服务器虚拟成为多台相互隔离服务器或者让多台物理服务器虚拟成一台逻辑服务器,这就是服务器虚拟化的应用方式。通过服务器虚拟化技术,服务器的应用不再局限于物理上的界限,而是让服务器的 CPU、内存、磁盘、I/O 等硬件资源变成可以动态管理的“资源池”,让虚拟化管理软件来动态调度,从而提高资源利用率,简化系统管理,实现服务器的整合,让 IT 对业务的变化更具有适应力。

### 9.1.5.2 服务器虚拟化产品

与桌面虚拟化软件不同的是,服务器虚拟化并不一定要在某一个操作系统之上安装虚拟化软件,而是可以直接在物理机器上先安装虚拟化软件。此时,服务器并不能提供太多的服务,仅仅只有一个可供虚拟化的平台,然后再在它上面虚拟出多个逻辑服务器,在逻辑服务器上再安装各种操作系统和应用软件,可安装的操作系统类型包括 Windows 服务器操作系统、Linux 服务器操作系统、UNIX 操作系统或者其他桌面操作系统,视不同的虚拟化软件支持而不同。但是,目前主流的服务器虚拟化软件均提供了几乎所有常见操作系统的支持。通常,这种虚拟化方式需要另外专门的管理软件来进行硬件资源配置和多个系统的虚拟。此外,直接登录到服务器上看到的仅仅是虚拟化软件(实际上它也是一个操作系统,不过较为简单,并不提供通常服务器操作系统的常用功能),可以通过其内置的命令来管理物理服务器与虚拟服务器。但较方便的是在另外的机器上安装它的管理软件来进行管理。这种服务器虚拟化的代表软件是 VMWare 的虚拟化。

另外一种服务器虚拟化方式可能要难于理解,通常更容易被误认为是桌面虚拟化,比如Novel 的 XEN 虚拟化,Windows 2008 的 HyperV 虚拟化。这种虚拟化方式需要首先安装一个操作系统在物理服务器上,然后配置一个虚拟化软件。这同桌面虚拟化几乎是一致的。不同之处在于,配置完成虚拟化软件之后,重新启动时,虚拟化软件会优先于安装好的操作系统接管服务器的物理资源,然后将最先安装好的操作系统进行虚拟化,最新安装的操作系统被修改成为虚拟机所管理的零号系统,此时用户在服务器上看到、直接操作到的都是零号系统,在零号系统上再操作虚拟化软件来管理服务器资源,虚拟出更多的逻辑服务器。同时,零号系统也可以充当逻辑服务器,提供服务器常用的功能。

同桌面虚拟化产品类似,在服务器虚拟化领域也存在许多的厂商与名目繁多的产品,但处在这一行业的领头羊还是 VMWare 公司。目前,VMWare 提供的服务器虚拟化软件是VSphere,主要针对云计算提供的虚拟化平台。

另外在这个领域非常具有竞争力的公司还有微软,最新发布的服务器操作系统Windows 2008 R2 其中附带的 HyperV 服务器虚拟化软件已具有良好的性能与可用性。各个服务器硬件厂商与服务器操作系统厂商同时也提供了各自的虚拟化产品,IBM 的PowerVM 虚拟化、HP 的 HP-UX 和 AIX 虚拟化、Novel 的 XEN 虚拟化、Linux 的 KVM 虚拟化。由于一些专业的虚拟化平台需要硬件、操作系统、管理软件配合才能正常工作,这些工具通常售价不菲,我们难以一一进行实际测试,只有通过官方提供的技术资料进行侧面的了解。通常,实际应用与官方宣称的技术指标是存在一定差异的。

### 9.1.5.3 服务器虚拟化技术的优势

在使用率、服务水平以及硬件成本等方面,虚拟化有助于 IT 经理以更少的设备完成更多的任务。

(1)提高服务器的使用率。极少有公司能够从物理上满足数据中心不断扩展的需求。数据中心所需的电力和空间不仅仅从经济上令企业捉襟见肘。没有虚拟化,服务器的潜力可能只发挥了 5%~15%;有了虚拟化,服务器的利用率可以得到大幅度提升。

(2)提高 IT 服务水平。有了服务器虚拟化,IT 部门的员工就能够在较少的服务器上快速部署多个操作系统和应用。随着硬件采购、上架和部署方面的时间减少,他们就可以将更多的精力放在业务关键项目上。

(3)简化可管理性和安全性。对于 IT 机构来说,业务需求总是在不断变化的。在集成的物理和虚拟化 IT 管理框架中快速部署新服务器的能力,有助于管理人员降低运营成本,创建更加灵活的基础架构,同时提高其管理生产率。

(4)降低硬件成本。简而言之,虚拟化使机构能够减少其服务器数量。更多的工作负载可以运行在更少的服务器上,这有助于减少购置新服务器的需求,使现有硬件资源的利用更加高效。

(5)延长老系统的使用生命周期。随着老一代硬件的维护难度和维护成本的提高,人们可以利用虚拟化技术来重新托管老的环境。

（6）降低设备成本。减少数据中心物理服务器的数量，有助于 IT 部门减少其总功耗、冷却成本和空间需求。

### 9.1.5.4 采用服务器虚拟化的必要性

**1. 服务器整合**

服务器整合的一个最主要的优势就是降低总拥有成本——不仅仅降低硬件需求，还可降低能耗、冷却和管理成本。另一项优势就是基础架构优化——从提高资产利用率到在不同资源之间平衡负载。服务器整合的其他优势还包括提高整体环境的灵活性，以及能够在相同的环境中自由地集成 32 位和 64 位负载的能力。

**2. 业务连续性与灾难恢复**

自然灾难、恶意攻击甚至软件冲突等简单的配置问题，都能够导致服务和应用的瘫痪，需要管理人员对存在的问题加以解决并从备份中恢复数据。AMD 的增强型病毒防护功能，有助于保护系统免遭某些病毒、蠕虫和其他恶意攻击。Windows Server 2008 Hyper-V 对 IT 环境内以及采用地理上分散的集群配置的数据中心提供灾难恢复支持。

**3. 测试与开发**

开发人员采用虚拟机，可以在几乎与物理的服务器和客户机完全相同的安全、独立的环境中，创建和测试各种场景。服务器虚拟化有助于最大程度地利用测试硬件，降低成本、改善对生命周期的管理并扩大测试的覆盖范围。有了广泛的客户操作系统支持以及检查点（Check Point）特性，服务器虚拟化为测试和开发环境，提供了非常出色的平台。

**4. 动态数据中心**

服务器虚拟化为动态系统和运营敏捷性提供了自助管理特性。凭借自动虚拟机再配置灵活的资源控制以及快速的迁移，可以创建利用虚拟化的动态 IT 环境，它不仅能够对问题做出反应，而且还能够对不断增长的需求进行预测。

### 9.1.5.5 Linux 与虚拟化技术

实现虚拟化的方法不止一种。实际上，有几种方法都可以通过不同层次的抽象来实现相同的结果。本节将介绍 Linux 中常用的几种虚拟化方法，以及它们相应的优缺点。业界有时会使用不同的术语来描述相同的虚拟化方法。本节中使用的是最常用的术语，同时给出了其他术语以供参考。

**1. 硬件仿真**

毫无疑问，最复杂的虚拟化实现技术就是硬件仿真。在这种方法中，可以在宿主系统上创建一个硬件 VM 来仿真所想要的硬件，如图 9-1 所示。

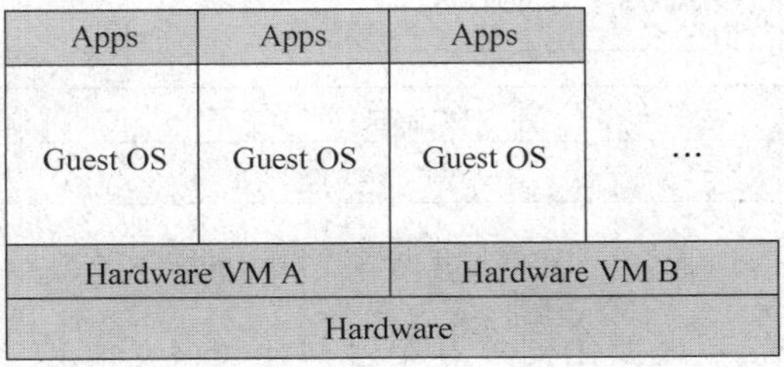

图 9-1　硬件仿真使用 VM 来模拟所需要的硬件

使用硬件仿真的主要问题是速度会非常慢。由于每条指令都必须在底层硬件上进行仿真,因此速度减慢 100 倍的情况也并不稀奇。若要实现高度保真的仿真,包括周期精度、所仿真的 CPU 管道以及缓存行为,实际速度差距甚至可能会达到 1000 倍之多。硬件仿真也有自己的优点。例如,使用硬件仿真,可以在一个 ARM 处理器主机上运行为 Power PC 设计的操作系统,而不需要任何修改。甚至可以运行多个虚拟机,每个虚拟机仿真一个不同的处理器。

**2. 完全虚拟化**

完全虚拟化(Full Virtualization),也称为原始虚拟化,是另外一种虚拟化方法。这种模型使用一个虚拟机,它在客户操作系统和原始硬件之间进行协调(参见图 9-2)。"协调"在这里是一个关键,因为 VMM 在客户操作系统和裸硬件之间提供协调。特定受保护的指令必须被捕获下来并在 Hypervisor 中进行处理,因为这些底层硬件并不由操作系统所拥有,而是由操作系统通过 Hypervisor 共享。

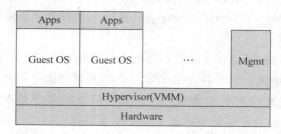

图 9-2 完全虚拟化使用 Hypervisor 来共享底层硬件

虽然完全虚拟化的速度比硬件仿真的速度要快,但是其性能要低于裸硬件,因为中间经过了 Hypervisor 的协调过程。完全虚拟化的最大优点是操作系统无需任何修改就可以直接运行。唯一的限制是操作系统必须要支持底层硬件(例如 Power PC)。

**3. 超虚拟化**

超虚拟化(Paravirtualization)是另外一种流行的虚拟化技术,它与完全虚拟化有一些类似。这种方法使用了一个 Hypervisor 来实现对底层硬件的共享访问,还将与虚拟化有关的代码集成到了操作系统本身中(参见图 9-3)。这种方法不再需要重新编译或捕获特权指令,因为操作系统本身在虚拟化进程中会相互紧密协作。

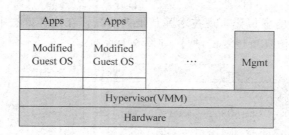

图 9-3 超虚拟化与客户操作系统共享

正如前面介绍的一样,超虚拟化技术需要为 Hypervisor 修改客户操作系统,这是它的一个缺点。但是超虚拟化提供了与未经虚拟化的系统相接近的性能。与完全虚拟化类似,超虚拟化技术可以同时支持多个不同的操作系统。

**4. 操作系统级的虚拟化**

我们要介绍的最后一种技术是操作系统级的虚拟化,它使用的技术与前面所介绍的有所不同。这种技术在操作系统本身之上实现服务器的虚拟化。这种方法支持单个操作系统,并可以将独立的服务器相互简单地隔离开来(参见图9-4)。

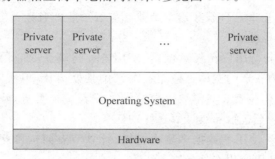

图 9-4  操作系统级虚拟化实现服务器的隔离

操作系统级的虚拟化要求对操作系统的内核进行一些修改,但是其优点是可以获得原始性能。

### 9.1.5.6  云计算与虚拟化

云计算(Cloud Computing),分布式计算技术的一种,其最基本的概念,是通过网络将庞大的计算处理程序自动分拆成无数个较小的子程序,再交由多部服务器所组成的庞大系统经搜寻、计算分析之后将处理结果回传给用户。通过这项技术,网络服务提供者可以在数秒之内,达成处理数以千万计甚至亿计的信息,达到和"超级计算机"同样强大效能的网络服务。最简单的云计算技术在网络服务中已经随处可见,例如搜寻引擎、网络信箱等,使用者只要输入简单指令即能得到大量信息。未来如手机、GPS等行动装置都可以通过云计算技术,发展出更多的应用服务。进一步的云计算不仅只做资料搜寻、分析的功能,未来如分析DNA结构、基因图谱定序、解析癌症细胞等,都可以通过这项技术轻易达成。稍早之前的大规模分布式计算技术即为"云计算"的概念起源。

狭义云:提供资源的网络被称为"云"。"云"中的资源在使用者看来是可以无限扩展的,并且可以随时获取,按需使用,随时扩展,按使用付费。这种特性经常被称为像水电一样使用IT基础设施。

广义云:这种服务可以是IT和软件、互联网相关的,也可以是任意其他服务。这种资源池称为"云"。"云"是一些可以自我维护和管理的虚拟计算资源,通常为一些大型服务器集群,包括计算服务器、存储服务器、宽带资源等。云计算将所有的计算资源集中起来,并由软件实现自动管理,无需人为参与。这使得应用提供者无须为烦琐的细节而烦恼,能够更加专注于自己的业务,有利于创新和降低成本。

有人打了个比方:这就好比是从古老的单台发电机模式转向了电厂集中供电的模式。它意味着计算能力也可以作为一种商品进行流通,就像煤气、水电一样,取用方便,费用低廉。最大的不同在于,它是通过互联网进行传输的。

云计算是并行计算(Parallel Computing)、分布式计算(Distributed Computing)和网格计算(Grid Computing)的发展,或者说是这些计算机科学概念的商业实现。云计算是虚拟化(Virtualization)、效用计算(Utility Computing)、IaaS(基础设施即服务)、PaaS(平台即服务)、SaaS(软件即服务)等概念混合演进并跃升的结果。

总的来说,云计算可以算做是网格计算的一个商业演化版。

云计算具有以下特点。

(1) 具有相当的规模,Google 云计算已经拥有 100 多万台服务器,Amazon、IBM、微软、Yahoo 等的"云"均拥有几十万台服务器。企业私有云一般拥有数百上千台服务器。"云"能赋予用户前所未有的计算能力。

(2) 虚拟。云计算支持用户在任意位置、使用各种终端获取应用服务。所请求的资源来自"云",而不是固定的有形的实体。应用在"云"中某处运行,但实际上用户无须了解、也不用担心应用运行的具体位置。只需要一台笔记本或者一个手机,就可以通过网络服务来实现我们需要的一切,甚至包括超级计算这样的任务。

(3) 高可靠性。"云"使用了数据多副本容错、计算节点同构可互换等措施来保障服务的高可靠性,使用云计算比使用本地计算机可靠。

(4) 通用性。云计算不针对特定的应用,在"云"的支撑下可以构造出千变万化的应用,同一个"云"可以同时支撑不同的应用运行。

(5) 高可扩展性。"云"的规模可以动态伸缩,满足应用和用户规模增长的需要。

(6) 按需服务。"云"是一个庞大的资源池,按需购买;云可以像自来水、电、煤气那样计费。

(7) 极其廉价。由于"云"的特殊容错措施可以采用极其廉价的节点来构成云,"云"的自动化集中式管理使大量企业无须负担日益高昂的数据中心管理成本,"云"的通用性使资源的利用率较之传统系统大幅提升,因此用户可以充分享受"云"的低成本优势,只要花费几百美元、几天时间就能完成以前需要数万美元、数月时间才能完成的任务。云计算可以彻底改变人们未来的生活,但同时也要重视环境问题,这样才能真正为人类进步做贡献,而不是简单的技术提升。

(8) 潜在的危险性。云计算服务除了提供计算服务外,还必然提供存储服务。但是云计算服务当前垄断在私人机构(企业)手中,而他们仅仅能够提供商业信用。对于政府机构、商业机构(特别像银行这样持有敏感数据的商业机构)对于选择云计算服务应保持足够的警惕。一旦商业用户大规模使用私人机构提供的云计算服务,无论其技术优势有多强,都不可避免地让这些私人机构以"数据(信息)"的重要性挟制整个社会。对于信息社会而言,"信息"是至关重要的。另一方面,云计算中的数据对于数据所有者以外的其他云计算用户是保密的,但是对于提供云计算的商业机构而言却是毫无秘密可言。这就像常人不能监听别人的电话,但是在电信公司内部,他们可以随时监听任何电话。所有这些潜在的危险,是商业机构和政府机构选择云计算服务,特别是国外机构提供的云计算服务时,不得不考虑的一个重要的前提。

云计算一般来说都会部署在数据中心,而目前部署的最佳方案之一无疑是虚拟化,虚拟化为云计算提供了很好的底层技术平台,而云计算则是最终产品。

企业内部部署的虚拟化数据中心可以视为私有云,而企业外部提供公共服务的数据中心可以视为公有云。

业界对于云计算与虚拟化的关系还存在诸多的疑问。尽管已经有很多人享受公有云服务,但我们依然无法有效地判定一个服务是否归属于云计算,比如 Google 提供的 gmail 服务、文档服务等。但不可否认的是,虚拟化为云计算提供了强有力的支持,至少在目前,不信赖于虚拟化的云平台还极为少见。

### 9.1.5.7　VMWare 虚拟化的技术要点

#### 1. 物理资源整合

虚拟化技术可以实现多台物理服务器资源整合,从而实现单个应用通过虚拟化技术而运行在多台物理硬件上。实际上,虚拟化技术不能将一个应用分布运行在多台物理硬件上,那是分布式计算要去解决的问题。分布式计算环境和虚拟化环境是两种不同的资源整合方式。当然,如果想通过虚拟化技术实现一个应用跨物理平台运行技术上来说是可行的,只是为了解决不同硬件之间的 CPU 和内存级指令、数据的同步,需要使用一些特别的技术,比如 Infiniband 等,这会极大地增加系统的复杂性和成本。实际上,基于这种理念的虚拟化产品曾在实验室实现,但是由于成本等因素无法投入市场。今天能看到的所有服务器虚拟化技术解决方案都不提供一个应用跨物理服务器运行,也就是说,虚拟化环境下一个应用能使用的最大资源就是一台独立的物理服务器。

#### 2. 物理设备的安全性对逻辑服务器的影响

服务器虚拟化技术会陷入将多个鸡蛋放到一个篮子的尴尬。通过虚拟化技术,提高了服务器的利用效率和灵活性。但同时也使得单台服务器上运行了多个独立的虚拟机,也就是多个不同的应用。我们原来在一台服务器上只运行一个应用,服务器维护和升级时只会影响单个应用。通过运行虚拟化技术,我们在维护和升级服务器时会影响该服务器上运行的所有虚拟机和应用。这导致很多人认为的问题:多个虚拟机放置在一台服务器上的"鸡蛋和篮子"问题。实际上,VMWare 很早就意识到了这个问题,这个问题可以通过两个方面的能力去解决:一是怎么保证虚拟化后的服务器物理硬件维护和升级的问题;二是物理服务器故障时如何保护这些虚拟机的安全。首先,VMWare 创造性地发明了 VMotion 技术,解决了虚拟化后物理服务器的升级和维护问题。通过 VMotion,VMWare 可以在服务器需要维护升级时动态地将虚拟机迁移到其他物理服务器上,通过内存复制技术,确保每台虚拟机任何对外的服务都不发生中断,从而实现了:停物理硬件、不停应用。已经有超过50%的 VMWare 客户部署了 VMotion 技术。其次,VMWare 推出了 VMWare HA 的功能来保护物理服务器的安全。一旦发生物理服务器故障,VMWare HA 可以智能检测到这一事件,及时快速地在其他物理服务器上重新启用这些虚拟机,从而保证虚拟机的安全性和可靠性。

#### 3. 动态在线虚拟机迁移

目前 VMWare 在业界推出了标志性的创新产品功能 VMotion,可以实现虚拟机动态在线跨越硬件服务器进行迁移。但是这有一个兼容前提,也就是两台物理服务器要达到 CPU指令级的兼容,或者是完全一样的 CPU,或者是同一家族的 CPU。如果 CPU 指令不兼容,进行内存复制后新机器 CPU 不能识别这些指令就会导致系统崩溃。当然,具体 CPU 指令级是否兼容,VMotion 会自动进行判定。当然,如果可以离线进行虚拟机的迁移,就可以跨越任何 ESX 兼容的硬件进行迁移,就没有 CPU 型号等的制约。

#### 4. 虚拟机中运行软件许可证的成本

虚拟化技术并未改变软件许可证的发放方式,因此虚拟化技术并不意味着操作系统或应用软件许可证成本的节约,除非操作系统、应用软件厂商重新调整了软件许可证策略。因此,想通过使用虚拟化技术来减少应用软件许可成本的想法是错误的。当然,实施虚拟化技术也不会增加操作系统或应用软件的许可证成本。

### 5. 虚拟化数据中心关键业务的部署

PC服务器的虚拟化技术已经相当成熟,在美国和欧洲已经获得了广泛应用。实际上,很多关键的业务应用已经运行在虚拟化的平台上。对于资源消耗比较高的应用,需要进行合理的规划才能迁移到虚拟化上来,即使某个机器的资源消耗特别巨大,仍然可以通过升级服务器的内存、CPU来使它顺利迁移到高端PC服务器上来。当然,某个虚拟机能够支持的最大资源仍然是有限制的,比如运行在VMWare的ESX Server 3.0上的虚拟机,最多可以支持16GB内存和4颗虚拟CPU。如果这些资源仍然无法满足某个应用的需求,该应用还是不能运行在虚拟化的平台上。基于一般考虑,大多数资源消耗较大的应用仍然能够安全运行到虚拟化平台上。

### 6. 芯片虚拟化与虚拟化软件的关系

CPU的厂商Intel和AMD都在推行基于CPU的虚拟化,实际上CPU级的虚拟化就是在CPU指令级增加了许多虚拟化的指令而已,这并非说用户可以不需要购买虚拟化软件了,CPU级的虚拟化需要虚拟化软件才能使用起来。目前所有的常用操作系统都不支持CPU级的虚拟化。而VMWare提供的虚拟化平台正是通过利用Intel和AMD提供的CPU指令的虚拟化,进而提高了虚拟化的效率,有效提高了虚拟机的性能,降低了虚拟化带来的损耗,大大加速了数据中心虚拟化的进程。所以说,CPU的虚拟化是对服务器虚拟化的极大推动,而不是限制VMWare这样的虚拟化产品的推广。

### 7. 虚拟化的性能损失

虚拟化有两种基本架构:寄居架构和裸金属架构。寄居架构由于基于传统的操作系统,所以性能消耗大,往往会对服务器性能影响很大。而裸金属架构基于专门为虚拟化而设计的虚拟化层而实现,大大降低了虚拟化引入的损耗,可以极大改善虚拟机的性能,是企业级数据中心进行虚拟化的首选架构。因此,对用户来说,为了满足应用对性能的追求,建议采用企业级虚拟化架构——裸金属架构,这可以尽可能降低数据中心虚拟化对服务器性能的影响,一般影响可以降到10%以下。

### 8. VMWare虚拟化技术的部署广度

虚拟化技术已经获得了广泛的应用,财富100强的所有用户都已经部署了VMWare的虚拟化解决方案,财富1000强中超过800家都是VMWare的用户。实际上,VMWare的企业级用户数量已经超过20 000家,而所有用户的数量已经超过四百万家。VMWare的服务器虚拟化方案已经久经考验,成为整个IT业界津津乐道的热点,虚拟化已经成为企业级用户构建新型数据中心的利器,成为值得信赖的可靠、稳定的企业级解决方案。

### 9. 虚拟化对数据中心的管理难度

在数据中心引入虚拟化确实增加了一个虚拟化层,但并非因此而增加了管理难度。由于虚拟化的管理软件能够很好地管理控制虚拟平台的同时,简化了杂乱的服务器的管理,从而大大降低了大型数据中心的管理复杂性。如VMWare Virtual Center就是很好的例证,Virtual Center提供了直观的管理界面,提供了丰富的资料和数据来监控整合虚拟化中心,为数据中心高效管理提供了强大的手段,成为新型虚拟化数据中心的必备工具。

**10. 虚拟化部署迁移的风险**

如何迁移到虚拟化平台是很多用户的顾虑之一,因为虚拟化是一种架构决策。VMWare 已经进行了大量工作来简化从物理架构向虚拟架构的迁移,VMWare Converter 可以让用户不需要重新安装操作系统和应用,通过打包方式,将原来的物理服务器轻松迁移到虚拟平台上来。这不仅简化了流程,也降低了整个的迁移风险,目前很多企业级的用户都在享受 VMWare Converter 所带来的好处。用户可以从 VMWare 的网站免费下载 VMWare Converter 的试用版来进行迁移试验。

# 9.1.6 VMWare 虚拟机系统硬件

VMWare Workstation 能够虚拟的硬件设备五花八门,基本包括所有的物理硬件。

(1) CPU:虚拟系统的 CPU 一般用的就是物理系统的 CPU。

(2) 内存:虚拟系统的内存使用的是物理内存的片段,可根据需要分配,但虚拟系统的总内存需求不能超过物理机器的内存总量(还应保留部分内存给实际物理系统使用)。

(3) 硬盘:虚拟系统的硬盘种类很多,一般可分为以下几种。

① 主要盘(也称为动态扩展盘):该硬盘是一个实际系统的文件,可依据需要大小自动扩展。

② 固定大小盘:一看就知道了,容量是固定的,一分配就确定了磁盘的大小,这种磁盘的读/写速度快。但会浪费大量的物理资源。

③ 撤销盘(也叫 Undo-DISK):这是一种特殊的磁盘,它记录着上次快照以后的变化内容,方便虚拟系统恢复快照状态。

④ 差异盘:差异盘类似撤销盘,它可以记录和主盘不同的地方,一个主盘可以带多个差异盘,在这种状态下,主盘可以是只读的,可以存储在 CD-R 或其他介质上。

⑤ 链接盘:这是一种特殊的磁盘,它实际就是物理磁盘的某个分区或卷,相当于 Linux 系统中的设备文件,它提供了在虚拟系统中直接访问物理资源的方法。

(4) USB:虚拟系统支持 USB 设备(包括 U 盘等),可以映射到实际接口上。

(5) 通信接口:虚拟系统支持 COM 口和 LPT 口等,可与实际接口映射。

(6) SCSI:虚拟系统一般都支持 SCSI 设备,可以建立基于 SCSI 的设备,如 SCSI 硬盘,以便建立集群等特殊环境。

(7) 网卡:网卡的作用是通信,虚拟系统不能没有它。虚拟系统的网络也有着比实际系统强大的功能,总的来说,可分为以下类型。

① 桥接模式:所谓桥接模式,就是依赖于实际网卡进行通信,在这种模式下,虚拟系统可以存在于实际网络中,换句话说就是可以让虚拟系统和实际系统一样,可以在网络中访问。它可以拥有一个和实际网络一样的 IP 地址。

② HOST-ONLY(又叫 GUEST-ONLY):这是比较常用的模式,因为在实际环境中,往往要求将实际环境和虚拟环境隔离开。这时就要用到这种模式了,这种模式下,所有的虚拟机是可以通信的,而虚拟系统和实际网络是隔离的(在 HOST-ONLY 模式下,虚拟机可以和宿主机通信)。

③ NAT 模式:这个就简单了,就是让虚拟系统可以借助 NAT(网络地址转换)功能使用宿主机的网络来访问外网。用这种模式可以实现在虚拟机里上网。

(8)声卡:虚拟系统一般有声卡的支持,映射到宿主机声卡上。

### 9.1.7 VMWare 虚拟机的网络结构

VMWare 是一款可以在一种操作系统平台上虚拟出其他一些操作系统的虚拟机软件,可以自由地对自己需要学习和试验的操作环境进行配置和修改,不用担心会导致系统崩溃,还可以让用户在单机上构造出一个虚拟网络来加强对网络知识的学习。VMWare 提供了 3 种工作模式,它们是 bridged(桥接模式)、NAT(网络地址转换模式)和 HOST-ONLY(主机

模式)。这 3 种模式主要是为用户建立虚拟机后可以根据现实网络情况方便地把虚拟机接入网络。理解了这 3 种网络的工作原理,就可以用 VMWare 任意定制网络结构。

图 9-5　新增了两块虚拟网卡

当安装完成 VMWare Workstation 后,会发现在网络连接里多出两块虚拟网卡(如图 9-5 所示)。

用 ipconfig 命令查看新增加的网卡的属性可以发现,这两块网卡分别属于不同的子网(如图 9-6 所示)。

```
Ethernet adapter UMware Network Adapter UMnet8:

        Connection-specific DNS Suffix  . :
        IP Address. . . . . . . . . . . : 192.168.157.1
        Subnet Mask . . . . . . . . . . : 255.255.255.0
        Default Gateway . . . . . . . . :

Ethernet adapter UMware Network Adapter UMnet1:

        Connection-specific DNS Suffix  . :
        IP Address. . . . . . . . . . . : 192.168.59.1
        Subnet Mask . . . . . . . . . . : 255.255.255.0
        Default Gateway . . . . . . . . :
```

图 9-6　新增的虚拟网卡的信息

3 种典型的 VMWare 网络中,桥接模式是把虚拟机的网卡直接桥接在真实网卡上,并不会在系统中生成一块独立的网卡。桥接模式组成的网络在 VMWare 中以 VMnet0 表示,实际上可以看成本机所在的真实局域网在虚拟机网络中的映射,通过 VMnet0 即桥接模式接入网络的虚拟机相当于通过一个交换机和真实机器一起接入了实际所在的局域网。如果局域网提供了 DHCP 服务,那么桥接网络机器可以自动获得局域网的 IP。如果在通过桥接网络接入网的虚拟机上运行 ipconfig 命令,可以看到虚拟机的 IP 地址在现实的局域网段内。对于网上的其他机器而言,就如同本网段新增了一台真实的机器一样。

再来看新增的两块网卡:Ethernet adapter VMWare Network Adapter VMnet1 用于本机与使用 NAT 网络模式的虚拟机相连,使用这种模式建立的虚拟机位于虚拟机的 VMnet1 子网内,在这个子网中,VMWare 还提供了 DHCP 服务让子网的虚拟机可以方便地获得 IP 地址。当然,也可以为处于此子网的虚拟机手动设置 IP,不过一定要注意要在 VMnet1 设定的网段内。这时,真实的主机将作为 VMnet1 的网关,即虚拟网络 VMnet1 与现实局域网之间的路由器在两个网段间转发数据。VMnet1 的特殊之处在于 VMWare 为

这个网段默认启用了 NAT 服务。

在虚拟子网中启用 NAT，VMWare Network Adapter VMnet8 这块网卡主要用于真实主机与处于 HOST-ONLY（主机模式）的虚拟机相连，处于这种模式的虚拟机位于 VMWare 虚拟网络的 VMnet8 子网内，这个子网除了 IP 段不同和没有提供 NAT 服务外，与 VMnet1 也就是 NAT 模式组成的虚拟子网没有什么不同。完全可以激活 VMnet8 子网的 NAT 服务，这样 VMnet8 就成为了另一个 NAT 模式的子网。如果在默认的不激活 NAT 的情况下，该子网的虚拟机将只能与 VMnet8 网内的其他虚拟机以及真实主机通信，这就是 HOST-ONLY 名称的由来。

打开 VMWare 的网络设置界面可以对 VMWare 网络模式有更深刻的理解（如图 9-7 所示）。

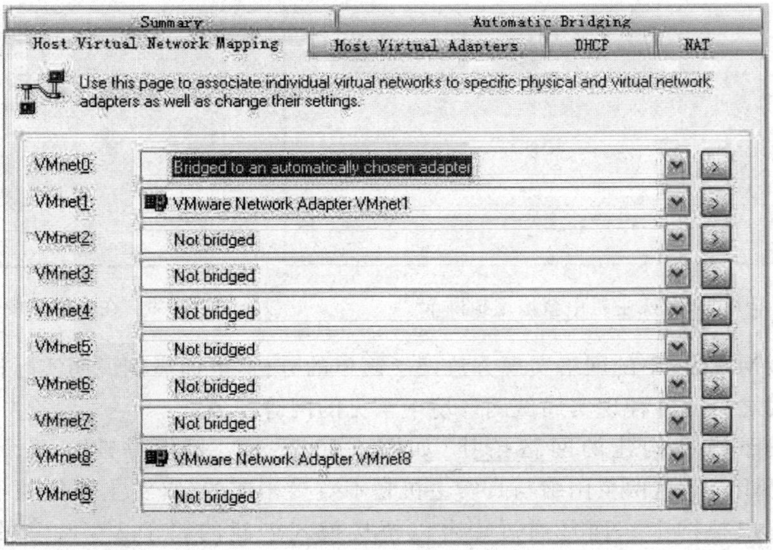

图 9-7　VMWare 中的各个子网与主机中网卡的对应关系

在 VMWare 里最多可以有 9 个不同的虚拟子网（有 3 个在软件装好后已经启用了，它们是 VMnet0、VMnet1、VMnet8），可以在这里单击每个子网后的"＞"按钮设置该子网的 IP 地址和是否启用 DHCP 等。在 Host Virtual Adapters 标签页里（如图 9-8 所示）可以添加更多的虚拟网卡并把这些网卡通过如图 9-8 所示界面接入相应的虚拟网络。

综上所述，VMWare 中的 3 种网络模式只是为了方便快速地将虚拟机加入现实网络的一种预定义模式而已，当安装好 VMWare Workstation 后，软件会预先设置好 3 个虚拟子网以对应 3 种基本模式。完全可以通过定制这些网络的属性改变它的默认行为，例如让 HOST-ONLY 模式转变为 NAT 模式或反之亦然。也可以向真实主机添加更多的虚拟网卡从而启用更多的虚拟子网（虚拟子网数最多可以有 9 个）。真实的主机是所有虚拟子网的中心，连接着全部虚拟子网。可以向一台虚拟机中加入多块分属不同虚拟网络的网卡，让一台虚拟机连接不同的虚拟子网（如图 9-9 所示，在虚拟机中添加虚拟网卡），这样，由连接全部虚拟子网与现实网络的主机，与多台属于一个或多个虚拟子网的虚拟机就可以共同组建复杂的虚拟与现实混合的网络。可以在这个真实的虚拟网络中实践各种网络技巧。之所以

第 9 章

虚拟化技术

在这个虚拟网络前面加上"真实"两个字,是因为在这个虚拟网络中做任何操作的方法与在现实网络中是一致的,虚拟机上安装的全是真实的操作系统,除了不用与交换机网线等硬件设备打交道外,与现实网络没有任何区别。完全可以把这个虚拟网络接入现实网络并与现实网络中的其他系统通信,此时,对于现实网络中的客户机而言,与之通信的虚拟机与其他任何现实网络系统中的终端没有任何区别。

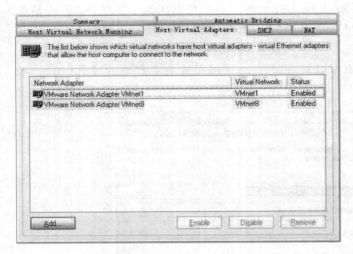

图 9-8　向真实主机中新增虚拟网卡

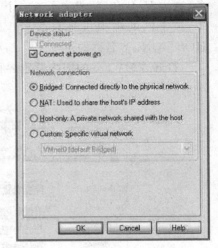

图 9-9　在虚拟机中新增虚拟网卡

以上对 VMWare 中的网络实现方法做了简单的分析,下面举例说明实际构建一个这种虚拟网络并用之完成各种现实局域网环境中常见的网管任务。

首先说一下准备构建的网络拓扑(如图 9-10 所示),目标是建立两个定制的子网 VMnet2 和 VMnet3,这两个网络与真实主机是不直接相连的(真实主机中并不添加连接到这两个网络的虚拟网卡),而是通过一台以桥接模式创建的属于 VMnet0 的虚拟机连接 VMnet0,真实的局域网即 VMnet0 通过本地的网关连接 Internet,将 VMnet2 的虚拟机称为 VMnet2 PC,VMnet3 的虚拟机称为 VMnet3 PC,VMnet0 的 PC 称为 VMnet0 PC,现在把 VMnet3 PC 作为域控制器,VMnet0 PC 作为路由器和 DNS 服务器,要求 PC 和 VMnet0 PC 都加入 VMnet3 PC 建立的域,3 个网段要求互联互通,并都可以访问 Internet。网络拓扑图如图 9-11 所示。

本例中需要建立 3 台虚拟机,而真实的 PC 也处于 VMnet0 子网中,再次强调一下,VMnet0 实际上是现实局域网在虚拟网络中的映射。

首先来构建这个基础的网络架构——建立起各台虚拟机——并分别为它们添加所需的虚拟网卡然后将之接入指定的网络。首先,建立第一台虚拟机 VMnet0 PC,建立时在连接模式选择处选择桥接网络,如图 9-12 所示(这里并没有修改默认的虚拟网络行为),这样,这台虚拟机会有一块连接到 VMnet0 的虚拟网卡,与真实 PC 处于同一个网段内。

前面的网络拓扑图中看到,VMnet0 PC 应该有 3 块不同的网卡分别接入 3 个不同的虚拟网络,在建立虚拟机时,VMWare 已经自动添加了一块接连到 VMnet0 的虚拟网卡,为它添加两块分别连接到 VMnet2 和 VMnet3 的网卡。按照拓扑图,进行网络设置,就可以进行网络实验了。

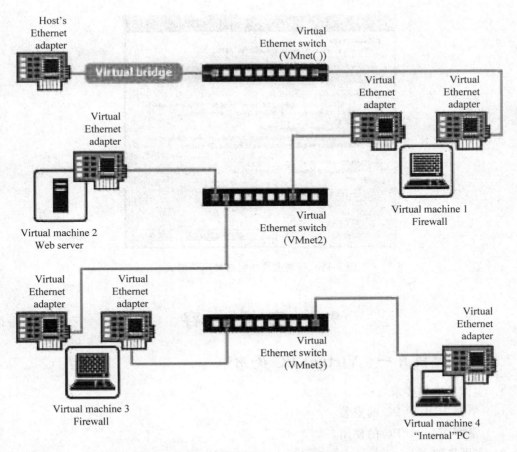

图 9-10 定制的 VMWare 虚拟网络结构拓扑图

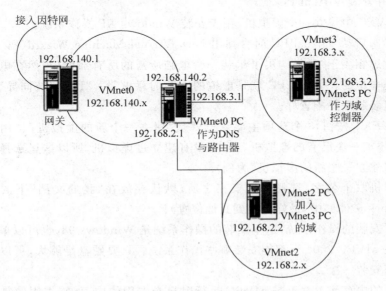

图 9-11 网络拓扑图

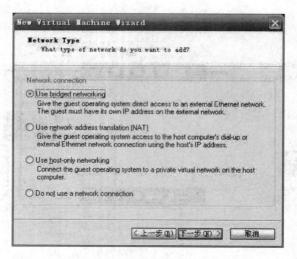

图 9-12  新增虚拟机时选择网络模式

# 9.2  实 训 内 容

## 9.2.1  实训项目一：Virtual PC 使用

**1. 实训目的与要求**

(1) 掌握 Virtual PC 的安装。

(2) 掌握 Virtual PC 的使用。

**2. 实训步骤**

(1) 下载并安装 Virtual PC。

(2) 在 MVPC 中建立一个虚拟机,用于安装 Windows XP 操作系统。

- 在第一次启动 Virtual PC 时会弹出 New Virtual Machine Wizard(PC 安装向导),它的意思相当于"已经购买了组装一台电脑所需的所有部件(当然在电脑上这些部件都是虚拟的,Virtual PC 就是虚拟的电脑的意思)。"PC 安装向导"就是把这些设备组装起来并配置好。

- 单击 NEXT 按钮,3 个选项主要意思就是"建立一个新的虚拟机"、"用默认设置建立"、"添加一个已有的虚拟机",因为没有建立过虚拟机,所以这里选择第一或第二个(以"建立一个新的虚拟机"为例)。

- 为虚拟机取个名字,选择一个安家之所(默认存放在"我的文档"下的 My Virtual Machines 文件夹中,最好更改到其他位置)!

- 选择要安装的操作系统,这里安装的操作系统是 Windows 98,也可以单击下拉菜单看看在 MVPC 2004 下都能安装哪些操作系统。只要硬盘足够大,可以把各种操作系统都安装一次。

- 虚拟机的内存配置并不是 MVPC 运行时自身占用的内存,它占用的是电脑上的物理内存,也就是说如果电脑使用的内存容量为 512MB,而在此配置的内存容量为

128MB，当启动虚拟的电脑时它要占用物理内存中的 128MB 来运行要安装的 Windows 98，现在正在运行的操作系统就只剩下 384MB 可用内存了，因此想让虚拟电脑能很好地运行，物理内存必须足够大。安装 DOS、Windows 95、Windows 98 等这些需内存小的操作系统，物理内存必须在 128MB 以上，像安装 Windows 2000、Windows XP 等操作系统，物理内存最好在 256MB 以上。

- 内存配置之后，需要配置的是硬盘，选择"创建一个新的硬盘映像文件"选项。
- 选择所建虚拟硬盘所在的物理硬盘上的分区，虚拟硬盘事实上就是一个单独的文件，只有 Virtual PC 才能读取，而且还是动态的，此文件的大小由装入其中的内容多少来决定。如果装的操作系统是 DOS，那么此文件只有几十兆大小，如果装的操作系统是 Windows XP，那么此文件可能就有 1.5GB 大小，所以要根据具体情况选择一个比较合适的位置。
- 来到这一步，配置步骤完毕。单击 Finish 按钮结束 PC 安装向导。
- 正如所见，本来空白的 MVPC 2004 列表框中多出了 Windows 98 Not Running 一项，右边的 Settings 按钮、Remove 按钮、Start 按钮也变为可用状态。

（3）启动虚拟机设置 BIOS 参数，并在虚拟机中安装 Windows XP 操作系统。

运行虚拟机，在界面中单击 Start 按钮开始运行。虚拟机开机自检，这个时候按 Del 键可以进入 BIOS 设置。因为虚拟机中没有安装任何系统，所以计算机启动会提示没有找到可启动的系统。

虚拟机默认情况下用的光驱和真正的主机的光驱是一样的，所以安装系统可以把系统安装盘放到光驱中。然后选择菜单 CD→Use Physical Drive x(x 是光驱盘符)，这样虚拟机就可以使用光驱 x 中的光盘文件了，把光盘放到虚拟机的光驱中(也就是电脑的光驱)，重新启动计算机 Action→Reset 单击确认即可。

如图 9-13 所示，是电脑的 BIOS 界面。在出现新窗口时按下键盘上的 Del 键，事实上从单击图 9-13 中的 Start 按钮开始，所有的操作就像在一台真的电脑上操作那样，包括各种操作：关机、重启、硬盘分区、格式化硬盘、从软驱启动、从可启动光盘启动、安装操作系统。

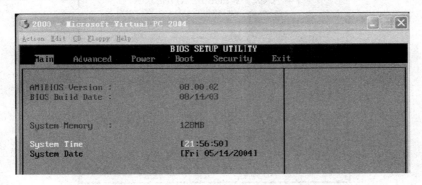

图 9-13　Virtual PC 的 BIOS 设置

在 BIOS 中调整启动顺序，如图 9-13 所示中启动顺序为硬盘、光驱、软驱。调整好后按 F10 键保存退出。这里只是举个例子，其他大家可以自己研究，这里就不多说了。

（4）在虚拟操作系统中共享文档和共享网络。

共享文件和网络需要安装 MVPC 2004 的"附加模块"。附加模块是修正已安装好的操

虚拟化技术

作系统在使用上的不方便和增强操作系统的功能的程序。安装 MVPC 2004 时,已附带此模块,但此模块只适用于 Windows 操作系统,安装此模块后,操作系统能在 32 位真彩色 800×600 分辨率下显示,并且鼠标不再限制在窗口之内,而且可以共享物理硬盘上的文件夹,在虚拟 PC 中通过共享文件夹来使用物理硬盘上的数据。安装过程:单击 Action→ Install or Update Virtual Machine Additions。然后就会开始安装了。接下来就可以设置共享文件夹了,可以通过单击 Settings,打开虚拟机设置页面,里面可以设置计算机名,调整内存大小,共享文件,网络连接等,这些有兴趣大家可以自己去了解,这里讲共享文件夹和共享上网。

如果想在虚拟机中上网,首先在 Settings→Networking 选择 Shared networking (NAT)(共享网络模式)。完成共享连接向导,重启后就能上网了。当然,真实的电脑必须已经进行了拨号连接。

### 9.2.2 实训项目二:VMWare Workstation 的使用

**1. 实训目的与要求**

(1) 掌握 VMWare 的安装。

(2) 掌握 VMWare 的使用。

(3) 配置 VMWare 虚拟系统网络。

**2. 实训步骤**

(1) 下载并安装 VMWare,按照安装向导的提示安装即可。

(2) 创建新的虚拟机,用于安装 Linux 操作系统的虚拟机。具体步骤如下。

① 选择 File→New→New Virtual Machine 菜单选项,弹出创建虚拟机的向导(如图 9-14 所示)。

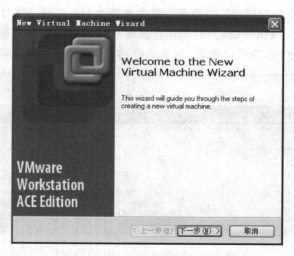

图 9-14　VMWare 虚拟机创建向导

② 在向导窗口中选择创建虚拟机的类型。Typical 是默认的典型方式,此方式中包括了常用的"硬件"配置:显卡、声卡、网卡,要注意的是这些设备并不依赖于真正的硬件设备,它们通常是凌驾于硬件之上的虚拟设备,这也正是它复制到任何机器上都可以运行的原因;

另一种 Custom 方式则是自定义方式，可以自主选择虚拟机内需要哪些"硬件"设备。

③ 选择需要在虚拟机上运行的操作系统。从图 9-15 中可以看出该虚拟机软件可以支持的操作系统包括从 MS-DOS 到 Windows 2003 以及 UNIX、Linux、Netware 等众多版本的操作系统。本文中以安装 Linux 操作系统的虚拟机为例，在图 9-15 所示中选择 Linux 选项。

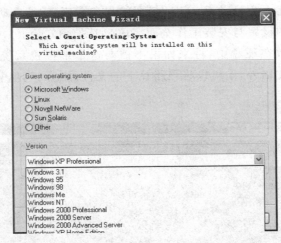

图 9-15　VMWare 虚拟机软件系统选择界面

④ 输入该虚拟机的名字(任意的)以及该虚拟机文件将要存放的位置。

(3) 创建虚拟机 Linux 操作系统。

单击图 9-16 所示中左边名为 Linux 的虚拟机，再单击工具栏中的绿色三角标志，启动该虚拟机(红色钮表示停止虚拟机运行，中间按钮表示暂停虚拟机运行)。

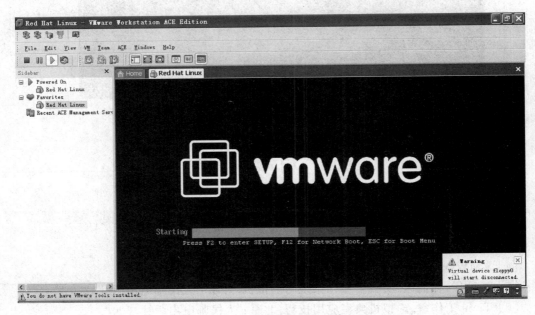

图 9-16　启动虚拟操作系统

首先启动的是虚拟机的自检过程,调用虚拟机的 BIOS。因为安装 Linux 系统需要使用光盘引导,所以此时需要按 F2 键进入虚拟机的 BIOS 设置程序,设置为光盘启动。

接下来在光驱中放入 Linux 系统的安装光盘,重新启动虚拟机,然后就如同在实体计算机上一样安装 Linux 系统。提示:此时虚拟机的硬盘就如同刚刚买回的新硬盘一样,只管放心大胆地分区格式化,对真实系统丝毫不会造成损坏,因为 VMWare 将计算机上的一个文件夹虚拟成一个硬盘,默认大小是 4GB。系统安装完成后,重新启动虚拟机。

至此整个虚拟机的设置与安装工作全面完成(如图 9-17 所示),这个虚拟的 Linux 系统就以文件的形式存放在硬盘中,将来如果不需要这个虚拟机系统了,直接将对应文件夹删除就可以了。除此以外,还可以将该路径下的文件复制到其他装有 VMWare 软件的机器中。

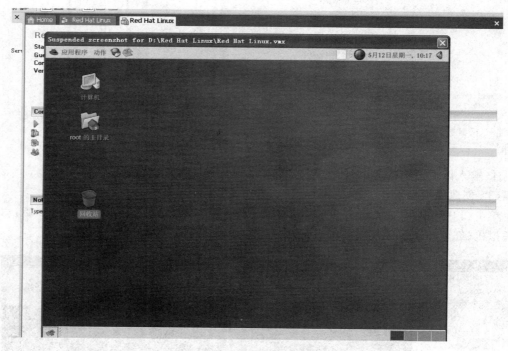

图 9-17　虚拟操作系统启动界面

# 9.3　相 关 资 源

[1] 虚拟机之家. http://www.xuniji.com/.

[2] 虚拟机软件入门. http://www.pcdog.com/special/1083/.

[3] 虚拟机软件入门专题. http://www.qqread.com/z/soft/virtual/.

[4] VMWare 虚拟机公司网站. http://www.vmware.com/.

[5] 彭爱华,伸治国. 实战多操作系统与虚拟机. 北京:人民邮电出版社,2004.

[6] Time 工作室. 虚拟机典型应用技巧. 北京:人民邮电出版社,2003.

# 9.4　练习与思考

1. 虚拟机有哪些特点？
2. 虚拟机的硬件部分都有哪些？
3. Virtual PC 与 VMWare 有哪些区别？
4. VMWare 虚拟机的网络设置都有哪些？
5. 为什么要用虚拟机搭建实验环境？
6. 虚拟机可以虚拟出哪些硬件？
7. 虚拟机的工作原理是什么？
8. Java 虚拟机与 VMWare 虚拟机有什么区别？
9. 虚拟机有什么缺点？
10. 虚拟机能不能集成到操作系统内部？
11. 虚拟机未来发展趋势如何？能不能克服现存的缺点？

虚拟化技术

# 参 考 文 献

［1］ 莫晓翔.笔记本电脑选购、应用、维护大全.北京：中国铁道出版社,2009

［2］ 聂铭.电脑选购/组装/维护/故障排除从入门到精通.北京：清华大学出版社,2008

［3］ 胡鹏.多媒体计算机组成与维修.北京：中国劳动社会保障出版社,2007

# 图书资源支持

感谢您一直以来对清华版图书的支持和爱护。为了配合本书的使用，本书提供配套的资源，有需求的读者请扫描下方的"书圈"微信公众号二维码，在图书专区下载，也可以拨打电话或发送电子邮件咨询。

如果您在使用本书的过程中遇到了什么问题，或者有相关图书出版计划，也请您发邮件告诉我们，以便我们更好地为您服务。

**我们的联系方式：**

地　　址：北京市海淀区双清路学研大厦 A 座 714

邮　　编：100084

电　　话：010-83470236　　010-83470237

客服邮箱：2301891038@qq.com

QQ：2301891038（请写明您的单位和姓名）

资源下载：关注公众号"书圈"下载配套资源。

资源下载、样书申请

书　圈

获取最新书目

观看课程直播